图 4.34　珍珠链效果

图 4.57　低饱和度调整后的效果

图 4.58　低饱和度效果

图 4.94　飞出电视的足球

图 4.98　散发抠图效果

图 4.99　散发原图

图 5.54　【扭曲】效果

图 5.57　添加多个视频特效

图 5.58　修改【镜头模糊】特效后效果

图 5.62　为【镜头光晕】添加第一个关键帧

图 5.63　为【镜头光晕】添加第二个关键帧

图 5.64　为【镜头光晕】添加第三个关键帧

图 6.13　制作完成后的效果

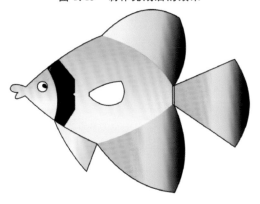

图 6.21　填充眼睛和鱼鳃

图 6.48　制作的最终效果

图 6.53　放置影片剪辑

图 6.54　绘制的花苞

图 6.55　绘制的几朵半开梅花

图 6.56　绘制的几朵绽开的梅花

DUOMEITI JISHU SHIYONG JIAOCHENG

多媒体技术实用教程

主　编　李　建　张银丽

副主编　李　莉　周　苑

　　　　杨爱云　张晓煜

河南大学出版社

·郑州·

图书在版编目(CIP)数据

多媒体技术实用教程/李建,张银丽主编.—郑州:河南大学出版社,2014.5
ISBN 978-7-5649-1548-3

Ⅰ.①多… Ⅱ.①李… ②张… Ⅲ.①多媒体技术-高等学校-教材
Ⅳ.①TP37

中国版本图书馆 CIP 数据核字(2014)第 110775 号

责任编辑 柳　涛
责任校对 胡　宁
封面设计 陈胜杰

出　版　河南大学出版社
　　　　　地址:郑州市郑东新区商务外环中华大厦 2401 号　　　邮编:450046
　　　　　电话:0371-86059712(高等教育出版分社)
　　　　　　　　0371-86059713(营销部)　　　　网址:www. hupress. com
排　版　郑州市今日文教印制有限公司
印　刷　河南承创印务有限公司
版　次　2014 年 8 月第 1 版　　　　印　次　2014 年 8 月第 1 次印刷
开　本　787mm×1092mm　1/16　　　印　张　20.25
字　数　480 千字　　　　　　　　　定　价　35.00 元

(本书如有印装质量问题,请与河南大学出版社营销部联系调换)

前　　言

　　多媒体技术是计算机领域实用性最强、应用最广泛的技术之一。随着计算机技术和信息技术的迅猛发展，多媒体的应用几乎渗透到整个社会的各个领域和各个阶层。从小型会议中所使用的简单多媒体演示软件，到教学和教育培训中所使用的多媒体教学系统，再到办公室以及企业中使用的复杂的多媒体应用系统，多媒体技术的应用改变了人们的生活和工作方式，极大地提高了学习和工作效率。

　　为了进一步推动高校计算机基础教育的发展，教育部高等学校计算机科学与技术教学指导委员会发布了《关于进一步加强高等学校计算机基础教学的意见暨计算机基础课程教学基本要求》。针对计算机基础教学的现状与发展，提出了计算机基础教学改革的指导思想；提出了分类、分层次组织教学的思路。并将《多媒体技术与应用》课程列为计算机基础教学的六门典型核心课程之一。为更好地促进高校计算机基础教育的改革，我们组织多所高校一线教师进行了深入地讨论和研究，根据《关于进一步加强高等学校计算机基础教学的意见暨计算机基础课程教学基本要求》编写了本书。

　　本书由从事高等院校计算机教育的一线教师编写，符合相应的教学大纲，并参考了计算机软件资格与水平考试——《多媒体应用设计师考试大纲》的相关要求。他们集多年的教学经验与科研成果于一体，结合案例，侧重应用，突出实践，强调理论与实践相结合。教材深入浅出地阐述了理论知识，利用图表、案例进行形象化表达，并适当补充相关知识，引导读者拓展视野，开阔思路。教材内容的选取注重帮助读者建立完整的知识架构，关注计算机技术的发展，补充了许多最新技术。

　　本书共7章，第1章介绍了多媒体技术的基本概念和基础知识；第2章介绍了多媒体系统的基本构成及主流的多媒体设备、多媒体软件的分类和用途；第3章介绍了音频数据编辑的基本知识及 Audition 的使用；第4章介绍了图形图像的相关知识及 Photoshop CS6 图像处理；第5章介绍了视频编辑的基本理论和 Premiere Pro 的应用；第6章介绍了动画的基本原理及制作软件 Flash CS6；第7章介绍了多媒体制作常用软件的使用。

　　本书由李建、张银丽担任主编，李莉、周苑、杨爱云、张晓煜任副主编，定位于国内普通高等院校本、专科的学生，适用于文理各类学科基础平台公共选修课程教材。教材内容充分考虑学生的知识水平、理解能力和教学要求，遵循由浅入深、循序渐进的原则，适合学生自学和教师教学。同时，本书提供了丰富的学习资源，包括教学网站、电子教案和多媒体制作素材等，便于教师、学生使用。教学网站请访问：http://jpkc.haue.edu.cn/dmt/，需要电子课件等相关资料的老师请联系出版社或作者的邮箱：l.j2006@163.com。

本书在编写过程中参考了若干专家的著作，并得到了许多兄弟院校的协助和支持，在此一并表示衷心的感谢。编写过程中，尽管经过多次修改和认真的审校，但由于作者水平所限，不足之处在所难免，恳请广大读者给予批评指正。

编　者

2014 年 6 月

目　　录

第1章 多媒体技术概述

教学目标

- 了解多媒体的基本概念
- 了解多媒体的类型
- 了解多媒体技术的定义、特点
- 掌握多媒体技术研究的主要内容
- 了解多媒体技术的应用领域及发展趋势

本章知识结构图

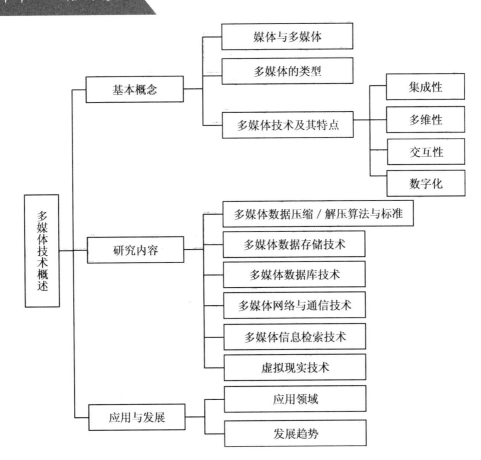

导入案例

多媒体技术是当今信息技术领域发展最快、最活跃的技术,它正潜移默化地改变着人们的生活。

案例一:

教师在课堂中利用多媒体课件进行教学,如图 1.1 所示。通过课件传递信息比较直观、明了,可以从视听方面刺激学生的感官,提高学生的学习兴趣,增强学生观察问题、理解问题和分析问题的能力,从而提高教学质量和教学效率。

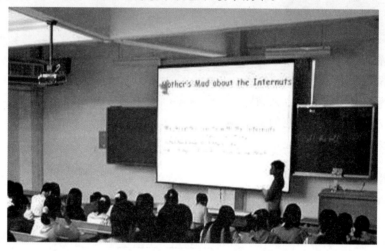

图 1.1　多媒体教学

案例二:

在图书馆、博物馆、银行等公共场所,通常会看到一些多媒体信息查询系统,用户只需通过简单的操作或以触控式荧幕的方式就可以了解到相关的信息,如图 1.2 所示。触摸屏信息查询的应用非常广泛,包括办公、工业控制、军事指挥、电子游戏、教学、房地产预售的信息查询等。

图 1.2　多媒体触摸屏

案例三：

在家里，娱乐的中心设备通常是大屏幕高清晰度平板电视、多声道音响设备和游戏摇杆等。通过一个简单易用的遥控器，用户可以轻松地完成畅玩游戏、聆听音乐、浏览照片和欣赏高清晰度电影等家庭数字娱乐活动，如图 1.3 所示。

图 1.3　多媒体家庭娱乐

多媒体技术形成于 20 世纪 80 年代，是计算机、广播电视和通信这三大原来各自独立的领域相互渗透、相互融合，进而迅速发展的一门新兴技术。多媒体技术出现后，很快在世界范围内、在家庭教育和娱乐方面得到广泛的应用，并由此引发了小型激光视盘（VCD 和 DVD）的诞生，促进了数字电视和高清晰度电视（HDTV）的迅速发展。

1.1　多媒体技术的基本概念

1.1.1　媒体与多媒体

媒体一词源于英文 Medium，是指人们用于传播和表示各种信息的手段。媒体包括两个方面的含义：一方面是指存储信息的实体，如磁盘、光盘、磁带等，称为媒质；另一方面是指传递信息的载体，如数字、文字、声音、图像等，称为媒介。

按照国际电信联盟（ITU）的定义，媒体通常分为以下 5 类。

1. 感觉媒体

感觉媒体是指直接作用于人的感觉器官，从而使人产生直接感觉的媒体。感觉媒体包括人类的语言、音乐和自然界的各种声音、活动图像、图形、曲线、动画及文本等。

2. 表示媒体

表示媒体是指为了传送感觉媒体而人为研究出来的媒体。表示媒体包括各种语音编码、音乐编码、图像编码、文本编码、活动图像编码和静止图像编码等。

3. 显示媒体

显示媒体是指用于通信中电信号和感觉媒体之间转换所用的媒体。显示媒体有两种：输入显示媒体（包括键盘、鼠标、摄像机、扫描仪、光笔和话筒等）和输出显示媒体（包括显示器、扬声器和打印机等），如图 1.4 所示。

图 1.4　显示媒体

4. 存储媒体

存储媒体是指用于存储表示媒体的物理介质。存储媒体有软盘、硬盘、U 盘、光盘、磁带等，如图 1.5 所示。

图 1.5　存储媒体

5. 传输媒体

传输媒体是指用于传输表示媒体的物理介质。传输媒体的种类很多，如电话线、双绞线、同轴电缆、光纤、无线电和红外线等，如图 1.6 所示。

图 1.6　传输媒体

多媒体的英文单词是 Multimedia,它由 media 和 multi 两部分组成。从字面上看,多媒体可以理解为多种媒体的综合。一般来说,多媒体的"多"是其多种媒体表现、多种感官作用、多种设备、多学科交汇、多领域应用;"媒"是指人与客观事物的中介;"体"是言其综合、集成一体化。目前,多媒体大多只利用了人的视觉和听觉,虚拟现实中也只用到了触觉,而味觉、嗅觉尚未集成进来,对于视觉也主要在可见光部分。随着技术的进步,多媒体的涵义和范围还将扩展。

多媒体集文字、声音、影像和动画于一体,形成一种更自然、更人性化的人机交互方式,从而将计算机技术从人要适应计算机向计算机要适应人的方向发展。特别是计算机硬件和软件功能的不断提高,客观上为多媒体技术的实现奠定了基础。

1.1.2　多媒体的类型

多媒体常用的媒体元素如下:

1. 文字

文本是计算机文字处理程序的基础,由字符型数据(包括数字、字母、符号)和汉字组成,它们在计算机中都用二进制编码的形式表示。

在计算机中,西文可直接通过键盘输入,在计算机内部由 ASCII 码表示。ASCII 是美国信息交换标准代码(American Standard Code for Information Interchange)的英文缩写。它是一个由 7 个二进制位组成的字符编码系统,包括大小写字母、标点符号、控制字符等共 128 个字符。目前,ASCII 码已在计算机领域中得到了最广泛的应用。

汉字不能直接通过键盘输入。要使用键盘输入汉字,就必须考虑相应的输入编码方法、汉字在计算机内部的内码表示方法、汉字的输出编码方法。

(1) 汉字输入编码。当前采用的编码方式主要有数字编码、音码、形码及音形码 4 类。其中,音码和形码最常用,如微软拼音输入法、五笔字型输入法等。

(2) 汉字内码。汉字内码是用于汉字信息的存储、交换、检索等操作的机内代码。当前的汉字编码有 2 字节、3 字节甚至是 4 字节的,其中,汉字国标 GB 2312-80(国字标准信息交换码)是 2 字节码,用两个 7 位二进制数编码表示一个汉字。

在计算机内部,汉字编码和西文编码是共存的。为了能够相互区别,国标码将两个字节的最高位都规定为"1",而 ASCII 码所用字节的最高位为"0",然后由软件(或硬件)根据字节最高位来判断。

(3) 汉字字模码。字模码是用点阵表示汉字的字形代码。简易汉字为 16×16 点阵,提高型汉字为 24×24 点阵、32×32 点阵,甚至更高。16×16 点阵的每个汉字要占用 32 个字节,而 32×32 点阵的每个汉字要占用 128 个字节。

目前的文字输入方法还有:通过手写输入设备直接向计算机输入文字;通过光学符号识别(OCR)技术自动识别文字进行输入;通过语音进行输入等。

在文本文件中,如果只有文本信息,没有其他任何格式信息,则称该文本文件为非格式文本或纯文本文件。

2. 数字音频

"音频"也称"音频信号"或"声音",其频率范围在 20Hz～30kHz 之间,主要包括波形声音、语音和音乐 3 种类型。波形声音是声音的最一般形态,包含了所有的声音形式;语音是一种包含有丰富语言内涵的波形声音,它的文件格式是 WAV 或 VOC 文件;音乐是符号化了的声音,乐谱可转化为符号媒体形式,对应的文件格式是 MID 或 CMF 文件。对音频信号的处理,主要是编辑声音和声音的不同存储格式之间的转换。

(1) 数字音频。数字音频是指用一系列数字表示的音频信号,是对声音波形的表示。波形描述了声音在空气中的振动,波形最高点(或最低点)与基线的距离为振幅;波形中两个连续的波峰间的距离称为周期;每秒钟内出现的周期数称为波形的频率。在捕捉声音时,以一定的时间间隔对波形进行采样,产生一系列的振幅值,将这一系列的振幅值用数字表示,就产生波形文件。

(2) MIDI。MIDI 是乐器数字接口(Musical Instrument Digital Interface)的英文缩写。MIDI 信息实际上是一段音乐的描述,当 MIDI 信息通过一个音乐或声音合成器进行播放时,该合成器对一系列的 MIDI 信息进行解释,然后产生相应的一段音乐或声音。

MIDI 是 20 世纪 80 年代提出来的,是数字音乐的国际标准。它定义了计算机音乐程序、合成器及其他电子设备交换信息和电子信号的方式,所以可以解决不同电子乐器之间不兼容的问题。另外,标准的多媒体 PC 平台能够通过内部合成器或连接到计算机MIDI 端口的外部合成器播放 MIDI 文件,利用 MIDI 文件演奏音乐所需的存储量最少。

3. 图形与图像

(1) 图形。图形是由点、线、面以及三维空间所表示的几何图。在几何学中,几何元素通常用矢量表示,所以图形也称为矢量图形。矢量图形是以一组指令集合来表示的,这些指令用来描述构成一幅图所包含的直线、矩形、圆、圆弧、曲线等的形状、位置、颜色等各种属性和参数。在显示图形时,需要相应的软件读取和解释这些指令,将其转换为屏幕上所显示的形状和颜色。绝大多数计算机辅助设计软件(CAD)和三维造型软件都使用矢量图形作为基本图形存储格式。图形技术的关键是制作和再现,图形只保存算法和特征点,占用的存储空间比较小,打印输出和放大时图形的质量较好。

(2) 图像。图像是指由输入设备录入的自然景观,或以数字化形式存储的任意画面。静止图像是一个矩阵点阵图,矩阵的每个点称为像素点,每个像素点的值可以量化为 4位(15 个等级)或 8 位(255 个等级),表示该点的亮度,这些等级称为灰度。若是彩色图像,R(红)、G(绿)、B(蓝)三基色每色量化 8 位,则称彩色深度为 24 位,可以组合成 224种色彩等级(即所谓的真彩色);若只是黑白图像,每个像素点只用 1 位表示,则称为二值图。上述矩阵点阵图称为位图。位图图像适合表现比较细致,层次和色彩比较丰富,包含大量细节的图像。图像文件在计算机中的表示格式有多种,如 BMP、PCX、TIF、TGA、GIF、IPG 等,一般数据量比较大。对于图像,主要考虑分辨率(屏幕分辨率、图像分辨率和像素分辨率)、图像灰度以及图像文件的大小等因素。

随着计算机技术的进步,图形和图像之间的界限已越来越小,这主要是由于计算机处理能力提高了。无论是图形或图像，由输入设备扫描进计算机时，都可以看做是一个矩阵点阵图，但经过计算机自动识别或跟踪后，点阵图又可转变为矢量图。因此，图形和图像的自动识别，都是借助图形生成技术来完成的，而一些有真实感的可视化图形，又可采用图像信息的描述方法来识别。图形和图像的结合，更适合媒体表现的需要。

4. 动画和数字视频

动态图像包括动画和视频信息，是连续渐变的静态图像或图形序列沿时间轴顺次更换显示，从而构成运动视感的媒体。当序列中每帧图像都是由人工或计算机产生的图像时，常称之为动画；当序列中每帧图像都是通过实时摄取自然景象或活动对象时，常称为影像视频，或简称为视频。动态图像演示常常与声音媒体配合进行，二者的共同基础是时间连续性。

（1）动画。动画就是运动的图画，是一幅幅按一定频率连续播放的静态图像。由于人眼有视觉暂留（惯性）现象，因而这些连续播放的静态图像视觉上是连续的活动的图像。计算机进行动画设计有两种方式：一种是造型动画，另一种是帧动画。造型动画就是对每个运动的物体分别进行设计，对每个对象的属性特征，如大小、形状、颜色等进行设置，然后由这些对象构成完整的帧画面。帧是由图形、声音、文字、调色板等造型元素组成的，动画中每一帧图的表演和行为由制作表组成的脚本控制。帧动画则是一幅幅位图组成的连续画面，每个屏幕显示的画面要分别设计，将这些画面连续播放就成为动画。为了节省工作量，用计算机制作动画时，只需完成主动作画面，中间画面可以由计算机内插完成，不运动的部分直接拷贝过去，与主动作画面保持一致。当这些画面仅是二维的透视效果时，就是二维动画。如果通过 CAD 制造出立体空间形象，就是三维动画；如果加上光照和质感而具有真实感，就是三维真实感动画。计算机动画文件的格式有 GIF、FLC、SWF 等，制作动画必须应用相应的工具软件。

（2）数字视频。数字视频具有时序性与丰富的信息内涵，常用于交待事物的发展过程。数字视频非常类似于大家熟悉的电影和电视，有声有色，在多媒体中充当起重要的角色。视频图像信号的录入、传输和播放等许多方面继承于电视技术。国际上，电视主要有 3 种体制，即正交平衡调幅制（NTSC）、逐行倒相制（PAL）和顺序传送彩色与存储制（SECAM），当计算机对视频信号进行数字化处理时，就必须在规定的时间内（如 1/25 秒或 1/30 秒）完成量化、压缩和存储等多项工作。视频文件的格式有 AVI、MPG、MOV等。动态视频对于颜色空间的表示有 R、G、B（红、绿、蓝三维彩色空间），Y、U、V（Y 为亮度，U、V 为色差），H、S、I（色调、饱和度、强度）等多种，可以通过坐标变换相互转换。动态视频的主要参数有帧速、数据量和图像质量等。

计算机动画和视频的主要差别类似于图形与图像的区别，即帧画面的产生方式有所不同。计算机动画是用计算机表现真实对象与模拟对象随时间变化的行为和动作，是利用计算机图形技术绘制出的连续画面，是计算机图形学的一个重要的分支；而数字视频主要是指模拟信号源（如电视、电影等）经过数字化后的图像和同步声音的混合体。

1.1.3　多媒体技术及其特点

所谓多媒体技术,就是采用计算机技术把文字、声音、图形、图像和动画等多媒体综合一体化,使之建立起逻辑连接,并能对它们获取、压缩编码、编辑、处理、存储和展示。简单地说,多媒体技术就是把声、文、图、像和计算机集成在一起的技术。

多媒体技术的发展经历了起步阶段、应用发展阶段、标准化阶段。起步阶段:起源于20 世纪 80 年代初期,以第四代计算机的诞生,声卡和鼠标的问世,图形窗口界面的出现为主要特征。标准化阶段:从 20 世纪 90 年代开始,以静态图像压缩、运动图像压缩、音频压缩、CD—ROM 和 DVD 存储编码标准的产生为主要特征。应用发展阶段:从 20 世纪 90 年代中后期开始,以多媒体通信、多媒体集成工具、超媒体的使用为其主要特征。

现在多媒体技术及应用正在向更深层次发展。下一代用户界面有基于内容的多媒体信息检索,保证服务质量的多媒体全光纤通信网,基于高速互联网的新一代分布式多媒体信息系统等,多媒体技术和它的应用正在迅速发展,新的技术、新的应用、新的系统不断涌现。从多媒体应用方面看,有以下几个发展趋势。

(1) 从单个 PC 用户环境转向多用户环境和个性化用户环境。

(2) 从集中式、局部环境转向分布式、远程环境。

(3) 从专用平台和系统有关的解决方案转向开放性、可移植的解决方案。

(4) 多媒体通信从单向通信转向双向通信。

(5) 从被动的、简单的交互方式转向主动的、高级的交互方式。

(6) 从改造原有的应用转向建立新的应用。

(7) 多媒体技术越来越多地应用于生产,协同工作、生产过程可视化等将换来生产率的提高。

(8) 多媒体技术也将越来越多地应用于生活和消费,新的多媒体消费产品和应用将不断涌现。

多媒体技术极大地改变了人们获取信息的传统方法,符合人们在信息时代的阅读方式。报刊、杂志、无线电和电视等属于大众信息传媒。与上述传统媒体相比,多媒体具有下列四个特点。

1. 集成性

传统的信息处理设备具有封闭、独立和不完整性,而多媒体技术综合利用了多种设备(如计算机、照相机、录像机、扫描仪、光盘刻录机、网络等)对各种信息进行表现和集成。

2. 多维性

传统的信息传播媒体只能传播文字、声音、图像等一种或两种媒体信息,给人的感官刺激是单一的,而多媒体综合利用了视频处理技术、音频处理技术、图形处理技术、图像处理技术、网络通信技术,扩大了人类处理信息的自由度,它带给人的感官刺激是多维的。

3. 交互性

人们在与传统的信息传播媒体打交道时总是处于被动状态,而多媒体是以计算机为中心的,它具有很强的交互性。借助于键盘、鼠标、声音、触摸屏等,人们可以通过计算机程序控制各种媒体的播放。因此,在信息处理和应用过程中,人具有很大的主动性,这样可以增强人对信息的理解力和注意力,延长信息在人脑中的保留时间,并从根本上改变以往人类所处的被动状态。

4. 数字化

与传统的信息传播媒体相比,多媒体系统对各种媒体信息的处理、存储过程是全数字化的。数字技术的优越性使多媒体系统可以高质量地实现图像与声音的再现、编辑和特技处理,使真实的图像和声音、三维动画以及特技处理实现完美的结合。

总之,多媒体技术是一种基于计算机技术的综合技术,它包括信号处理技术、音频和视频技术、计算机硬件和软件技术、通信技术、图像压缩技术、人工智能和模式识别技术等,是处于发展过程中的一门跨学科的综合性高新技术。

1.2　多媒体技术的研究内容

多媒体技术的目标是在多媒体环境中尽可能地在带宽、保真度和有效性方面模拟人与人在面对面时所使用的各种感官和能力。多媒体的目的是改善计算机与用户、用户与用户之间的交互,即改善人与计算机之间的交互界面。这就要求计算机能够对各种电子媒体传送的信息进行处理和存储,且能经过高速宽带网络进行分布或集中,这对计算机及网络的性能提出了更高的要求。由于这些媒体的传输特性非常不同,因而它们对于网络的要求也就不一样。况且由于多媒体数据库的应用,这些信息往往需要通过网络进行分布,这就有了一个多媒体信息之间的协调问题。这也对现有的通信技术提出了挑战,要求在带宽方面、信息交换方式、连接方式、连接时间、光纤和超大规模集成电路(VLSI)技术方面都有重大突破。

目前,多媒体技术的研究内容包括多媒体数据压缩/解压算法与标准、多媒体数据存储技术、多媒体数据库技术、多媒体网络与通信技术、多媒体信息检索技术及虚拟现实技术等。

1.2.1　多媒体数据压缩/解压算法与标准

在计算机中,多媒体信息是以数字化的形式存储和处理的,数字化之后的多媒体数据量非常庞大。这无疑给存储器的存储容量、通信干线的信道传输率以及计算机的运行速度都增加了极大的压力。解决这一问题,单纯靠扩大存储器容量、增加通信干线的传输率是不现实的。数据压缩是个行之有效的办法。数据压缩一般由两个过程组成：一是编码过程，即将原始数据经过编码进行压缩，以便存储与传输；二是解码过程，此过程对编码数据进行解码，还原为可以使用的数据。

目前，编码理论已日趋成熟，在研究和选用编码时，主要有两个问题：一是该编码方法能用计算机软件或集成电路芯片快速实现；二是一定要符合压缩/解压缩编码的国际标准。

1. 压缩编码的历史

1948 年，Oliver 提出 PCM（脉冲码调制编码）。

1952 年，Huffman 提出根据字符出现的概率来构造平均长度最短的异字头码字，有时称为最佳编码。

1977 年，Lempel 和 Ziv 提出基于字典的编码。

20 世纪 80 年代初，第一代压缩编码已成熟，并进入实用阶段。

20 世纪 80 年代中期，开始了第二代压缩编码的研究。

1989 年，制成数据压缩集成电路。

2. 数据压缩方法

根据解码后数据是否能够完全无丢失地恢复原始数据，将压缩方法分为无损压缩和有损压缩两大类。

（1）无损压缩。无损压缩方法利用数据的编码冗余进行压缩，保证在数据压缩中不引入任何误差，在还原过程中可完全恢复原始数据，多媒体信息没有任何损耗或失真。典型算法有行程编码、哈夫曼编码、算术编码、LZW 编码等。

（2）有损压缩。有损压缩方法利用了人类视觉对图像中的某些频率十分不敏感的特性，采用一些高效的有限失真数据压缩算法，允许压缩过程中损失一定的信息，大幅度减少多媒体中的冗余信息，虽然不能完全恢复原始数据，但是所损失的部分对理解原始图像的影响较小，却换来了大得多的压缩比，例如预测编码、变换编码等。通常情况下，数据压缩比越高，信息的损耗或失真也越大，这就需要根据应用找出一个较佳的平衡点。

3. 常用无损压缩算法

（1）行程编码。又叫游程编码，是数据压缩最简单的方法之一。它的主要思路是将数据流中连续出现的字符用单一的符号来表示，即把一系列的重复值用一个单独的值加上一个计数值来代替。例如：有这样一个字母序列：aabbbbbcccccceeeee，它对应的行程编码是(2,a)(4,b)(6,c)(5,e)，在存储时，就没有必要存储每个字符，只需将某个字符存储一次，再加这个字符出现的个数来表达，显然减少了所存储的总字符数。可以看出，游程编码算法的压缩比主要取决于原始数据的分布状况，压缩比不稳定且压缩比不太高，但该方法具有简单直观、编码解码速度快的优点，时间复杂度也较好，尤其对二值图像的编码非常好。

（2）哈夫曼（Huffman）编码。哈夫曼编码是 D. A. Huffman 在 1952 年发表的论文

"最小冗余度代码的构造方法"中提出的。它采用不等长的数据编码法,根据数据中各字符出现的频率进行编码,出现频率高的字符赋以较短的代码,而出现频率低的字符赋以较长的代码,从而保证了文件的大部分字符由较短的编码构成。其算法过程就是构造一个最优二叉树的过程,以下是其一般编码过程:

① 将单个符号作为二叉树的叶子节点,统计各符号的出现频率作为各符号的权值,按照其大小进行排序。

② 找出权值最低的两个节点,并建立它们的父节点,父节点的权值等于两子节点权值之和。

③ 将父节点作为自由节点,将两个子节点从自由节点中删除。

④ 重复以上步骤直到只剩下一个自由节点,将该自由节点作为树根。

⑤ 规定将"1"赋给权值小的节点,将"0"赋给权值大的节点。

⑥ 从树根至各树叶经过的路径所得到的"0"、"1"序列即为该树叶节点的编码。

(3) 算术编码。算术编码不是为每个符号产生一个单独的代码,而是使整条信息公用一个代码,其核心思想是累积概率思想。其基本原理是将被编码的信息表示成 0 和 1 之间的间隔,即对一串符号直接编码成[0,1)区间上的一个浮点小数,在传输任何符号之前,符号串的完整范围为[0,1)。当一个符号被处理时,这一范围就根据分配这一符号的区间变窄,间隔变小,信息越长,编码表示它的间隔就越小,表示这一间隔所需的二进制位就越多。算术编码的过程,就是根据信息源符号串发生的概率对码区间进行分割的过程。

(4) LZW 编码。LZW 编码压缩算法使用字典库查找方案,读入待压缩的数据与一个字典库(开始库是空的)中的字符串对比,如果有匹配的字符串,则输出该字符串在字典中的索引,否则将字符串插入字典中。LZW 编码具有压缩效率高实现简单的优点,是使用最广泛的无损压缩方法之一。如 WinZip 等压缩软件工具均以 LZW 算法为理论基础。

4. 常用有损压缩算法

(1) 预测编码。它根据离散信号之间存在一定关联性的特点,利用前面一个或多个信号对下一个信号进行预测,只需对实际值和预测值的差进行编码和传输,由于时间、空间相关性,真实值与预测值的差值变化范围远远小于真实值的变化范围,因而可以采用较少的位数来表示,以减少数据量。其中,典型的压缩算法有:DPCM(差分脉冲调制)和ADPCM(自适应差分脉冲调制),较适用于音频数据的压缩。

(2) 变换编码。它的任务是要使预测值尽可能接近实际样值,也就是要寻找一种尽可能接近原信号统计特性的预测方法,通过相差来除去图像信号的相关性,从而达到数据压缩的目的。变换编码不是直接对空域图像信号进行编码,而是首先将原始图像分割成若干个图像块,对每个子图像块进行某种形式的正交变换,生成变换域(频率域)的系数矩阵,经滤波、量化、编码和传输到达接受端后作解码,经逆变换后综合拼接,恢复出空域图像。由于在此过程中的滤波、量化等环节均会损失信息,所以变换编码是一种有损压缩编码方法。实践证明,无论对单色图像还是彩色图像,对静止图像还是运动图像,变换编码都是一种非常有效的方法。变换编码一般有快速算法,能实现实时压缩和解压,常用的变换主要是正交变换,其种类很多,如 K-L 变换、DCT 和 DST 等。

5. 通用压缩编码标准

目前,被国际社会广泛认可和应用的通用压缩编码标准大致有以下 4 种:H.261、JPEG、MPEG 和 DVI。

(1) H.261。由 CCITT(国际电报电话咨询委员会)通过的用于音频、视频服务的视频编码解码器,它的全称为"p×64Kbit/s 视听业务的视频编解码器"。它采用的算法结合了可减少时间冗余的帧间预测和可减少空间冗余的 DCT 变换的混合编码方法,其输出码率是 p×64Kbit/s。p 取值较小时,只能传清晰度不太高的图像,适合于面对面的电视电话;p 取值较大时(如 p>6),可以传输清晰度较好的会议电视图像。

(2) JPEG。全称是 Joint Photograghic Experts Group(联合照片专家组),是一种基于 DCT 的静止图像压缩和解压缩算法,它由 ISO(国际标准化组织)和 CCITT(国际电报电话咨询委员会)共同制定,并在 1992 年后被广泛采纳成为国际标准。它把冗长的图像信号和其他类型的静止图像去掉,甚至可以减小到原图像的百分之一(压缩比 100∶1)。JPEG 只能支持有损压缩。

JPEG 的最新标准是 JPEG 2000,它采用以小波转换(Wavelet transform)为主的多解析编码方式,其压缩率比 JPEG 高约 30% 左右。JPEG2000 同时支持有损和无损压缩,能实现渐进传输。

(3) MPEG。是 Moving Pictures Experts Group 的英文缩写,是目前所采用的最有效的计算机视频影像、声音数据压缩标准。MPEG 标准包括视频、音频和系统(音频和视频同步)3 部分。MPEG 压缩的基本方法为:在单位时间内首先采集并保存第一帧图像的信息,此后在对单帧进行有效压缩的基础上,只存储其余帧图像中相对第一帧图像发生变化的部分,以达到图像数据压缩的目的。它包括时间上的压缩和空间上的压缩两个方面。

第一,时间上的压缩(即帧间压缩)。MPEG 视频压缩算法减少时间冗余量的方法主要是以 16×16 的块作为运动补偿单元的运动补偿技术,即对比视频影像的前、后两张画面,如果两者完全一样或接近一样,便可去除其中一帧画面。去除的判断阈值视所要求的质量而定。较好的 MPEG 算法可在 2～3 帧画面间做一次对比运算,而一般较差的算法只能在 12～30 帧画面间做一次对比运算。对比运算做得越频繁,压缩效率越高,但运算量也越大,因此要求有更高性能的硬件设备。

第二,空间上的压缩(即帧内压缩)。在视频影像的同一帧画面中,往往有许多完全重复的部分或几乎相同的部分,这就可以只记录一次其相同或相近的部分,而去除其余部分,以达到节省存储空间的目的。MPEG 标准通常采用变换编码、矢量量化编码以及混合用变化编码、视图加权标量量化、游程编码等技术来降低空间冗余度。

MPEG 版本主要有 MPEG-1、MPEG-2、MPEG-3、MPEG-4 和 MPEG-7。MPEG-1 标准制定于 1992 年,是针对 1.5Mbps 以下数据传输率的数字存储媒体运动图像及其伴音编码设计的国际标准。同时,它还被用于数字电话网络上的视频传输,如非对称数字用户线路(ADSL)、视频点播(VOD)、教育网络等。MPEG-2 标准制定于 1994 年,是针对 3～10Mbps 的数据传输率制定的运动图像及其伴音编码的国际标准。它广泛用于数字电视及数字声音广播、数字图像与声音信号的传输、多媒体等领域。MPEG-3 最初为 HDTV(高清晰电视广播)制定的编码和压缩标准,但由于 MPEG-2 的出色性能已能适用于 HDTV,因此 MPEG-3 标准并未制定。MPEG-4 于 1998 年 11 月公布,它主要针对一定比特率下的视频、音频编码,更加注重多媒体系统的交互性和灵活性。MPEG-7 的应用范围很广泛,既可应用于存储,也可用于流式应用,未来它将会在教育、新闻、导游信息、娱乐等各方面发挥巨大的作用。

(4) DVI。DVI 是 Digital Visual Interface(数字视频交互)的缩写,是一个非常重要的数字视频新标准,它是 1999 年由 Silicon Image、Intel(英特尔)、Compaq(康柏)、IBM、HP(惠普)、NEC、Fujitsu(富士通)等公司共同组成 DDWG(Digital Display Working Group,数字显示工作组)推出的接口标准。其视频图像压缩算法的性能与 MPEG 相当,压缩后的图像数据率约为 1.5Mbit/s。为了扩大 DVI 技术的应用,Intel 公司又推出了 DVI 算法的软件解码算法,称为 Indeo 技术,它能够将视频图像文件压缩到未压缩前的 1/5～1/10。

　小贴士

　　离散余弦变换(DCT)是 N. Ahmed 等人在 1974 年提出的正交变换方法,它常被认为是对语音和图像信号进行变换的最佳方法。由于近年来数字信号处理芯片(DSP)的发展,加上专用集成电路设计上的优势,这就牢固地确立了离散余弦变换(DCT)在目前图像编码中的重要地位,成为 H. 261、JPEG、MPEG 等国际上公用的编码标准的重要环节。

研究结果表明,选用合适的数据压缩技术,有可能将字符数据量压缩到原来的 1/2 左右,语音数据量压缩到原来的 1/10～1/2,图像数据量压缩到原来的 1/60～1/2。

1.2.2　多媒体数据存储技术

多媒体的音频、视频、图像等信息虽经过压缩处理,但仍需相当大的存储空间。此外,多媒体数据量大且无法预估,因而不能用定长的字段或记录块等存储单元组织存储,这在存储结构上大大增加了复杂度。只有大容量只读光盘存储器 CD-ROM 问世后,才真正解决了多媒体信息的存储空间问题。

光盘存储器 CD-ROM 以存储量大、密度高、介质可交换、数据保存寿命长、价格低廉以及应用多样化等特点成为多媒体计算机中必不可少的设备。利用数据压缩技术,在一张 CD-ROM 光盘上能够存取 74 分钟全运动的视频图像或者十几个小时的语音信息或数千幅静止图像。在 CD-ROM 基础上,还开发了 CD-I 和 CD-V,即具有活动影像的全动作与全屏电视图像的交互式可视光盘。在只读 CD 家族中还有称为"小影碟"的 VCD、可刻录式光盘 CD-R,高画质、高音质的光盘 DVD 以及用数字方式把传统照片转存到光盘,使用户在屏幕上可欣赏高清晰度照片的 PHOTO CD。DVD(Digital Video Disc)是 1996年底推出的新一代光盘标准,它使得基于计算机的数字视盘驱动器将能从单个盘片上读取 4.7GB~17GB 的数据量,而盘片的尺寸与 CD 相同。

随着多媒体计算机硬件的发展,除了常用的光盘等存储设备之外,近年来还出现了如 NAS 和 SAN 等先进的存储设备。NAS 是英文"Network Attached Storage"的缩写,中文意思是网络附加存储。它是连接在网络上具备资料存储功能的装置,因此也称为网络存储器或者网络磁盘阵列。SAN 英文全称为"Storage Area Network",即存储区域网络,它是一种通过光纤集线器、光纤路由器、光纤交换机等连接设备将磁盘阵列、磁带等存储设备与相关服务器连接起来的高速专用子网。它可实现大容量存储设备数据共享;高速计算机与高速存储设备的高速互联;灵活存储设备配置要求;数据快速备份;提高数据的可靠性和安全性等功能。

随着多媒体技术的发展,多媒体数据的多样性,地理位置的分散性,重要数据的安全、共享、管理等都对数据存储技术提出了更多的挑战。

1.2.3　多媒体数据库技术

多媒体的数据量巨大,种类繁多,每种媒体之间的差别十分明显,但又具有种种信息上的关联,这些都给数据与信息的管理带来了新的问题。多媒体数据的管理就是对多媒体数据的存储、编辑、检索、演播等操作。目前对多媒体数据的管理主要有以下几种方法。

1. 文件系统管理方式

为了方便用户浏览多媒体数据,出现了很多的图形、图像浏览工具软件。文件系统方式存储简单,当多媒体数据较少时,浏览查询还能接受,但演播的数据格式受到限制,最主要的是当多媒体数据的数量和种类相当多时,查询和演播就不方便了。所以,文件系统方式一般只适用于小的项目管理或较特殊的数据对象,所表示的对象及相互之间的逻辑关系比较简单,如管理单一媒体信息,像图片、动画等。文件系统的树形目录的层次结构也能反映数据之间的部分逻辑关系。因此,用文件系统管理多媒体数据前应根据具体情况建立合理的目录结构。

2. 扩充关系数据库的方式

用关系数据库存储多媒体资料的方法一般有以下 3 种。
(1) 用专用字段存放多媒体文件。
(2) 多媒体数据分段存放在不同的字段中,播放时再重新构建。
(3) 文件系统与数据库相结合,多媒体数据以文件系统存放,即若关系中元组的某个属性是非格式化数据,则以存放非格式化数据的媒体类型、应用程序名、媒体属性、关键词等代替,这是一种比较简单的实现方式。

3. 面向对象数据库的方式

面向对象的方法最适合于描述复杂对象,通过引入封装、继承、对象、类等概念,可以有效地描述各种对象及其内部结构和联系。面向对象的数据库方法是将面向对象程序的设计语言与数据库技术有机地结合起来,是开发多媒体数据库系统的主要方向。

封装是将大部分实现细节隐藏起来的一种机制,是对象和类概念的主要特性。封装是把过程和数据包围起来,对数据的访问只能通过已定义的界面。也就是说,现实世界可以被描绘成一系列完全自治、封装的对象,这些对象通过一个受保护的接口访问其他对象。封装保证了模块具有较好的独立性,使得程序维护修改较为容易。对应用程序的修改仅限于类的内部,可以最大限度地减少因应用程序修改而带来的影响。

继承是一种联结类的层次模型,并且允许和鼓励类的重用,对象的一个新类可以从现有的类中派生,这个过程称为类继承。继承有属性的继承和功能的继承两种,派生类可以继承其基本类的所有属性和功能,并在其基础上具有更多的属性和功能。

对象是问题领域中的事物的表示或描述,世界上任何事物都是对象。对象具有名字标识,并具有自身的状态和功能。对象包含三个重要的因素:属性、方法和事件。

类是对象的抽象,也是创建对象实例的模板。类是由用户定义的关于对象的结构和行为的数据类型,包含了创建对象的属性描述和行为特征的定义。换句话说,将那些具有相同的构造,使用相同的方法,具有相同变量名和变量类型的对象集中在一起形成类。类中的每个对象称为类的实例。类中所有的对象共享一个公共的定义,而赋予变量的值是各不相同的。

面向对象数据库系统更适合于多媒体,它具有以下特点:

(1) 面向对象模型支持"聚合"与"概括"的概念,从而能够更好地处理多媒体数据等复杂对象的结构语义。

(2) 面向对象模型支持抽象数据类型和用户定义的方法,便于系统支持定义新的数据类型和操作。

(3) 面向对象系统的数据抽象、功能抽象与消息传递的特点使对象在系统中是独立的,具有良好的封闭性,封闭了多媒体数据之间的类型及其它方面的巨大差异,并且容易实现并行处理,也便于系统模式的扩充和修改。

(4) 面向对象系统的对象类、类层次和继承性的特点,不仅减少了冗余和由此引起的一系列问题,还非常有利于版本控制。

(5) 面向对象系统中实体是独立于值存在的,因而避免了关系数据库中讨论的各种异常。

(6) 面向对象系统的查询语言通常是沿着系统提供的内部固有联系进行的,避免了大量的查询优化工作。

面向对象的数据模型比较复杂,在实现技术方面,还需要解决模拟非格式化数据的内容和表示、反映多媒体对象的时空关系,允许有类型不确定对象存在等问题。

1.2.4　多媒体网络与通信技术

在日常上网的过程中我们经常与五彩缤纷的网页打交道。从本质上分析,在网页上看到的文字就是一种超文本,而在网页中嵌入了许多的动画、图片、视频便是一种超媒体。

1.超文本

超文本是一种新型的信息管理技术,它以结点为单位组织文本信息,在结点与结点之间通过表示它们之间关系的链加以连接,构成表达特定内容的信息网络。超文本组织信息的方式与人类的联想记忆方式有相似之处,从而可以更有效地表达和处理信息。

2.超媒体

超文本与多媒体的融合产生了超媒体。允许超文本的信息结点存储多媒体信息(图形、图像、音频、视频、动画和程序),并使用与超文本类似的机制进行组织和管理,就构成了超媒体。超媒体强调的是对多种媒体信息的组织、管理,面向对这些信息的检索和浏览。超媒体技术广泛应用于与各种信息查询有关的方面,如教学、信息检索、字典和参考资料、商品介绍展示、旅游和购物指南及交互式娱乐等。

3.超文本与超媒体存在的问题

超文本与超媒体是一项正在发展中的技术,虽然它有许多独特的优点,但也存在许多不够完善的方面。

(1)信息组织。超文本的信息是以结点作为单位。如何把一个复杂的信息系统划分成信息块是一个较困难的问题。例如一篇文章,一个主题又可能分成几个观点,而不同主题的观点又相互联系,而把这些联系分割开来,就会破坏文章的本身表达的思想。这样节点的组织和安排就可能要反复调整和组织。

(2)智能化。虽然大多数超文本系统提供了许多帮助用户阅读的辅助信息和直观表示。但因超文本系统的控制权完全交给了用户,当用户接触一个不熟悉的题目时,可能会在网络中迷失方向。要彻底解决这一问题,还需要研究更有效的方法,这实际上是要超文本系统具有某种智能性,而不是只能被动地沿链跳转。超文本在结构上与人工智能有着相似之处,使它们有机的结合将成为超文本与超媒体系统的必然趋势。

(3)数据转换。超文本系统数据的组织与现有的各种数据库文件系统的格式完全不一样。引入超文本系统后,如何把传统的数据库数据转换到超文本中也是一个问题。

(4)兼容性。目前的超文本系统大都是根据用户的要求分别设计的,它们之间没有考虑到兼容性问题,也没有统一的标准可循。所以要尽快制定标准并加强对版本的控制。标准化是超文本系统的一个重要问题,没有标准化,各个超文本系统之间就无法沟通,信息就不能共享。

(5)扩充性。现有的超文本系统,有待于提高检索和查询速度,增强信息管理结构和组织的灵活性,以便提供方便的系统扩充手段。

(6)媒体间协调性。超文本向超媒体的发展也带来了一系列需要深入研究的问题,如多媒体数据如何组织,各种媒体间如何协调,结点和链如何表示;对音频和视频这一类与时间有密切关系的媒体引入到超文本中,对系统的体系结构将产生什么样的影响;当各种媒体数据作为结点和链的内容时,媒体信息时间和空间的划分,内容之间的合理组织都是在多媒体数据模型建立时要认真解决的问题。

4. 流媒体技术

互联网的普及和多媒体技术在互联网上的应用,迫切要求能解决实时传送视频、音频、计算机动画等媒体文件的技术,在这种背景下,产生了流式传输技术及流媒体。通俗的讲,在互联网上的视音频服务器将声音、图像或动画等媒体文件从服务器向客户端实时连续传输时,用户不必等待全部媒体文件下载完毕,而只需延迟几秒或十几秒,就可以在用户的计算机上播放,而文件的其余部分则由用户计算机在后台继续接收,直至播放完毕或用户中止操作。这种技术使用户在播放视音频或动画等媒体的等待时间成百倍的减少,而且不需要太多的缓存。

流媒体技术是多媒体和网络领域的交叉学科。流媒体是从英语 Streaming Media 中翻译过来的,流媒体指"流化(Streaming)"过的媒体。到目前为止,Internet 上最通用的流媒体系统包括:Microsoft Windows Media Player、Apple QuickTime、Real Networks 等,Windows Media Player、Real Networks 等流式媒体播放器已经成为 PC 的标准配置。

5. 流媒体的播放方式

(1)单播。在客户端与媒体服务器之间需要建立一个单独的数据通道,从一台服务器送出的每个数据包只能传送给一个客户机,这种传送方式称为单播。每个用户必须分别对媒体服务器发送单独的查询,而媒体服务器必须向每个用户发送所申请的数据包拷贝。这种巨大冗余首先造成服务器沉重的负担,响应需要很长时间,甚至停止播放。

(2)组播。组播是指在网络中将数据包以尽力传送(best-effort)的方式发送到网络中的某个确定结点子集,以实现网络中点到多点的高效数据传送。组播从 1988 年提出到现在已经经历了 20 多年的发展,许多国际组织对组播的技术研究和业务开展进行了大量的工作。尽管目前端到端的全球组播业务还未大规模地开展起来,但是具备组播能力的网络数目正在增加。一些主要的 ISP(网络服务提供商)已运行域间组播路由协议进行组播路由的交换,形成组播对等体。在 IP 网络中多媒体业务日渐增多的情况下,组播有着巨大的市场潜力,其业务也将逐渐得到推广和普及。

组播技术涵盖了地址方案、成员管理、路由和安全等各个方面,其中,组播地址的分配方式、域间组播路由以及组播安全等仍是研究的热点。

6. 流媒体的网络环境

多媒体网络与通信技术是多媒体计算机技术和网络通信技术结合的产物。与普通数据通信不同,多媒体数据传输对网络环境提出了苛刻的要求,由于多媒体数据对网络的延迟特别敏感,所以多媒体网络必须采用相应的控制机制和技术,以保证多媒体数据对网络实时性和同步性的要求。

由于公共交换电话网(PSTN)信息传输速率较低,适合传输话音、静态图像和低质量的视频图像等;局域网(LAN)传输延迟大,只适用于文本、图形、图像等非连续媒体信息的数据传输;窄带网 N-ISDN 能实现综合业务的传输,基本速率接口和基群速率接口能满足压缩视频、音频信号的带宽要求,它是支持可视会议、可视电话和传输静止画面的一种有效技术;宽带网 B-ISDN 以异步转移模式 ATM 作为传输与交换方式,充分利用光纤提供巨大的信道容量进行各种综合业务的传输与交换,因其有电路交换延迟小、分组交换效率高及速率可变的特点,将成为未来多媒体通信核心技术。

目前,全新的电信组网技术、终端设备技术、多媒体技术、电视机技术、计算机 IP 网络承载技术组合成了多媒体网络通信新的技术学科。它的出现将有力地推动 IP 电话、视频会议、高清晰度电视、视频点播等领域的发展,推进电信网、计算机网和有线电视网络相互融合的进程。

1.2.5　多媒体信息检索技术

多媒体技术和 Internet 的发展给人们带来海量的多媒体信息,进而导致了超大型多媒体信息库的产生,所以凭借关键词难以足够形象和准确地对多媒体信息进行检索,进而需要找到针对多媒体信息有效的检索方式。因而有效地帮助人们快速、准确地找到所需要的多媒体信息成了多媒体技术解决的核心问题之一。

基于内容的信息检索(Content-Based Retrieval)作为一种新的检索技术,是对多媒体对象的内容及上下文语义环境进行检索,如对图像中的颜色、纹理、形状或视频中的场景、片断进行分析和特征提取,并基于这些特征进行相似性匹配。基于内容的查询和检索是一个逐步求精的过程,检索经历了一个特征调整、重新匹配的循环过程。

基于内容检索系统结构由特征分析子系统、特征提取子系统、数据库、查询接口、检索引擎和索引过滤等子系统组成,同时需要相应的知识辅助支持特定领域的内容处理,如图 1.7 所示。

特征分析:该子系统负责将需要入库的媒体进行分割或节段化,标识出需要的对象或内容关键点,以便有针对性的对目标进行特征提取。特征标识可通过用户输入或系统定义。

特征提取:对用户提供或系统标明的媒体对象进行特征提取处理。提取特征时需要知识处理模块的辅助,与标准化的知识定义直接有关。

数据库:数据库包含多媒体数据库和特征数据库,分别存放多媒体数据同对应的特征数据,它们彼此之间存在着一定的对应关系。特征库中包含了由用户输入的和预处理自动提取的特征数据,通过检索引擎组织与媒体类型相匹配的索引来达到快速搜索的目的。

查询接口:即人机交互界面,由于多媒体内容不具有直观性,查询基于示例方式。必须提供可视化手段,可采用交互操纵、摸板选择和样本输入三种方式提交查询依据。

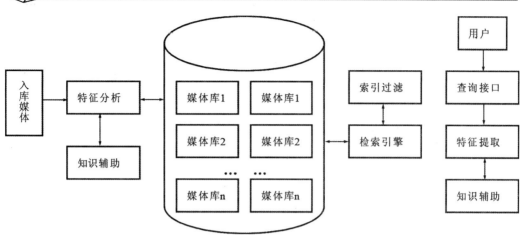

图 1.7　基于内容检索系统结构

检索引擎:检索要将特征提取值和特征库中的值进行比较,得到一个相似度。不同的媒体各自具有不同的相似度算法,这些算法也称为相似性测度函数。检索引擎使用相似性测度函数集去进行比较,从而确定与特征库的值最接近的多媒体数据。

索引过滤:在大规模多媒体数据检索过程中,为了提高检索效率,常在检索引擎进行匹配之前采用索引过滤方法,取出高维特征用于匹配。

1. 基于内容的图像检索

20 世纪 90 年代,研究者们提出了基于内容的图像检索(Content Based Image Retrieval,CBIR),这种方法成了现有图像检索技术研究的主流。就图像特征的作用域而言,CBIR 系统可分为:基于全局特征的检索和基于区域特征及其空间关系的检索。基于全局特征的内容检索不区分图像的前景和背景,通过整幅图像的视觉特征进行图像相似度匹配;而基于区域特征及其空间关系的检索需先进行图像分割,图像的整体相似性不仅要考虑到分割出的区域间的相似性,还要考虑区域空间关系的相似性。CBIR 的主要特点是他主要只利用了图像本身包含的客观的视觉特征,图像的相似性不需要人来解释,体现在视觉相似性上。这导致了他不需要或者仅需要少量的人工干预,在需要自动化的场合取得了大量的应用。在各种网站的搜索引擎中,图像检索系统成为重要工具。如医学 CT、X 射线检索系统中,可以为医生诊断提供重要的参考;商标检索系统中,可在收录了已注册商标库中查找是否有与注册商标类似的,防止商标的雷同;公安系统中,根据嫌疑犯面部特征在照片库中进行查找类似人员等。

基于内容的图像检索常用的关键技术有:颜色特征提取、纹理特征提取、形状特征提取、相关反馈技术等。

2. 基于内容的视频检索

视频是多媒体数据库中的一种重要的数据,它由连续的图像序列组成。视频主要是由镜头组成的,每一个镜头包含一个事件或一组连续的动作。要对视频序列进行检索,可以通过全局和局部两种特征来进行。全局特征包括视频的名字、制作人、拍摄时间、地点等,这些可由人工注释。局部特征包括镜头关键帧的颜色、纹理等。要获得局部特征,首先必须将视频序列分割为镜头,在镜头中找到若干关键帧来代表镜头的内容,然后再提取关键帧的视觉特征和运动参数并存入特征库中作为检索的依据。为完成镜头分割,必须检测出镜头的切换点。镜头的切换有两种方式,一种是突变,即镜头间没有过渡;另一种是渐变,即镜头间是缓慢过渡的,包括淡入、淡出、慢转换、扫描等。

基于内容的视频检索常用的关键技术有:关键帧抽取与镜头分割、视频结构重构等。

基于内容的多媒体检索是一个新兴的研究领域,国内外都在探索和研究,目前虽然有一些基于内容的检索算法,但存在着算法处理速度慢、检索率低、应用局限性等问题。随着多媒体内容的增多和存储技术的提高,对基于内容的多媒体检索的需求将日益上升。目前在语音识别方面,IBM 公司的 Via Voice 已趋于成熟,另外剑桥大学的 VMR 系统,以及卡内基梅隆大学的 Informedia 都是很出色的音频处理系统。在基于内容的音频信息检索方面,美国的 Muscle fish 公司推出了较为完整的原型系统,对音频的检索和分类有较高的准确率。但在图像、视频等内容识别方面还不成熟。

3. 基于内容的音频检索

由于音频媒体可以分为语音、音乐和其他声响,基于内容的音频检索自然也必须进行分类。音频内容可分为样本级、声学特征级和语义级。从低级到高级,内容的表达是逐级抽象和概括的。音频内容的物理样本可以抽象出如音调、旋律、节奏、能量等声学特征,进一步可抽象为音频描述、语音识别文本、事件等语义。

基于内容的音频检索中,用户可以提交概念查询或按照听觉感知来查询,即查询依据是基于声学特征级和语义级的。音频的听觉特性决定其查询方式不同于常规的信息检索系统。基于内容的查询是一种相似查询,它实际上是检索出与用户指定的要求非常相似的所有声音。查询中可以指定返回的声音数或相似度的大小。另外,可以强调或忽略某些特征成分,甚至可以利用逻辑运算来指定检索条件。

作为一门交叉学科,基于内容的多媒体信息检索不仅需要利用图像处理、模式识别、计算机视觉、图像理解等多领域的知识做铺垫,还需要人工智能、数据库管理技术、人机交互等领域对媒体数据进行表示,从而设计出可靠、高效、人性化的检索系统。

1.2.6　虚拟现实技术

虚拟现实(Virtual Reality,VR)利用数字媒体系统生成一个具有逼真的视觉、听觉、触觉及嗅觉的模拟现实环境,受众可以用人的自然技能对这一虚拟的现实进行交互体验,仿佛在真实现实中的体验一样。虚拟现实是多种技术的综合,包括实时三维计算机图形技术、广角立体显示技术,对观察者的头、眼和手的跟踪技术,以及触觉/力觉反馈、立体声、语音输入输出技术等。

虚拟现实技术的主要特征是:①多感知性。是指除了一般计算机技术所具有的视觉感知之外,还有听觉感知、力觉感知、触觉感知、运动感知、味觉感知及嗅觉感知等。②浸没感。是指用户感到作为主角存在于模拟环境中的真实程度。③交互性。是指用户对模拟环境内物体的可操作程度和从环境得到反馈的实时性。④构想性。是指虚拟现实技术应具有广阔的可想象空间,即拓宽人类认知范围,不仅可再现真实存在的环境,也可以随意构想客观不存在的甚至是不可能发生的环境。

虚拟现实之所以能让用户从主观上有一种进入虚拟世界的感觉,而不是从外部去观察它,主要是采用了一些特殊的输入输出设备,如数据头盔、数据手套等。

1. 数据手套

数据手套(Data Glove)是一种能感知手的位置及方向的设备。通过它可以指向某一物体,在某一场景内探索和查询,或在一定的距离之外对现实世界发生作用。数据手套把光导纤维和三维位置传感器缠绕在一个轻的有弹性的手套上。每个手指的关节处都有一圈光导纤维,每个手指的背部连有传感器,用以测量手指关节的弯曲角度。数据手套手背上有一个探测器,用来监测用户手的位置和方向,并根据用户手指关节的角度变化,捕捉手指、大拇指和手腕的相对运动。当以上装备与相应的软件配合时,由应用程序来判断用户在 VR 中操作时手的姿势,从而为 VR 系统提供了可以在虚拟世界中使用的各种信号。它允许手去抓取或推动虚拟物体,或由虚拟物体作用于手(即手的反馈),数据手套如图 1.8 所示。

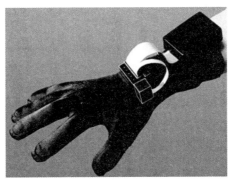

图 1.8 数据手套

2. 头盔显示器

头盔显示器(Head Mounted Display,HMD)是专为用户提供虚拟现实中景物的色彩立体显示器,通常固定在用户的头部,用两个 LCD 或 CRT 显示器分别向两只眼睛显示图像,如图 1.9 所示。这两个显示屏中的图像由计算机分别驱动。屏上的两幅图像存在着细小的差别,类似于"双眼视差"。大脑将融合这两个图像获得深度感知,因此头盔显示器具有较好的沉浸感,但分辨率较低,失真大。

头部位置跟踪设备是头盔显示器上的主要部件。通过头部跟踪,虚拟现实用户的运动感觉和视觉系统能够得以重新匹配跟踪,计算机随时可以知道用户头部的位置及运动方向。头部追踪还能增加双眼视差和运动视差,这些视觉线索能改善用户的深度感知。

虚拟现实技术的实现需要相应的硬件和软件的支持。现在对虚拟现实环境的操作已达到了一定的水平,但它毕竟同人类现实世界中的行动有一定的差别,还不能十分灵

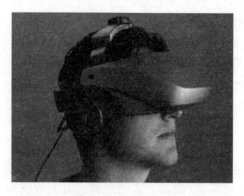

图 1.9　头盔显示器

活、清晰地表达人类的活动和思维。因此,这方面还有大量的工作要做。

1.3　多媒体技术的应用与发展

1.3.1　多媒体技术的应用领域

多媒体是一种实用性很强的技术,它一出现就引起许多相关行业的关注。多媒体技术的典型应用包括以下几个方面。

1. 教育与培训

多媒体技术提高了知识的趣味性。多媒体技术在教育领域中的典型范例包括计算机辅助教学(CAI：Computer Assisted Instruction)、计算机辅助学习(CAL：Computer Assisted Learning)、计算机化教学(CBI：Computer Based Instruction)、计算机化学习(CBL：Computer Based Learning)、计算机辅助训练(CAT：Computer Assisted Training)、计算机管理(CMI：Computer Managed Instruction)等。

2. 信息管理系统

多媒体信息管理的基本内涵是多媒体与数据库相结合,用计算机管理数据、文字、图形、静动态图像和声音资料。以往的管理信息系统 MIS 都是基于字符的,多媒体的引入可以使之具有更强的功能,更大的实用价值。资料的内容很多,包括人事资料、文件、图样、照片、录音、录像等。利用多媒体技术,这些资料能通过扫描仪、录音机和录像机等设备输入计算机,存储于光盘。在数据库的支持下,需要时,便能通过计算机录音、放像和显示等手段实现资料的查询。

3. 娱乐和游戏

多媒体技术的出现给影视作品和游戏产品制作带来了革命性的变化,由简单的卡通片到声、文、图并茂的实体模拟,如设备运行、化学反应、火山喷发、海洋洋流、天气预报、天体演化、生物进化等诸多方面,画面、声音更加逼真,趣味性和娱乐性增加。随着多媒体技术的发展逐步趋于成熟,在影视娱乐业中,使用先进的计算机技术已经成为一种趋势,大量的计算机效果被应用到影视作品中,从而增加了艺术效果和商业价值。

4. 商业广告

多媒体在商业领域中可以提供最直观、最易于接受的宣传方式,在视觉、听觉、感觉等方面宣传广告意图,可提供交互功能,使消费者能够了解商业信息、服务信息及其他相关信息,可提供消费者的反馈信息,促使商家及时改变营销手段和促销方式,可提供商业法规咨询、消费者权益咨询、问题解答等服务。

5. 视频会议系统

随着多媒体通信和视频图像传输数字化技术的发展,以及计算机技术和通信网络技术的结合,视频会议系统成为一个最受关注的应用领域,与电话会议系统相比,视频会议系统能够传输实时图像,使与会者具有身临其境的感觉,但要使视频会议系统实用化,必须解决相关的图像压缩、传输、同步等问题。

6. 电子查询与咨询

在公共场所,如旅游景点、邮电局、商业咨询场所、宾馆及百货大楼等,提供多媒体咨询服务、商业运作信息服务或旅游指南等。使用者可与多媒体系统交互,获得感兴趣的对象的多媒体信息。

7. 计算机支持协同工作

多媒体通信技术和分布式计算机技术相结合所组成的分布式多媒体计算机系统能够支持人们长期梦想的远程协同工作,例如远程报纸共编系统可把身处多地的编辑组织起来共同编辑同一份报纸。

8. 家庭视听

由于数字化的多媒体具有传输储存方便,保真度非常高等特点,在个人计算机用户中广泛受到青睐,而专门的数字视听产品也大量进入家庭,如 CD、VCD、DVD 等设备。

1.3.2 多媒体技术的发展趋势

总的来看,多媒体技术正向两个方向发展:一是网络化发展趋势,与宽带网络通信等技术相互结合,使多媒体技术进入科研设计、企业管理、办公自动化、远程教育、远程医疗、检索咨询、文化娱乐、自动测控等领域;二是多媒体终端的部件化、智能化和嵌入化,以提高计算机系统本身的多媒体性能,开发智能化家电。

1. 多媒体技术的网络化发展趋势

技术的创新和发展将使服务器、路由器、转换器等网络设备的性能越来越高,包括用户端 CPU、内存、图形卡等在内的硬件能力空前扩展。人们将受益于无限的计算和充裕的带宽,它使网络应用者改变以往被动地接收处理信息的状态,并以更加积极主动的姿态去参与眼前的网络虚拟世界。

多媒体技术的发展使多媒体计算机形成更完善的计算机支撑的协同工作环境,消除了空间距离的障碍,也消除了时间距离的障碍,为人类提供更完善的信息服务。

交互的、动态的多媒体技术能够在网络环境下创建出更加生动逼真的二维与三维场景。人们还可以借助摄像等设备把办公室和娱乐工具集合在终端多媒体计算机上,可在世界任一角落与千里之外的同行在实时视频会议上进行市场讨论、产品设计,欣赏高质量的图像画面。新一代用户界面(UI)与智能人工(Intelligent Agent)等网络化、人性化、个性化的多媒体软件的应用,还可使不同国籍、不同文化背景和不同文化程度的人们通过人机对话消除他们之间的隔阂,自由地沟通与了解。

多媒体交互技术的发展使多媒体技术在模式识别、全息图像、自然语言理解(语音识别与合成)和新的传感技术(手写输入、数据手套、电子气味合成器)等基础上,利用人的多种感觉通道和动作通道(如语音、书写、表情、姿势、视线、动作和嗅觉等),通过数据手套和跟踪手语信息提取特定人的面部特征,合成面部动作和表情,以并行和非精确的方式与计算机系统进行交互,可以提高人机交互的自然性和高效性,实现以三维的逼真输出为标志的虚拟现实。

蓝牙技术的开发应用,使多媒体网络技术无线电,数字信息家电,个人区域网络,无线宽带局域网,新一代无线、互联网通信协议与标准,对等网络与新一代互联网络的多媒体软件开发,综合原有的各种多媒体业务,将会使计算机无线网络异军突起,牵起网络时代的新浪潮,使得计算无所不在,各种信息随手可得。

2. 多媒体终端的部件化、智能化和嵌入化发展趋势

目前多媒体计算机硬件体系结构,多媒体计算机的视频、音频接口软件不断改进,尤其是采用了硬件体系结构设计和软件、算法相结合的方案,使多媒体计算机的性能指标进一步提高,但要满足多媒体网络化环境的要求,还需对软件做进一步的开发和研究,使多媒体终端设备具有更高的部件化和智能化,对多媒体终端增加如文字的识别和输入、汉语语音的识别和输入、自然语言理解和机器翻译、图形的识别和理解、机器人视觉和计算机视觉等智能。

过去 CPU 芯片的设计较多地考虑计算功能,主要用于数学运算及数值处理,随着多媒体技术和网络通信技术的发展,需要 CPU 芯片本身具有更高的综合处理声、文、图信息及通信的功能,因此可以将媒体信息实时处理和压缩编码算法做到 CPU 芯片中。

从目前的发展趋势看,可以把这种芯片分成两类:一类是以多媒体和通信功能为主,融合 CPU 芯片原有的计算功能,它的设计目标是在多媒体专用设备、家电及宽带通信设备上,可以取代这些设备中的 CPU 及大量 ASIC 和其他芯片;另一类是以通用 CPU 计算功能为主,融合多媒体和通信功能,它们的设计目标是与现有的计算机系列兼容,同时具有多媒体和通信功能,主要用在多媒体计算机中。

近年来,随着多媒体技术的发展,TV 与 PC 技术的竞争与融合越来越引人注目,传统的电视主要用在娱乐上,而 PC 重在获取信息上。随着电视技术的发展,电视浏览收看功能、交互式节目指南、电视上网等功能应运而生。而 PC 技术在媒体节目处理方面也有了很大的突破,视音频流功能的加强,搜索引擎、网上看电视等技术相应出现,比较来看,收发 E-mail、聊天和视频会议终端功能更是 PC 与电视技术的融合点,而数字机顶盒技术适应了 TV 与 PC 融合的发展趋势,延伸出"信息家电平台"的概念,使多媒体终端集家庭购物、家庭办公、家庭医疗、交互教学、交互游戏、视频邮件和视频点播等全方位应用为一身,代表了当今嵌入化多媒体终端的发展方向。

嵌入式多媒体系统可应用在人们生活与工作的各个方面,在工业控制和商业管理领域,如智能工控设备、POS/ATM 机、IC 卡等;在家庭领域,如数字机顶盒、数字式电视、WebTV、网络冰箱、网络空调等消费类电子产品。此外,嵌入式多媒体系统还在医疗类电子设备、多媒体手机、掌上计算机、车载导航器、娱乐、军事方面等领域有着巨大的应用前景。

小　　结

本章是全书的理论基础,简要介绍了有关多媒体技术的基本概念和基础知识。

多媒体技术是基于计算机科学的综合高新技术,可以利用计算机综合处理文本、声音、图形、图像和视频等信息,具有集成性、实时性和交互性。

多媒体信息的处理和应用需要一系列相关技术的支持。多媒体是一种实用性很强的技术,它的应用几乎覆盖了计算机应用的绝大多数领域,而且还开拓了涉及人类生活、娱乐、学习等方面的新领域,使人机交互界面更接近人们自然的信息交流方式。

习　　题

1. 选择题

(1) 下列关于多媒体技术的描述中,错误的是_____。

    A. 多媒体技术是将各种媒体以数字化的方式集中在一起

    B. 多媒体技术可对多种媒体信息进行获取、加工处理、存储和展示

    C. 多媒体技术是能用来观看数字电影的技术

    D. 多媒体技术与计算机技术是密不可分的

(2) 下列图形图像文件格式中,可实现动画的是_____。

    A. WMF 格式　　　　　　　　　　　B. GIF 格式

    C. BMP 格式　　　　　　　　　　　D. JPG 格式

(3) 下列功能中,不属于 MPC 的图形、图像处理能力的基本要求的是_____。

    A. 可产生丰富、形象、逼真的图形

    B. 实现三维动画

    C. 可以逼真、生动地显示彩色静止图像

    D. 实现一定程度的二维动画

(4) 汉字国标 GB 2312-80(国字标准信息交换码)的编码是_____字节的。

    A. 1　　　　B. 2　　　　C. 3　　　　D. 4

(5) 下列说法中,不正确的是_____。

    A. 电子出版物存储容量大,一张光盘可存储几百本书

    B. 电子出版物可以集成文本、图形、图像、动画、视频和音频等多媒体信息

    C. 电子出版物不能长期保存

    D. 电子出版物检索快

(6) 多媒体技术的基础是_____。

    A. 多媒体信息的数字化　　　　　　B. 数据压缩

    C. 多媒体数据管理技术　　　　　　D. A 和 B

(7) 多媒体中的编码技术不包括_____。

    A. 媒体压缩编码　　　　　　　　　B. 媒体译码的软件化

    C. 媒体安全　　　　　　　　　　　D. 合成与同步

(8) 通用压缩编码标准中,数字视频交互是指_____。

    A. H. 261　　　　B. JPEG　　　　C. MPEG　　　　D. DVI

(9) 多通道用户界面目前开展的研究课题包括_____。

    A. 文字和语音识别输入以及语音合成技术

    B. 基于人体生物特征的多模态身份验证技术

    C. 虚拟秘书或播音员

    D. 以上全是

(10) 以下不是多媒体技术典型应用的是_____。

    A. 教育和培训　　　　　　　　　　B. 娱乐和游戏

    C. 视频会议系统　　　　　　　　　D. 计算机支持协同工作

2. 简答题

(1) 什么是媒体? 它是如何分类的?

(2) 什么是多媒体技术? 它具有哪些关键特性?

(3) 图形和图像有哪些区别?

(4) 超文本和超媒体具有哪些特点?

(5) 多媒体技术研究的主要内容是什么?

(6) 多媒体技术研究的应用领域有哪些?

(7) 多媒体技术的两个发展趋势是什么?

第 2 章 多媒体计算机系统

教学目标

- 了解多媒体系统的基本构成
- 了解多媒体处理器的特点
- 了解市面流行的主流输入/输出设备
- 掌握音频卡、视频卡的工作原理及性能指标
- 了解市面流行的多媒体存储设备
- 掌握光盘的类型、技术指标及工作原理
- 了解多媒体应用系统的设计流程

本章知识结构图

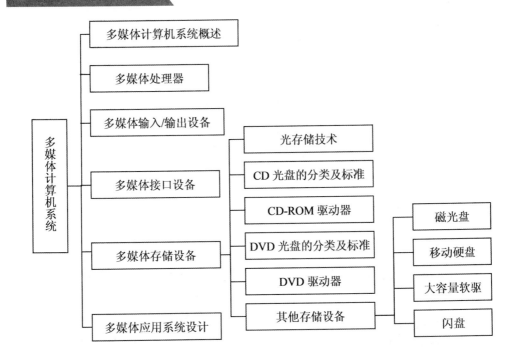

导入案例

　　多媒体电子教室以多媒体计算机为核心,由多媒体投影机、展示台、中央控制系统、投影屏幕、视频输入设备、音响设备等多种现代教学设备组成,各设备作用如下。

　　1. 多媒体计算机

　　多媒体计算机是演示系统的核心,大多数教学软件都要由它运行,而且它在很大程度上决定演示效果的好坏。

　　2. 多媒体投影机

　　多媒体投影机是整个多媒体演示教室中最重要也是最昂贵的设备,它连接着计算机系统、所有视频输出系统及数字展台,承担着视频、数字信号输出成像的重任,如图 2.1 所示。

　　3. 视频、数字展示台

　　它可以进行实物、照片、书本资料的投影,是一种非常实用的设备。它不单独使用,只能输出视频、数字信号,由多媒体投影机来投影,如图 2.2 所示。

图 2.1　多媒体投影机　　　　　图 2.2　视频、数字展示台

　　4. 中央控制系统

　　由于多媒体演示教室中使用了多种数据、视频音频设备,要完全用好这些设备,对上课的教师来说有一定的难度。中央控制系统用系统集成的方法,把整个多媒体演示教室的设备操作集成在一个平台上,所有设备的操作均可在这个平台上完成,使用者无需对单个设备进行操作,如图 2.3 所示。

　　5. 投影屏幕

　　用于和投影机配套使用,良好的投影屏幕对投影机投射的影像效果有很大的提升作用,如图 2.4 所示。

6. 视频输入系统

它包括录像机、VCD 机、DVD 机等，其视频信号由多媒体投影机投影到屏幕上。

7. 音响系统

包括麦克风(有线或无线)、功放、音箱等，用以输出音频信号，其配置可根据教室空间大小和人数的多少来决定。

多媒体电子教室的应用，使教师能够借助于先进的电子教学设备，轻松而直观地进行教学，学生接受和理解知识的效果也远远高于传统教学方式。多媒体系统应用的前提是要建立一个良好的多媒体环境。

2.1 多媒体计算机系统概述

多媒体计算机系统是指能把视、听和计算机交互式控制结合起来，对音频信号、视频信号的获取、生成、存储、处理、回收和传输综合数字化所组成的一个完整的计算机系统。

早期的多媒体计算机系统必须进行专门设计和制造，如 1985 年美国 Commodore 公司设计制造的 Amiga 多媒体计算机系统，1986 年荷兰 Philips 公司与日本 Sony 公司共同设计制造的 CD-I 多媒体系统，1992 年美国 Intel 公司和 IBM 公司设计制造的 DVI 多媒体系统等，这些经典的多媒体系统最终都没有成为市场主流产品。目前几乎所有微型计算机都具备了多媒体功能，不需要单独进行设计和制造。

多媒体计算机系统的基本构成如图 2.5 所示。

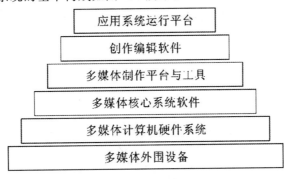

图 2.5 多媒体计算机系统的基本构成

在多媒体计算机系统中，第一层为多媒体外围设备，包括各种媒体、视听输入输出设备及网络。

第二层为多媒体计算机硬件主要配置与各种外围设备的控制接口卡，其中包括多媒体实时压缩和解压缩专用的电路卡。

第三层为多媒体驱动程序、操作系统。该层软件为系统软件的核心，除与硬件设备打交道(驱动、控制这些设备)外，还要提供输入输出控制界面程序，即 I/O 接口程序；而操作系统则提供对多媒体计算机的硬件、软件控制与管理。

第四层是媒体制作平台和媒体制作工具软件，支持应用开发人员创作多媒体应用软件。设计者利用该层提供的接口和工具采集、制作媒体数据。常用的有图像设计与编辑系统,二维、三维动画制作系统,声音采集与编辑系统,视频采集与编辑系统以及多媒体公用程序与数字剪辑艺术系统等。

第五层为多媒体编辑与创作系统。该层是多媒体应用系统编辑制作的环境,根据所用工具的类型,有的是脚本语言及解释系统,有的是基于图标导向的编辑系统,还有的是基于时间导向的编辑系统。通常除编辑功能外,还具有控制外围设备播放多媒体的功能。设计者可以利用这层的开发工具和编辑系统来创作各种教育、娱乐、商业等应用的多媒体节目。

第六层为多媒体应用系统的运行平台,即多媒体播放系统。该层可以在计算机上播放硬盘上的节目,也可以单独播放多媒体的产品。

在以上 6 层中,第一、二层构成多媒体硬件系统,其余 4 层是软件系统。

2.1.1 多媒体硬件系统

多媒体硬件系统是多媒体计算机实现多媒体功能的物质基础,任何多媒体信息的采集、处理和播放功能都离不开多媒体硬件技术的支持。

1. 多媒体个人计算机

1990 年 11 月,在 Microsoft 公司的主持下,Microsoft、IBM、Philips、NEC 等大的多媒体计算机厂商召开了多媒体开发者会议,成立了多媒体计算机市场协会(Multimedia PC Marketing Council,INC),进行多媒体标准的制定和管理。该组织根据当时计算机的发展水平,制定了多媒体计算机的基本标准 MPC1,对多媒体计算机硬件规定了必需的技术规格。1995 年 6 月,该组织更名为"多媒体 PC 工作组"(Multimedia PC Working Group),公布了新的多媒体计算机标准,即 MPC3。

MPC3 规定的多媒体计算机配置示意图如图 2.6 所示。

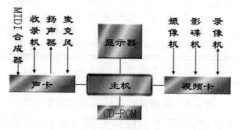

图 2.6 多媒体计算机配置示意图

MPC3 的基本要求如下。

(1) 微处理器:Pentium 75MHz 或更高主频的微处理器。

(2) 内存:8MB 以上内存。

(3) 磁盘:1.44MB 软驱,540MB 以上的硬盘。

(4) 图形性能:可进行颜色空间的转换和缩放,视频图像子系统在视频允许时可进行直接帧存取,以 15 位/像素、352×240 分辨率、30 帧/秒播放视频,不要求缩放和裁剪。

(5) 视频播放:编码和解码都应在 15 位/像素、352×240 分辨率、30 帧/秒(或 352×

288 分辨率、25 帧/秒),播放视频时支持同步的声频/视频流,不丢帧。

(6) 声卡:支持 16 位声卡、波表合成技术、MIDI 播放。

(7) CD-ROM:4 倍速光驱,平均访问时间为 250ms,符合 CD-XA 规格,具备多段式能力。

MPC 标准规定了多媒体计算机的最低配置,同时对主机的 CPU 性能、内存容量、外存容量及屏幕显示能力等做了相应的规定。

MPC 是随着 Pentium CPU 的出现而出现的,是随着 Pentium MMX(Multi Media eXtension)指令集中包含的 57 条多媒体处理指令而发展起来的。MPC 是未来高性能多媒体应用的最佳机种,可用来作为电子图书、地图等的工作平台。未来的 Windows 操作系统将具备 TV/PC 多任务功能,使 MPC 既可作为 PC 使用,又可作为 TV 的 Control Box,甚至可自行通过 PC 附加多媒体信息到电视节目上。

2. 多媒体硬件系统的基本要求

构成多媒体系统除了较高配置的传统计算机硬件之外,通常还需要音频视频处理设备、光盘驱动器、各种多媒体输入/输出设备等。与常规的个人计算机相比,多媒体计算机的硬件结构只是多一些硬件的配置而已。目前,计算机厂商为了满足用户对多媒体功能的需求,采用两种方式提供多媒体所需的硬件设备。一是把各种多媒体部件都集成在计算机主板上,如显卡、声卡等,大部分微型计算机都将其集成在主板上;二是有很多厂商生产各种多媒体硬件的接口卡和设备,这些具有多媒体功能的接口卡可以很方便地插入到计算机的标准总线(如 PCI)或直接连接到标准接口(如 USB)中。例如,可以在微型计算机 PCI 总线中插入电视卡,安装相关的驱动程序后,计算机就具有了接收有线电视的多媒体功能。常见的多媒体接口卡有语音卡、电视卡、视频数据卡、非线性编辑卡等。

多媒体硬件系统有以下基本要求。

(1) 功能强大,速度快的 CPU。

(2) 可存放大量数据的配置和足够大的存储空间。

(3) 高分辨率的显示接口与设备,可以使动画图像图文并茂地流畅显示。

(4) 高质量的声卡,可以提供优质的数字音响。

2.1.2 多媒体软件系统

构建一个多媒体系统,硬件是基础,软件是灵魂。多媒体软件的主要任务是将硬件有机地组织在一起,使用户能够方便地使用多媒体信息。多媒体软件按功能可分为多媒体系统软件和多媒体应用软件。

多媒体软件的分类如图 2.7 所示。

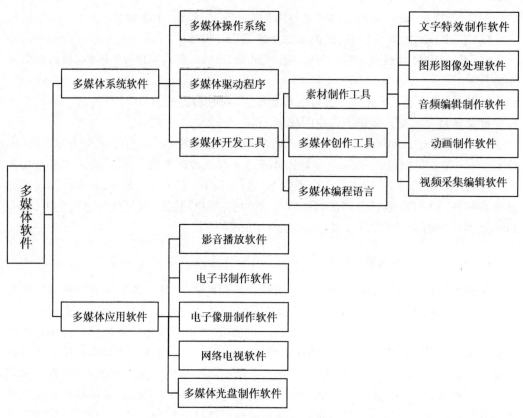

图 2.7 多媒体软件分类图

1. 多媒体系统软件

多媒体系统软件主要包括 Windows 98/2000/XP/NT/7/8 多媒体操作系统,各种相应的多媒体驱动程序和多媒体开发工具等 3 种。

(1) 多媒体操作系统。多媒体操作系统就是具有多媒体功能的操作系统。多媒体操作系统必须具备对多媒体数据和多媒体设备的管理和控制功能,具有综合使用各种媒体的能力,能灵活地调度多种媒体数据并能进行相应的传输和处理,且使各种硬件和谐地工作。

(2) 多媒体驱动程序。多媒体驱动程序是多媒体计算机软件中直接和硬件打交道的软件,它完成设备的初始化,完成各种设备操作以及设备的关闭等。驱动程序一般常驻内存,每种多媒体硬件需要一个相应的驱动程序。

(3) 多媒体开发工具。多媒体开发工具是多媒体开发人员用于获取、编辑和处理多媒体信息,编制多媒体应用程序的一系列工具软件的统称。它可以对文本、图形、图像、动画、音频和视频等多媒体信息进行控制和管理,并把它们按要求连接成完整的多媒体应用软件。多媒体开发工具大致可分为多媒体素材制作工具、多媒体著作工具和多媒体编程语言 3 类。

多媒体素材制作工具是为多媒体应用软件进行数据准备的软件,其中包括文字特效制作软件 Word（艺术字）、COOL 3D；图形图像处理与制作软件 CorelDRAW、Photoshop、FreeHand；音频编辑与制作软件 Wave Studio、Audition、Sound Forge；二维和三维动画制作软件 Flash、3D MAX 等；视频和图像采集编辑软件，包括 ArcSoft 公司的 ShowBiz、Ulead 公司的 Video Studio 5.0 DVD、Adobe 公司的 Premiere 等；制作地图软件 Mapinfo Professional 等。

多媒体著作工具又称多媒体创作工具，它是利用编程语言调用多媒体硬件开发工具或函数库来实现的，并能被用户方便地编制程序，组合各种媒体，最终生成多媒体应用程序的工具软件。常用的多媒体创作工具有 PowerPoint、Authorware、ToolBook 等。

多媒体编程语言可用来直接开发多媒体应用软件，对开发人员的编程能力要求较高，但它有较大的灵活性，适用于开发各种类型的多媒体应用软件。常用的多媒体编程语言有 Visual Basic、Visual C++、Delphi 等。

2. 多媒体应用软件

多媒体应用软件又称多媒体应用系统或多媒体产品，它是由各种应用领域的专家或开发人员利用多媒体编程语言或多媒体创作工具编制的最终多媒体产品，是直接面向用户的，如影音播放软件、各种多媒体教学软件、声像俱全的电子图书、网络电视软件等。

2.2　多媒体处理器

多媒体处理器为了增加新的多媒体处理和通信功能，也就是多媒体数据的获取，数据压缩和解压缩，数据的实时处理和特技，多媒体数据的输出以及多媒体通信等功能，总是希望将传统的计算机体系结构与多媒体功能融合在一起。这种融合的方案，一类就是与现有的计算机系列兼容，融合多媒体和通信的功能，如 Intel 的 Pentium MMX 技术，主要用在多媒体计算机系统中；另一类是以多媒体和通信功能为主，融合 CPU 芯片的功能，主要用在多媒体专用设备，家电及宽带通信设备上。这种所谓的多媒体处理器通常是 CPU 和 DSP（数字信号处理器）的混合，它同时把 RISC（精简指令系统计算机）、CISC（复杂指令系统计算机）和 DSP 技术综合在一起。

2.2.1　Intel MMX 技术

MMX（Multi Media eXtention，多媒体扩展指令系统）是一种多媒体扩展结构技术，它极大地提高了计算机在多媒体和通信应用方式的功能。带有 MMX 技术的 CPU 特别适合于数据量很大的图形、图像数据处理，从而使三维图形、图画、运动图像为目标的 MPEG 视频、音乐合成、语音识别、虚拟现实等数据处理的速度有了很大提高 。

MMX 技术具有一套基本的、通用的整数指令，可以比较容易地满足各种多媒体应用程序和多媒体通信程序的需要。MMX 处理器在原来的 Pentium 处理器的基础上增加了 57 条指令，CPU 中为此添加了 8 个 64 位宽的 MMX 寄存器和 4 种新的数据类型，大大增强了处理视频信号、音频信号和图像的能力。MMX技术在原处理器系统结构的基础上，增强了整型数据并行操作能力，加入了单指令流多数据流（SIMD）技术，允许一条指令处理多个信息，这种超标量结构的技术增强了PC机的多媒体处理功能。

2.2.2 媒体处理器

1. MicroUnity 公司的 Media Processor

MicroUnity芯片有一个CISC、RISC和DSP技术结合的可编程微处理器，它具有优化的多媒体和宽带通信功能，时钟频率为300～1000MHz，带有信号处理和增强数字运算能力的22位指令集，有1Gbps I/O接口的可选MediaBridge高速缓存，与PCI总线和主存储器DRAM连接；还有一个MediaCodec I/O芯片，它是一个A/D转换器，提供与宽带网络的接口，大大增强了芯片的通信功能。

2. Philips 公司的 Trimedia

Trimedia处理器是一个通用性的微处理器，可以大大增强PC的多媒体功能，取代了PC上的视频卡和声音卡。

3. ChromaticResearch 公司的 Mpact Media Engine

Mpact芯片类似于通用DSP，但实际上是一个专用微处理器。它与主CPU结合（都在主板上），可以完成Windows图形加速器、3D图形协处理器、MPEG解压卡、声音卡、FAX/MODEM和电话卡的功能。

2.3　多媒体输入/输出设备

输入/输出设备（Input/Output），简称为I/O设备，是计算机与外界进行信息交换的桥梁。其中，输入设备是指向计算机内部输入信息的设备，例如键盘、鼠标、扫描仪、触摸屏、数码影像输入设备、手写输入设备、图形数字板和数字化仪等；输出设备是指由计算机内部输出信息的设备，例如显示器、打印机、投影机、绘图仪和音响装置等。

2.3.1　扫描仪

扫描仪是一种可将静态图像输入到计算机中的图像采集设备，如图2.8所示。

扫描仪对于桌面排版系统、印刷制版系统都十分有用。如果配上文字识别（OCR）软件，用扫描仪可以快速、方便地把各种文稿录入到计算机中，大大加速了计算机文字录入过程。

图 2.8　扫描仪

1. 扫描仪的工作原理

扫描仪内部具有一套光电转换系统,可以把各种图片信息转换成计算机图像数据,并传送给计算机,再由计算机进行图像处理、编辑、存储、打印输出或传送给其他设备,其工作过程如下:

(1) 扫描仪的光源发出均匀的光线,照到图像表面。

(2) 经过 A/D(模/数)转换,把当前"扫描线"的图像转换成电平信号。

(3) 步进电机驱动扫描头移动,读取下一次图像数据。

(4) 经过扫描仪 CPU 处理后,图像数据暂存在缓冲器中,为输入计算机做好准备工作。

(5) 按照先后顺序把图像数据传输至计算机并存储起来。

2. 扫描仪的分类

按扫描原理分类,可将扫描仪分为以 CCD(电荷耦合器件)为核心的平板式扫描仪、手持式扫描仪和以光电倍增管为核心的滚筒式扫描仪;按操作方式分为手持式扫描仪、台式扫描仪和滚筒式扫描仪;按色彩方式分为灰度扫描仪和彩色扫描仪;按扫描图稿的介质分为反射式(纸质材料)扫描仪、透射式(胶片)扫描仪以及既可扫描反射稿又可扫描透射稿的多用途扫描仪。

手持式扫描仪体积较小、重量轻、携带方便,但扫描精度较低,扫描质量较差;平板式扫描仪是市场上的主力军,主要应用在 A3 和 A4 幅面图纸的扫描仪,其中又以 A4 幅面的扫描仪用途最广、功能最强、种类最多,分辨率通常在 600～1200DPI 之间,高的可达 2400DPI,色彩数一般为 30 位,高的可达 36 位;滚筒式扫描仪一般应用在大幅面扫描领域中,如大幅面工程图纸的输入。

3. 扫描仪的主要性能指标

(1) 分辨率。分辨率是衡量扫描仪的关键指标之一,它表明系统能够达到的最大输入分辨率,以每英寸扫描像素点数(DPI)表示。制造商常用"水平分辨率×垂直分辨率"的表达式作为扫描仪的标称。其中水平分辨率又称为光学分辨率;垂直分辨率又称为机械分辨率。光学分辨率是由扫描仪的传感器以及传感器中的单元数量决定的。机械分辨率是步进电机在平板上移动时所走的步数。光学分辨率越高,扫描仪解析图像细节的能力越强,扫描的图像越清晰。

（2）色彩位数。色彩位数是影响扫描仪表现的另一个重要因素。色彩位数越高，所能得到的色彩动态范围越大，对颜色的区分更加细腻。例如，一般的扫描仪至少有 30 位色，也就是能表达 2 的 30 次方种颜色（大约 10 亿种），好一点的扫描仪拥有 36 位颜色，大约能表达 687 亿种颜色。

（3）灰度。灰度指图像亮度的层次范围。级数越多，图像层次越丰富，目前扫描仪可达 256 级灰度。

（4）速度。速度指在指定的分辨率和图像尺寸下的扫描时间。

（5）幅面。幅面指扫描仪支持的纸张幅面大小，如 A4、A3、A1 和 A0。

2.3.2　数码相机

数码相机也叫数字式相机（Digital Camera，DC），是一种与计算机配套使用的照相机，它与普通照相机最大的区别是在存储器中存储图像，如图 2.9 所示为一款数码相机。

图 2.9　数码相机

1. 数码相机的工作原理

数码相机首先通过镜头接收光信号，然后由感光器件把光信号转换成一一对应的模拟电信号，再经过 A/D（模/数）转换将模拟电信号变成数字信号，最后利用数码相机中固化的程序（压缩算法）按照指定的文件格式，将图像以二进制数码的形式存入存储介质中。

2. 数码相机的性能指标

数码相机的性能指标可分两部分，一部分指标是数码相机特有的，而另一部分指标与传统相机的指标类似，如镜头形式、快门速度、光圈大小及闪光灯工作模式等。下面简单介绍数码相机特有的性能指标。

（1）感光器件。感光器件是数码相机的核心，也是最关键的技术。目前数码相机的核心成像部件有两种：一种是广泛使用的 CCD（电荷耦合）元件；另一种是 CMOS（互补金属氧化物半导体）器件。

电荷耦合器件图像传感器（Charge Coupled Device，CCD）是用一种高感光度的半导体材料制成的，能把光线转变成电荷。互补金属氧化物半导体 CMOS（Complementary

Metal-Oxide Semiconductor)是利用硅和锗这两种元素所做成的半导体,使其在 CMOS 上共存着带 N(带负电)和 P(带正电)极的半导体,这两个互补效应所产生的电流即可被处理芯片记录和解读成影像。

由于 CCD 技术起步较早且日趋成熟,在成像质量上较新兴的 CMOS 有一定的优势。因此,目前像素值较高的中高端数码相机大部分都采用 CCD 作为感光器件,而 CMOS 主要应用于中低端产品。

(2)像素。像素是由感光器件上的光敏元件数目所决定的,一个光敏元件就对应一个像素。因此,像素越大,意味着光敏元件越多,相应的成本就越大。像素决定了数码相机的图像质量。像素越大,照片的分辨率也越大,打印尺寸在不降低打印质量的同时也越大。

早期的数码相机都是低于 100 万像素的。从 1999 年下半年开始,200 万像素的产品渐渐成为市场的主流。目前,专业级的数码相机已有超过 1 亿像素级的产品,而 1800 万像素级的产品将随着 CCD 制造技术的进步和成本的进一步下降,很快成为消费市场的主流。

数码相机的像素数包括最大像素(Maximum Pixels)和有效像素(Effective Pixels)。

最大像素的数值是感光器件的真实像素,这个数据通常包含了感光器件的非成像部分,而有效像素数是指真正参与感光成像的像素值,是在镜头变焦倍率下所换算出来的值。以美能达的 Dimage 7 为例,其 CCD 像素为 524 万(5.24 Megapixel),因为 CCD 有一部分并不参与成像,有效像素只为 490 万。

在选择数码相机时,应该注重看数码相机的有效像素是多少,有效像素的数值才是决定图片质量的关键。

(3)颜色深度。这一指标用于描述数码相机对色彩的分辨能力,它取决于"电子胶卷"的光电转换精度。目前几乎所有的数码相机的颜色深度都达到了 24 位,可以生成真彩色的图像,某些高档数码相机甚至达到了 36 位。

(4)存储介质。存储介质用于存储数码相机拍摄的图像,一般称为存储卡。存储卡的种类分为很多种,如 CF 卡、SD 卡、索尼的记忆棒还有 SM 卡。从存储容量来看,SD 卡和记忆棒在存储量上的发展速度是惊人的,已经发展到 128GB 的空间,适用于拍摄大分辨率图像的专业数码相机。

(5)连续拍摄。对于数码相机来说,连续拍摄不是它的强项。由于"电子胶卷"从感光到将数据记录到内存的过程进行得并不是太快,所以拍完一张照片之后,不能立即拍摄下一张照片。两张照片之间需要等待的时间间隔就成为了数码相机的另一个重要指标。越是高级的相机,间隔时间越短,也就是说连续拍摄的能力越强。低档相机通常不具备连续拍摄的能力,即使最高档的数码相机,连拍速度一般也不会超过每秒 5 张。

2.3.3　数码摄像机

数码摄像机(Digital Video,DV)与数码相机一样,都是数码时代的影像产品。数码摄像机是将声、光等信息信号转换为 0 和 1 的数字编码并记录在磁带上的设备。与传统的模拟摄像机相比,它具有影像更逼真、解析度更高等优点,如图 2.10 所示为一款数码摄像机。

图 2.10　数码摄像机

1. 数码摄像机的工作原理

数码摄像机的工作原理是:镜头在聚光后把光线射向三棱镜,光线被分为 RGB 这 3 种颜色后,通过数码摄像机的感光元件转换成电信号,并经变频后传送到磁头进行记录。数码摄像机的感光元件也是两种:CCD 和 CMOS。

2. 数码摄像机的主要类型

随着数码摄像机存储技术的发展,目前市面上的数码摄像机依据记录介质的不同可以分为以下几种:Mini DV(采用 Mini DV 带)、Digital 8 DV(采用 D8 带)、超迷你型 DV (采用 SD 或 MMC 等扩展卡存储)、数码摄录放一体机(采用 DVCAM 带)、DVD 摄像机 (采用可刻录 DVD 光盘存储)、硬盘摄像机(采用微硬盘存储)和高清摄像机(HDV)。

从数码摄像机的存储发展技术来看,DVD 数码摄像机、硬盘式数码摄像机和高清数码摄像机代表了未来的发展方向。

(1) Mini DV。以 Mini DV 为记录介质的数码摄像机在市场上占有主要的地位。DV 格式是一种国际通用的数字视频标准,它最早在 1994 年由十多个厂家联合开发而成。DV 视频的特点是:影像清晰,水平解析度高达 500 线,可产生无抖动的稳定画面。DV 视频的亮度取样频率为 13.5MHz。

(2) Digital 8 DV。Digital 8 与 DV 带一样,拥有 500 线水平解像度以上的画质。D8 磁带的体积只有家庭录像带的 1/5 大小,尺寸为 15mm×62.5mm×95mm。

(3) 超迷你型 DV。超迷你型 DV 和 Mini DV 的不同之处在于感光器件和存储介质。超迷你型 DV 采用了 CMOS 感光器件,它比 CCD 感光器件价钱低,节省电源;在存储介质方面,主要采用存储卡,如 SD 和 MMC 卡。超迷你型 DV 体型小巧,属于低端产品。

(4) 数码摄录放一体机。摄录放一体机又被称为 DVCAM,DVCAM 格式是由索尼公司在 1996 年开发的一种视音频存储介质,其性能和 DV 几乎一模一样,两者的磁迹宽度不同,DV 的磁迹宽度为 $10\mu m$,而 DVCAM 的磁迹宽度为 $15\mu m$。两者的记录速度也不同,DV 是 18.8mm/s,而 DVCAM 是 28.8mm/s。

目前,能用 DVCAM 的机器只有索尼公司的几个型号,加上 DV 和 DVCAM 的图像解析度相同,画质无异,DVCAM 在市场上还不算普及。

(5) DVD 摄像机。DVD 数码摄像机(光盘式 DV)是采用 DVD-R、DVR+R、DVD-RW、DVD+RW 来存储动态视频图像的。DVD 数码摄像机拍摄后可直接通过 DVD 播放器播放,省去了后期编辑的麻烦。鉴于 DVD 格式是目前最通用的兼容格式,DVD 数码摄像机被认为是未来家庭用户的首选。

(6) 硬盘摄像机。硬盘式 DV 是 2005 年由 JVC 率先推出的,用微硬盘作为存储介质,可以说是集各种介质优点之所成。微硬盘体积和 CF 卡一样,卡槽可以和 CF 卡通用,与磁带和 DVD 光盘相比,其体积更小。使用时间上也是众多存储介质中最可观的,可反复擦写 30 万次。

由于硬盘式 DV 产生的时间并不长,还存在着一些不足:如怕振、价格高等。硬盘式数码摄像机更适合那些有大量拍摄需求且懂得如何保护硬盘和熟悉 PC 的人群。

(7) 高清摄像机。2003 年,索尼、佳能、夏普、JVC 这 4 家公司联合宣布了 HDV 标准。2004 年,索尼发布了全球第一部民用高清数码摄像机 Handycam HDR-FX1E,这是一款符合 HDV 1080i 标准的高清数码摄像机,从此拉开了高清数码摄像机(HDV)向民用普及的序幕。

采用 HDV 标准摄像机拍摄出来的画面可以达到 720 线的逐行扫描方式(分辨率为 1280×720)以及 1080 线隔行扫描方式(分辨率为 1440×1080)。索尼 HC1E 就采用了 1080 线隔行扫描方式。按照 HDV 标准,可以在常用的 DV 带上录制高清晰画面,音质也更好。

小贴士

当用户在广告中看到数字电视机时,总会说支持 1080i/720p 这样的标准,1080i 和 720p 都是在国际上认可的数字高清晰度电视标准。其中字母 i 代表隔行扫描,字母 p 代表逐行扫描,而 1080、720 则代表垂直方向所能达到的分辨率。

2.3.4　手写板和手写笔

手写板和手写笔大多是配套使用的,从技术的角度来说,更为重要的是手写板的性能,如图 2.11 所示为一种手写板和手写笔。

目前,市场中共有 3 种手写板:电阻式压力板、电磁式感应板和近期发展的电容式触控板。

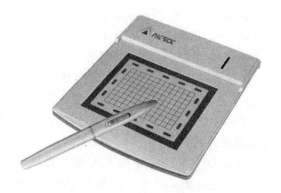

图 2.11　手写板和手写笔

1. 电阻压力板

电阻压力板由一层可变形的电阻薄膜和一层固定的电阻薄膜构成,中间由空气相隔离,其工作原理是:当用笔或手指对上层电阻加压使之变形,并与下层电阻接触时,下层电阻薄膜就感应出笔或手指的位置。

电阻压力板是早期手写板采用的技术,由于其原理简单,工艺不复杂,成本较低,价格也比较便宜,所以曾风行一时,但其不尽人意的地方也不少,例如,由于它是通过感应材料的变形来工作的,材料容易疲劳,使用寿命较短。虽然电阻压力板可以直接用手指操作,但对手指感触不灵敏,而且使用时压力不够则没有感应,压力太大又易损伤感应板,致使使用者手指很快感到疲劳。另外,由于使用时要加压,手写板实际上也不能当鼠标使用。电阻压力板是早期手写板采用的技术,现在仍采用这种技术的手写板已不多见。目前国内大多数手写产品,如汉王笔、兴荣仙指、紫光笔、大恒笔等,都采用的是其他技术。

2. 电磁感应板

电磁感应板是通过在手写板下方的布线电路通电后,在一定空间范围内形成电磁场来感应带有线圈的笔尖的位置进行工作。

这种技术目前被广泛使用,这主要是由其良好的性能决定的,它可以流畅地书写,手感很好。电磁感应板分为有压感和无压感两种,其中有压感的输入板能感应笔划的粗细、着色的浓谈。压感是评价手写板的一个很重要的指标。

随着广泛的应用,电磁感应板也渐渐表现出了一些不足,主要有以下几点。

(1) 电磁板对供电有一定的要求,在供电达不到要求的情况下,电磁板工作不稳定甚至不能工作,而且这样的手写板要同时连接 PS/2 和 COM 端口,对某些机型来说,电磁板不能使用。同时电磁板相对耗电量大,笔记本计算机用电池供电时也不宜使用。

(2) 电磁板容易受外界环境的电磁干扰,例如,当有手机在旁边或手写笔接近音箱喇叭时,电磁板几乎不能工作。

(3) 手写笔笔尖是活动部件,使用寿命短(一般为一年左右)。

3．电容式触控板

电容式触控板的工作原理是通过人体的电容来感知手指的位置，即当手指接触到触控板的瞬间，就在板的表面产生了一个电容。在触控板表面附着有一种传感矩阵，这种传感矩阵与一块特殊芯片一起，持续不断地跟踪着手指电容的"轨迹"，经过内部一系列的处理，从而每时每刻精确定位手指的位置（X、Y 坐标），同时测量由于手指与板间距离（压力大小）形成的电容值的变化，确定 Z 坐标，从而完成 X、Y、Z 坐标值的确定。这种笔无需电源供给，特别适合于便携式产品。这种触控板是在图形板方式（Graphicstable Mode）下工作的，其 X/Y 坐标的精度可高达每英寸 1000 点（每毫米 40 点）。

与前面两种技术相比，它表现出了更加良好的性能：由于轻触即能感应，用手指和笔都能操作，使用方便；手指和笔与触控板的接触几乎没有磨损，性能稳定，机械测试使用寿命长达 30 年；整个产品主要由一块只有一个高集成度芯片的 PCB 组成，元件少，同时产品一致性好，成品率高，这两方面使大量生产时成本较低。

目前，电阻压力板作为低端产品已经基本被淘汰，电磁感应板虽然市场份额较大，但各大厂商都已把目光投向了性能更好的电容式触控板。虽然现在市场上的手写板使用电容式触控技术的还不多，但可以肯定地说，电容式触控技术将是未来手写板发展的必然趋势。而手写笔则渐渐从有线笔向无线笔发展，压感级数也越来越高，功能上也渐渐多样化。

手写笔也是手写系统中一个很重要的部分。较早的输入笔要从手写板上输入电源，因此笔的尾部有一根电缆与手写板相连，这种输入笔也称为有线笔。较先进的输入笔在笔壳内安装有电池，还有的借助于一些特殊技术，不需要任何电源，因此不需要用电缆连接手写板，这种笔也称为无线笔。无线笔的优点是携带和使用起来非常方便，同时也较少出现故障。输入笔一般还带有两个或 3 个按键，其功能相当于鼠标按键，这样在操作时就不用在手写笔和鼠标之间来回切换了。

2.3.5 图形输入板和数字化仪

图形输入板是功能很强的图形输入设备；数字化仪的作用与图形输入板类似，区别在于它的精度高、幅面大，如图 2.12 所示的是一款数字化仪。

图 2.12 数字化仪

1. 组成

图形输入板由一块光滑的矩形平板,一个检测线圈做成笔状的触笔检测器,或者是一个带有十字叉线的光标检测器,以及电子处理器 3 部分组成。

2. 工作原理

图形输入板工作时,一系列的脉冲依次加在 X、Y 方向的导线上。当触笔检测器所指平板上的点或光标的十字叉线置于要输入的点上时,按下按钮,使得与点最靠近的 X、Y 线之间的电容相连通,触笔即能对这些脉冲产生感应,经过一套逻辑电路,便可确定出触笔和光标十字叉线所指点的位置。通过图形程序的配合,平板上点坐标与屏幕坐标的位置成一一对应关系。此时将图纸置于平板上,使用触笔或光标拾取图纸各点的坐标及其轨迹,在屏幕上立即就显示图形。

图形输入板的实用面积较小,例如,TSS3 电磁感应式图形输入板,它的实用面积为 280mm×280mm,分辨率为 0.2mm,精确度为 0.4mm。通常,将大面积图形输入板称为数字化仪,它比图形输入板实用面积大,精确度也高,其分辨率一般为 0.01～0.02mm,精确度为 0.15～0.30mm。

2.3.6 打印机

打印机是多媒体信息输出的常用设备。随着打印技术的发展,传统的打印概念在不断更新,新型打印机越来越多地采用新技术,打印精度,彩色还原度和打印速度不断地提高,作为多媒体设备使用的打印机主要是指彩色激光打印机及彩色喷墨打印机。

1. 彩色激光打印机

彩色激光打印机是一种高档打印设备,用于精密度很高的彩色样稿输出。与普通黑白激光打印机相比,彩色激光打印机采用 4 个硒鼓进行彩色打印,打印处理相当复杂,技术含量高,属于高科技的精密设备,其外观如图 2.13 所示。

图 2.13　彩色激光打印机

(1) 打印速度。是衡量彩色激光打印机的重要指标,以打印机每分钟可以打印的页数(10^{-6})作为计量单位,目前的打印机打印速度在 $8×10^{-6}～25×10^{-6}$ 之间。

（2）打印精度。又名"打印分辨率"，即以每分钟打印多少个（点/min）作为计量单位，目前一般彩色激光打印机的打印精度是 600 点/min，高级的机型采用 1200 点/min 的打印精度。

（3）最大打印幅面。打印幅面以 A4 幅面和 A3 幅面为主。A3 幅面是 A4 幅面的两倍，打印 A3 幅面的打印机体积也大一些。

（4）内存容量。是指彩色激光打印机自带内存，其容量值在 4MB～256MB 之间。内存容量越大，存储的打印信息越多，能够大幅减少计算机的负担，提高打印速度。

（5）接口形式。大多数彩色激光打印机采用并行数据通信接口，也有采用串行通信接口的，采用 USB 接口的彩色激光打印机机型较少。

2. 彩色喷墨打印机

近年来，彩色喷墨技术发展很快，使用该技术的打印机使用四色墨水或六色墨水，利用超微细墨滴喷在纸张上，形成彩色图像。其外观如图 2.14 所示。

图 2.14　彩色喷墨打印机

彩色喷墨打印机有家用型、办公型、专业型、照片专用型之分，根据使用场合不同，打印机的性能、价格大相径庭。

家用型结构简单，外型线条简捷、明快，纸张幅面以 A4 为主，打印精度在 600 点/min～2880 点/min 之间。

办公型计算机结构坚固、耐用，带有大容量纸盒，打印速度快、精度高、噪声低，打印幅面大，有些机型支持网络共享打印，适合办公环境大批量打印的需要。这类打印机打印精度在 600 点/min～2880 点/min 之间。

专业型主要用于彩色质量要求高的场合，例如打印商业广告、平面设计作品、彩色照片等。专业型彩色喷墨打印机采用六色彩色墨水（黑色、青色、洋红色、黄色、淡青色、淡洋红色），色彩丰富，灰阶过渡细腻。打印头采用超精细墨滴技术，在高分辨率打印时，直观感觉无墨滴痕迹。打印分辨率在 1440 点/min～2880 点/min 之间。

照片专用型为输出小尺寸照片而设计。该类型打印机一般与数码照相机配套使用，可直接输出数码照相机的数字化图像，而无需经过计算机。但是需要进行编辑处理时则要使用计算机。照片专用型打印机配有六色墨水和照片专用纸，打印精度一般在

1440 点/min 以上。

2.3.7 投影机

投影机主要用于计算机信息的显示。使用投影机时,通常配有大尺寸的幕布,计算机送出的显示信息通过投影机投影到幕布上。作为计算机设备的延伸,投影机在数字化、小型化、高亮度显示等方面具有鲜明的特点,目前正广泛应用于教学、广告展示、会议、旅游等很多领域。

按照结构原理划分,投影机主要有四大类:CRT(阴极射线管)投影机、LCD(液晶)投影机、DLP(数字光处理)投影机和 LCOS(硅液晶)投影机。

1. CRT 投影机

CRT 是英文 Cathode Ray Tube 的缩写,意为"阴极射线管"。CRT 投影机发展较早,技术成熟,其投影的关键部件是阴极射线管。该投影机的特点是:图像色彩丰富、柔和,工作稳定,具有较强的调整几何失真的能力。但是,由于受阴极射线管技术条件的制约,在图像分辨率不受损失的前提下,很难提高亮度值。因此 CRT 投影机的投影亮度一直不高,只适合在光线较暗的环境中使用。

CRT 投影机的体积较大,结构复杂,不适宜经常移动,通常固定安装在房间的顶部。

2. LCD 投影机

LCD 是英文 Liquid Crystal Device 的缩写,意为"液晶元件"。液晶是一种介于液体和固体之间的物质,该物质本身不发光,但具有特殊的光学性质。液晶在电场作用下,其分子排列会发生改变,这就是"光电效应"。一旦产生光电效应,透过液晶的光线就会受其影响而发生变化。LCD 投影机就是利用了这一原理。LCD 投影机分为液晶光阀投影机和液晶板投影机两类,液晶板投影机如图 2.15 所示。

图 2.15　液晶板投影机外观

3. DLP 投影机

DLP 投影机以 DMD(Digital Micromirror Device)数字微镜面作为成像元件,在图像灰度、色彩等方面达到很高的水准。DLP 投影机具有体积小、画面稳定、颜色过渡均匀、无图像噪声,可精确地再现图像细节,可随意变焦,调节便利等特点。另外,由于 DLP 投影机采用 DMD 作为成像元件,使总光效率达 60%,其亮度在 1000ANSI 流明以上,适于在开放环境中使用。

4. LCOS 投影机

LCOS 投影机是采用全新的 LCOS 技术的投影机,该技术采用 CMOS 集成电路芯片作为液晶板的基片,不仅大幅度地提高了液晶板的透光率,从而增加了投影亮度,而且实现了更高的分辨率和更丰富的色彩。最重要的是,采用 CMOS 集成电路芯片作为液晶板的基片可降低成本,使投影机的应用更为广泛,更具竞争力。

2.3.8　绘图仪

绘图仪可将计算机的输出信息以图形的形式输出,主要可绘制各种管理图表和统计图、大地测量图、建筑设计图、电路布线图、各种机械图与计算机辅助设计图等。绘图仪的性能指标主要有绘图笔数、图纸尺寸、分辨率、接口形式及绘图语言等。

绘图仪一般是由驱动电机、插补器、控制电路、绘图台、笔架、机械传动等部分组成。绘图仪除了必要的硬设备之外,还必须配备丰富的绘图软件。只有软件与硬件结合起来,才能实现自动绘图。绘图仪的种类很多,按结构和工作原理可以分为滚筒式和平台式两大类。

1. 滚筒式绘图仪

当 X 向步进电机通过传动机构驱动滚筒转动时,链轮就带动图纸移动,从而实现 X 方向运动;Y 方向的运动,是由 Y 向步进电机驱动笔架来实现的。这种绘图仪结构紧凑,绘图幅面大。但它需要使用两侧有链孔的专用绘图纸。

2. 平台式绘图仪

绘图平台上装有横梁,笔架装在横梁上,绘图纸固定在平台上。X 向步进电机驱动横梁连同笔架,作 X 方向运动;Y 向步进电机驱动笔架沿着横梁导轨,作 Y 方向运动。图纸在平台上的固定方法有 3 种,即真空吸附、静电吸附和磁条压紧。平台式绘图仪绘图精度高,对绘图纸无特殊要求,应用比较广泛。

2.4　多媒体接口设备

多媒体接口设备是根据多媒体系统获取编辑音频或视频的需要而插接在计算机上的接口卡。常用的接口卡有音频卡、视频卡等。

音频卡是 MPC 的必要部件,它是计算机进行声音处理的适配器,用于处理音频信息。它可以将话筒、唱机(包括激光唱机)、录音机、电子乐器等输入的声音信息进行模/数转换、压缩处理,也可以将经过计算机处理的数字化声音信号通过还原(解压缩)、数/模转换后用扬声器播放或记录下来。

视频卡是一种统称。有视频叠加卡、视频捕获卡、电视编码卡、电视选台卡以及动态视频压缩和视频解压缩卡等。它们完成的功能主要包括图形图像的采集、压缩、显示、转换和输出等。

2.4.1　音频卡

音频卡是处理各种类型数字化声音信息的硬件,多以插件的形式安装在微型计算机的扩展槽上,也有的与主板集成在一起。音频卡又称声卡,如图 2.16 所示。

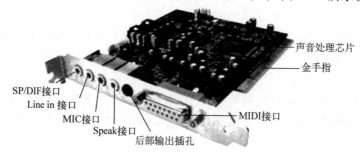

图 2.16　音频卡

1. 声卡的基本构成

声卡由以下几部分构成。

(1)声音处理芯片。声卡中用来对声音信号进行处理的芯片,包括对声音信号的回放、采样和录制等,它是声卡中最重要的元件。

(2)金手指。是声卡与主板连接的"通道",以实现供电和数据传输功能。

(3)MIDI 接口。用于连接 MIDI 接口的音频或游戏设备。

(4)SP/DIF 接口。用于连接外部的音频设备,从该接口输出的是纯数字声音信号。

(5)Line in 接口。用于从外部声源将声音信号输入到声卡中。

(6)MIC 接口。用于将麦克风的声音信号输入到声卡中。

(7)Speak 接口。用于将声音信号输出到音箱中。

(8)后部输出接口。可连接有源音箱或外部放大器,以实现音频输出。

2. 声卡的工作原理

从结构上分,声卡可分为模数转换电路和数模转换电路两部分,模数转换电路负责将麦克风等声音输入设备采到的模拟声音信号转换为计算机能处理的数字信号;而数模转换电路负责将计算机使用的数字声音信号转换为喇叭等设备能使用的模拟信号。

3. 声卡的分类

声卡的分类可以采用多种方式划分:如依据数据采样位数确定,可以划分为 8 位声卡、16 位声卡、32 位声卡,位数越多,音质越好,目前 16 位和 32 位声卡占主流,8 位声卡被淘汰;如采用总线方式,可以划分为 ISA 声卡、PCI 声卡等;如按照与计算机的连接方式,可以划分为独立声卡和集成声卡,独立声卡在抗干扰能力、声音处理效果和功能种类等方面优于集成声卡。

4．声卡的技术指标

声卡作为 MPC 的重要设备，选择时需要考虑的技术指标如下。

（1）声道数，包括单声道、双声道和多声道等。

（2）采用的总线形式，包括 ISA、PCI 总线等。自 1998 年以来，声卡接口已经从 ISA 转向了 PCI。PCI 声卡以其迅捷的传输速率，较低的 CPU 占用率和较好的 3D 音效，出色的 MIDI 表现，赢得了市场的欢迎。

（3）MIDI 合成方式，分为从简单的用几个单音（正弦波）来模拟乐器声音的 FM 合成方式，软件波表合成方式，到由具有复杂频谱的接近真实乐器声音的硬件波表合成方式。

（4）支持音效，3D 立体声增强电路，可以输出比较宽大、清晰的音场。第一代 3D 音效可以利用多声道（双声道效果差些）系统进行 360°的全方向、有距离的音源定位；第二代 3D 音效引入了环境效果，可以有更完整的环绕、包围感觉，甚至会有音源高度的感觉。

2.4.2 视频卡

多媒体计算机中，用于处理活动图像的适配器称为视频卡。视频卡主要与视频设备相连，一般是用于将摄像机等输出的视频模拟信号转换为数字信号的计算机插卡，如图 2.17 所示为带有总线控制接口的即插即用 32 位视频卡。

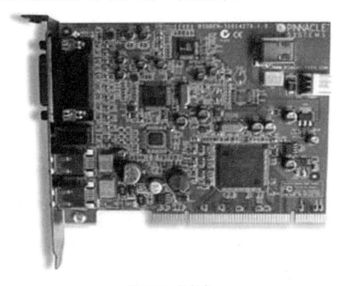

图 2.17 视频卡

1．视频卡的功能

视频卡的基本功能是将 CPU 传送过来的数字化视频数据转化成显示器可以接收的格式，再送到显示屏上形成视频。其扩展功能是将模拟视频信号转换为数字化视频数据，并以压缩格式保存为数字化视频文件。扩展功能不是所有视频卡都具有的功能，通常是比较高档的视频卡才具有，高档次的视频卡还具有采集、编辑、特技处理等功能。

2. 视频卡的工作原理

(1) 从数字化视频信号向模拟视频信号转换并显示。数字化视频信号从形成到显示大致要经历 3 个过程：CPU 运算、总线的传输、图形卡的处理和输出。其中最后一步图形卡的处理和输出就是视频卡的工作。

(2) 将模拟视频信号转换为数字化视频数据并保存。将模拟视频信号转换为数字化视频数据大致要经历 4 个过程：采集、量化、编码、保存，其中前面 3 步是视频卡的工作。视频卡通过视频输入端口接收模拟视频信号，经过对该信号进行采集、量化成数字信号，然后编码成数字视频序列。目前，大多数视频卡都具备了硬件压缩的功能，即传送到主机的数字视频序列已经是被压缩后的编码格式。

3. 视频卡的分类

按照与计算机的连接方式不同，视频卡可以划分成内置式和外置式；按照应用功能划分，视频卡可以划分成视频叠加卡、视频捕获卡、电视编码卡、电视选台卡、压缩/解压卡等。

视频叠加卡的作用是将计算机的 VGA 信号与视频信号叠加，然后把叠加后的信号在显示器上显示。视频叠加卡用于对连续图像进行处理，产生特技效果。

视频捕获卡的作用是从视频信号中捕获一幅画面，然后存储起来供以后使用。这种卡用于从电视节目、录像带中提取一幅静止的画面，存储起来供编辑或演示使用。

电视编码卡的作用是将计算机 VGA 信号转换成视频信号。这种卡一般用于把计算机的屏幕内容送到电视机或录像设备。

电视选台卡相当于电视机的高频头，起选台的作用。电视选台卡和视频叠加卡配合使用就可以在计算机上观看电视节目。现在又将这两种卡合二为一，称为电视卡。

压缩/解压卡用于将连续图像的数据压缩和解压。

4. 视频卡的技术指标

(1) 接口。视频卡的接口包括视频与 PC 的接口和与模拟视频设备的接口。目前，PC 视频卡通常采用 32 位的 PCI 总线接口，它插到 PC 主板的扩展槽中，以实现视频卡与 PC 的通信与数据传输。视频卡至少要具有一个复合视频接口（Video In），以便与模拟视频设备相连。高性能的视频卡一般具有一个复合视频接口和一个 S-Video 接口，支持 PAL 和 NTSC 两种电视制式。

(2) 压缩功能。大多数视频采集卡都具备硬件压缩功能。一般的 PC 视频采集卡采用帧内压缩的算法把数字化的视频存储成 AVI 文件，高档一些的视频采集卡直接把采集到的数字视频数据实时压缩成 MPEG-1 格式的文件。

(3) 录像质量。用户可以从 3 个方面来衡量录像质量：一是图像尺寸，有全屏、半屏、1/4 屏和 1/8 屏等；二是视频卡最多支持的颜色数，颜色数越多越好，一般 32×2^{10} 种颜色已完全可以满足绝大多数需要；三是丢帧，丢帧越少越好。

2.5　多媒体存储设备

2.5.1　光存储技术

光存储技术的产品化形式是由光盘驱动器和光盘片组成的光盘驱动系统。1980 年，日本的 KDD 公司推出了世界上第一台光存储系统。从那时起，世界各先进工业国就致力于光存储系统的开发和研究工作。

光存储的基本特点是用激光引导测距系统的精密光学结构取代硬盘驱动器的精密机械结构。光盘驱动器的读写头是用半导体激光器和光路系统组成的光学头，记录介质采用磁光材料。驱动器采用一系列透镜和反射镜，将微细的激光束引导至一个旋转光盘上的微小区域。由于激光束的对准精度高，所以写入数据的密度要比硬盘高得多。

光存储系统工作时，光学读写头与介质的距离比起硬盘磁头与盘片的距离要远得多，光学头与介质无接触，所以读写头很少因撞击而损坏。虽然长时间使用后透镜会变脏，但灰尘不容易直接损坏机件，而且可以清洗。磁盘存储器使用 5 年以后失效是常见的事情，而磁光型介质估计至少可使用 30 年，读/写 1 000 万次，只读光盘的寿命更长，预计为 100 年。

2.5.2　CD 光盘的分类及标准

光盘的外表看起来一样，实际却有很大的不同。因为它们所依据的格式规定文件具有不同颜色的封皮，所以习惯用红皮书、黄皮书、绿皮书、白皮书、橙皮书标准来说明光盘的品种。

1. CD-DA

CD-DA(CD-Digital Audio)又叫激光数字唱盘，用来存储数字音频信息，如音乐歌曲等。早期的 Philips 公司、Sony 公司希望用 CD 来保存数字高保真音乐，制定的标准称为 Compact Disc-Digital Audio 标准，简称 CD-DA 标准(CD-Audio Book)。符合这个标准的光盘都标有"Digital Audio"的标识。正式标准定义在 1982 红皮书(Red Book)中，定义了 CD 的尺寸、物理特性、编码方式、错误校正等。

2. CD-ROM

CD-ROM(CD-Read Only Memory)又称为只读光盘存储器，它的信息存放标准是 1988 年发布的 ISO 9660 黄皮书(Yellow Book)。在 CD-ROM 标准中定义了两种格式：CD-ROM Mode 1 和 CD-ROM Mode 2。其中 CD-ROM Mode 1 用来存放计算机数据，CD-ROM Mode 2 用来存放压缩的声音、图像和视频信息。

3. CD-I

CD-I（CD Interactive）是由 Philips 公司和 Sony 公司定义的 Compact Disc-Interactive 标准，即绿皮书（Green Book）。绿皮书标准在 CD-ROM 的基础上增加了交互音频、视频、文字和数据的表达格式，允许计算机数据、压缩的声音数据和图像数据交错放在同一条 CD-I 光道上。CD-I 光盘需要通过 CD-I 播放机来播放。

4. CD-ROM/XA

在 CD-ROM/XA（CD-ROM Extended Architecture）中综合了 CD-ROM 和 CD-I 的特点，是在 CD-ROM 的基础上扩充了对数字音频信号的编码，可以将声音、图像、文字和数据同时交错存放在光盘的同一个光道上。通过软件方法可以将 CD-ROM/XA 光盘在普通 CD-ROM 驱动器上播放。

5. Photo CD

Photo CD 是 Kodak 公司和 Philips 公司依据 CD-ROM/XA 标准开发的新产品，用来存放彩色照片。

6. CD-Bridge

CD-Bridge 规格定义了一种把附加信息加到 CD-ROM/XA 光道上的方法，目的是让这种光盘能够在 CD-I 播放机上播放。

7. VCD

VCD（Video-CD）又叫影视光盘，是由 JVC、Philips、Matsushita 和 Sony 联合定义的数字视频光盘技术规格，它于 1993 年问世，盘上的声音和视频图像都是以数字的形式表示的。1994 年 7 月发布了 Video CD Specification Version 2.0，并命名为 White Book（白皮书）。该标准描述的是一个使用 CD 格式和 MPEG-1 标准的数字视频存储格式。Video CD 标准在 CD-Bridge 规格和 ISO 9660 文件结构基础上定义了完整的文件系统，这样就使 VCD 节目能够在 CD-ROM、CD-I 和 VCD 播放机上播放。

8. CD-R

CD-R（Compact Disc-Recordable）光盘是一种用户可以按需要将信息写入的光盘。根据写入的情况，CD-R 光盘可以分为以下两类。

（1）CD-MO（Compact Disc Magneto-Optical）。在这种光盘中采用了光存储和磁存储两种存储技术，所以又叫做磁光盘。磁光盘中的信息可以根据用户需要多次擦除和写入。

（2）CD-WO（Compact Disc Write Once）。CD-WO 是一种用户可以一次写入的光盘。在这种光盘中，写入的信息在写入后不能擦除，写入的信息可以通过普通 CD-ROM 读出。

以上两种光盘采用了 1992 年发布的橙皮书(Orange Book)标准。

2.5.3　CD-ROM 驱动器

光盘是通过表面的凹凸来记录信息的,无论 CD 盘片上存放的是音频、数据还是视频信息,它们在光盘上记录的最终信息还是 0 和 1 的组合。这些 0、1 与盘片上的凹区和凸区形成对应关系。所有的凹区有相同的深度和宽度,但长度却不同。盘片上的螺旋轨道大约围绕中心 20 000 圈(存放满数据量的数据)。当光驱内的激光照在光盘上时,如果是照在凸区上,将会有 70%～80%被反射,这样光头就可以顺利地读到反射的信号。如果照在凹区上,则造成激光散射,CD 读取头无法接收到反射信号。利用这两种情况就可以解释为不同的数字信号。

评价 CD-ROM 驱动器的主要性能指标如下。

(1) 数据传输率:双速、四速、八速光驱的数据传输率分别为 300KB/s、600KB/s 和 1.2MB/s。

(2) 存取时间:200～400ms。

(3) 接口方式:采用 SCSI(Small Computer System Interface,小型计算机系统专用接口)、IDE 接口(Integrated Device Electronics,集成设备电路)和 AT 总线接口(工业标准结构 ISA 总线)。接口可以集成在音频板、视频板或主机板上,也可以是一块单独的板。

(4) 数据缓存:早期为 64KB,目前常用的为 256KB。

2.5.4　DVD 光盘的分类及标准

DVD 的全称是 Digital Video Disc。DVD 光盘与 CD 光盘的直径、厚度相同,但存储密度要远远高于 CD 光盘。一张单面单层的 DVD 光盘的存储容量达 4.7GB,可以存储 135 分钟采用 MPEG-2 标准压缩的视频节目。DVD 光盘最多可以支持双层双面,存储容量高达 17GB。与 CD 光盘类似,DVD 光盘根据读写功能的不同也分为 3 种:DVD-ROM、DVD-R 和 DVD-RW。DVD 光盘信息的读取必须通过 DVD 驱动器进行。随着 DVD 驱动器价格的降低,DVD 光盘将取代 CD 光盘。

在 DVD 技术和产品开发方面,国际上有两个财团一直在相互竞争主导权。一个是由 Sony 公司为首的财团,另一个是以 Toshiba 为首的财团,他们都在试图开发自己专有的高密度光盘格式。在多方共同努力之下,10 个消费电子产品公司组成了一个联盟,这个联盟叫做 DVD 联盟(DVD Consortium),并在每一种 DVD 格式的技术规范方面达成了共识。该联盟也很积极地鼓励娱乐和计算机工业参与,以便得到消费电子工业和计算机工业的广泛支持。

DVD 规范将用来保证由不同生产厂商生产的 DVD 设备和不同出版商发行的节目能够相互兼容和播放。

DVD 可分为以下几类。

（1）DVD-ROM。是数据型光盘，其容量是 CD-ROM 容量的 7 倍，数据传输率则是 CD-ROM 的 9 倍。它在数据存取、多媒体、计算机游戏方面有广泛的应用。

（2）DVD Video。又称 DVD 影碟，是 DVD 的视频格式，用于观看电影和其他可视娱乐。如果采用双面且每面又双层，总容量可达 17GB。

（3）DVD-R。全名为 DVD Recordable，每面容量是 4.7GB，只能写一次。

（4）DVD-RAM。这使 DVD 可以用做虚拟硬盘，能随机存取。原始是 2.6GB 的驱动器，容量可以增至每面 4.7GB，可以重写 10 万次。

（5）DVD-RW。全名为 DVD Rewritable，是可复写型 DVD-R。类似 DVD-RAM，但采用顺序读写存取，更像电唱机而不是硬盘。每面的读写容量是 4.7GB，可以重写 1000 次。

（6）DVD Audio。是 DVD 的音频格式。

2.5.5　DVD 驱动器

在 DVD 推出不久，专门在计算机上使用的 DVD-ROM 就问世了，它也像 CD-ROM 那样分为单倍速、2 倍速、4 倍速等，DVD 驱动器如图 2.18 所示。

图 2.18　DVD 驱动器

DVD-ROM 不仅能读取 CD-ROM 格式的光盘，还能读取 DVD 格式的光盘。现在市场上 DVD-ROM 已经取代了 CD-ROM 的地位。评价 DVD 驱动器的主要性能指标如下。

（1）倍速。一般 DVD 光驱为 4 倍速、5 倍速，指的读取 DVD 盘片时的数据传输率。DVD 光驱在读取 CD 盘片时，其倍速可迅速达到 24 倍速以上的速度。例如，一款索尼 5 倍速 DVD 光驱，在读取 DVD 盘片时，其使用的是 5 倍速，而在读取 CD 盘片时，其使用的是 32 倍速。

（2）多格式支持。指该 DVD 光驱能支持和兼容读取多少种碟片的问题。一般来说，一款合格的 DVD 光驱除了要兼容 DVD-ROM、VD-Video、VD-R、D-ROM 等常见的格式外，对于 CD-R/RW、CD-I、Video-CD、CD-G 等都要能很好地支持。

（3）接口方式。DVD 光驱的接口主要有 IDE 接口和 SCSI 接口两种。目前的 DVD 光驱有些采用的是 SCSI 接口，采用这种接口具有更好的稳定性和数据传输率，且其 CPU 的占用率也较采用 IDE 接口的低很多。

（4）数据缓存。同 CD 光驱、硬盘一样，DVD 光驱数据缓存容量的大小也直接影响其整体性能,缓存容量越大,它的 Cache 的命中率就越高。现在主流的 DVD 光驱一般采用了 512KB 缓存,2MB 超大缓存 DVD 光驱已经上市。

2.5.6　其他存储设备

今后 10 年,磁盘存储和光盘存储仍为高密度信息存储的主要手段。多媒体存储设备还有如下几种。

1. 磁光盘

磁光(Magneto Optical,MO)盘是用激光和磁进行数据记录和重现再生的一种存储介质。MO 盘片用树脂做基盘,其上集积了保护层(氮化硅)、记录层(铽、铁、钴合金)和反射层(铝合金),激光和磁场分别位于盘片的两面。数据记录时使用激光和磁场,读取时仅用激光,数据记录在记录层中,形成记录的磁粒子(小磁铁)相对于记录面成垂直排列(垂直磁记录方式),而在磁盘、硬盘等中磁粒子都是与记录面并行排列的。由于磁粒子非常细长,垂直排列可以获得较高的记录密度。这也是磁光记录的记录密度高于磁记录的原因。

MO 的尺寸规格与磁盘一致,主要为 5.24 英寸和 3.5 英寸两种。MO 盘的容量已由最初的 128MB 逐步增至 230MB、540MB 和 640MB。1998 年以后,3.5 英寸磁光盘以 1.3GB 为主。

这几年磁光盘存储在消费领域中另一引人注目的发展为 MD(MiniDisc)光盘,它是 3.5 英寸的磁光盘应用在音频存储上,一个存储面可以播放 74 分钟数字立体声音乐。虽然它于 1992 年由 Sony 公司开发出来,但由于播放机的价格较贵(400～500 美元),没有很快推广。1999 年以来,由于价格下降了 1/2,首先在日本向市场推开,1999 年销售 500 万台光盘机,超过 1 亿 MD 光片。MD 可以代替手提式(如 Walkman)磁带录音机,也可以用在数码相机上,高密度的 MD 将有广阔的应用前景。

2. 移动硬盘

移动硬盘又称磁记录可移动存储器(Removable Mass Storage,RMS),是硬磁盘的一种延伸产物,也可被看做是一种可卸出(磁)盘片的硬盘。其结构与硬盘非常相似,磁头在盘片上浮动并进行数据读写。

一般移动硬盘同样采用 Winchester 硬盘技术,所以具有固定硬盘的基本技术特征。移动硬盘由笔记本硬盘和配套硬盘盒构成,大多采用 USB 2.0 接口与主机相连,即插即用。移动硬盘的容量很大,适合存放大容量的多媒体文件、数据库和软件等,移动硬盘体积很小,重量轻,携带非常方便,图 2.19 为忆捷 H200(250GB)移动硬盘。

图 2.19 移动硬盘

3. 闪盘

闪盘(Flash Memory)又称 U(优)盘,是一种小体积的移动存储装置。闪盘采用闪存为存储介质,通过 USB(通用串行总线)接口与主机相连,即插即用,断电后存储的数据不会丢失。闪盘主要由 3 个部分组成:作为存储介质的 Flash Memory 芯片、控制闪存芯片读写和 USB 接口的控制芯片、其他外围电路。闪盘的容量最高可达到 1TB。目前大部分闪盘都采用 USB 2.0 接口,读写速度比软盘快几十甚至上百倍,其抗震性能极强,寿命长达十年之久,如图 2.20 所示为闪盘。

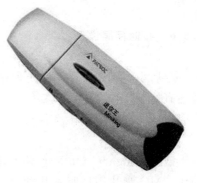

图 2.20　闪盘

为了满足人们对存储器大容量、高速度及低价格的要求,计算机中的存储系统采用寄存器-高速缓存-主存-辅存-大容量辅存这样的体系结构。

2.6　多媒体应用系统设计

在进行多媒体应用系统设计之前,首先要了解多媒体应用系统开发需注意的事项,了解多媒体应用系统的设计流程。

2.6.1　多媒体应用系统开发

多媒体应用系统与一般的应用系统相比,有一些独特之处。

1. 多媒体应用系统的特点

(1) 多媒体应用系统的开发环境复杂。多媒体开发环境是一个复杂的硬件设备和软件环境的集成,它需要具有声卡、视频卡、扫描仪、数字化仪、网卡等一系列硬件设备,还需要有多媒体操作系统,各种媒体的处理工具以及集成工具等。由于多媒体数据量较大,各种媒体的处理方式又不尽相同,因此,往往需要搭建一个网络环境,使各种媒体的加工处理分布在不同的终端上。

(2) 所涉及的数据类型繁多。在多媒体应用系统中,处理的数据对象往往包括文本、图形、图像、声音、视频和动画等,在这些数据对象之间有可能存在着一定的关联,而一般的应用系统只包含数值和文本。

(3) 系统要求具有良好的交互性。多媒体应用系统通过丰富的媒体形式表达一定的内容,它需要提供方便灵活的用户交互方式,以便使用户可以根据自己的意愿控制系统的执行。例如,当一段乐曲或视频节目正在播放时,用户可以随时通过交互界面暂停播放。

（4）开发过程需要各种技术人才。一般的应用系统只需要应用方和计算机开发人员就可以完成开发任务，而多媒体应用系统涉及到各种媒体的创作人员，如动画大帅、视频剪辑专家、作曲家、录音师和美工人员等。

2. 多媒体应用系统的人员组成

多媒体应用系统的特殊性，使得参与开发的人员成分很复杂。一个完整的多媒体项目的开发小组需要包含下面几类人员。

（1）项目经理。是项目的核心，他负责整个项目的开发和实施，以及其他的日常工作，如做预算、安排进度、召开创作会议、把握开发组内的动态等。项目经理起着把大家团结在一起的凝聚作用。

（2）多媒体设计师。包括整体画面设计师、图形设计师、动画师、图像处理专家和接口设计师等。

（3）写作专家。写作专家比一般作家所做的工作更多，他们要创造角色、情节以及阐述观点，写建议书，写配音稿、屏幕文字说明等。

（4）视频专家。在多媒体项目中，视频专家是具有高超技艺的专业人员，他通常可以胜任从创意到最后完成制作的整个阶段的所有任务。在过去，视频的制作非常昂贵。自20 世纪 90 年代初推出 QuickTime 和 Video for Windows 以来，在 Macintosh 和 PC 上采集和编辑视频变得越来越容易。大量的视频素材采用计算机环境进行处理，这就要求现代的多媒体视频专家不仅要掌握拍摄视频的基本技巧，还要熟悉计算机的使用方法及大量编辑数字视频的软件工具。

（5）音频专家。一个多媒体应用系统是否能够得到广大用户的肯定，音频的质量至关重要。音频专家是使多媒体节目变得活跃起来的重要人物，他们设计并制作音乐、配音和音响效果。

（6）多媒体程序员。多媒体程序员或软件工程师的任务是用创作系统或程序设计语言把一个项目中的所有素材集成为一个无缝的整体，包括媒体的显示、外围设备的控制、定时的设置和管理、记录的保存等。

2.6.2　多媒体应用系统的设计流程

多媒体应用系统的开发大体可分为 7 个阶段。

1. 概念阶段

这一阶段要求开发者明确要开发的系统解决的问题是什么，即明确主题。明确目标用户是哪类人群，即明确对象。开发者明确主题、对象后，应根据对象的特点来设计主题的表现方法和手段，根据主题的要求和目标对象的接受能力来组织素材。

2. 策划阶段

这一阶段的任务是详细确定主题应包含的内容及具体表现手法。内容的设计应根据软件工程学中结构化程序设计思想,按"自顶向下,逐级细化"的方法逐步分解,一直细化到可简单、轻松地用命令来实现为止;表现手法的设计可根据内容需要和用户的特点来确定,将内容分别采用不同的媒体形式来表达,可配以不同的前景背景颜色,还可根据需要设计适当的人机交互方式,这些设计可称为脚本设计。脚本设计的好坏直接影响到多媒体作品的最终效果。

3. 素材的搜集与组织阶段

这一阶段的任务是根据策划阶段具体设计的要求,收集、编辑各种素材,其中包括文本、图形图像、声音、音乐、动画、视频等素材;对收集的各类素材,要分门别类组织在一起,以方便使用和管理。

4. 素材的整理加工阶段

前一阶段收集到的各种素材不一定很恰当地表现主题,应根据需要对素材做进一步加工处理,使其更加符合内容的需要。这一阶段要用到文字处理工具、图形图像处理工具、声音编辑处理工具及动画、视频处理工具。

5. 作品制作阶段

这一阶段是开发多媒体作品的核心阶段,主要任务是将各种素材通过适当的手法集成起来,在制作时充分体现多媒体的多样性和交互性。

6. 测试运行阶段

作品被制作完成后,必须经过测试环节,主要任务是检测在各种环境下作品是否能够正常运行,能否按作者的开发意图运行。

7. 打包、发布阶段

程序经测试正常后,即将交付用户使用,这时还需做打包工作,然后才能发布使用。主要任务是制作发行文件,编写使用说明等。

总之,多媒体作品的开发是一个系统工程,应该遵循软件工程学中系统分析、系统设计、系统实施、系统测试、系统运行的开发思想,将其划分为概念阶段、策划阶段、素材的收集与组织阶段、素材的整理加工阶段、作品制作阶段、测试运行阶段、打包发布阶段等 7 个阶段。各个阶段互相联系,根据目标要求和试运行的结果,要不断返回各阶段进行修改完善,然后再测试、再修改、再完善,直至达到目标需要为止。因此,多媒体作品的开发过程是上述 7 个阶段循环往复的过程。

小　　结

本章首先介绍了多媒体计算机系统的基本构成,然后重点介绍了多媒体处理器、多媒体输入/输出设备、多媒体接口设备、多媒体存储设备,包括市面主流的多媒体 I/O 设备;多媒体功能卡,音频卡的工作原理、MIDI 接口规范、主要技术指标,视频卡的工作原理、主要技术指标;CD-ROM、DVD、大容量硬盘、U 盘等存储器;多媒体应用系统的设计流程等。通过本章的学习,大家会对多媒体计算机系统的基本构成有一定的了解,对市面主流的多媒体设备有一定的认识,对多媒体软件的分类和用途有所区分。

习　　题

1. 选择题

(1) 下列硬件设备中,多媒体硬件系统应包括的是_____。

  ① 计算机最基本的硬件设备　　　②CD-ROM

  ③ 音频输入、输出和处理设备　　④多媒体通信传输设备

  A. 仅①　　　　B. ①②　　　　C. ①②③　　　　D. 全部

(2) MPC-2、MPC-3 标准制定的时间分别是_____。

  ① 1992　　② 1993　　③ 1994　　④ 1995

  A. ①③　　　　B. ②④　　　　C. ①④　　　　D. 都不是

(3) 要把一台普通的计算机变成多媒体计算机,要解决的关键技术是_____。

  ① 视频、音频信号的获取　　　　② 多媒体数据压编码和解码技术

  ③ 视频、音频数据的实时处理和特技　　④ 视频、音频数据的输出技术

  A. ①②③　　　　B. ①②④　　　　C. ①③④　　　　D. 全部

(4) 数字音频采样和量化过程所用的主要硬件是_____。

  A. 数字编码器

  B. 数字解码器

  C. 模拟到数字的转换器(A/D 转换器)

  D. 数字到模拟的转换器(D/A 转换器)

(5) 视频卡的种类很多,主要包括_____。

  ① 视频捕获卡　② 电影卡　③ 电视卡　④ 视频转换卡

  A. 仅①　　　　B. ①②　　　　C. ①②③　　　　D. 全部

(6) 在多媒体计算机中,对于静止图像的获取,可通过的手段有_____。

  A. 数码相机　　　　　　　　B. 扫描仪

  C. 数字化仪　　　　　　　　D. 具有单帧捕获功能的视频采集卡

(7) CD-ROM 具有的特点是_____。

  ① 存储容量大　② 标准化　③ 可靠性高　④ 可重复擦写性

  A. 仅①　　　　B. ①②　　　　C. ①②③　　　　D. 全部

(8)CD-DA 是由_____标准定义的。

  A. 红皮书　　　B. 蓝皮书　　　C. 绿皮书　　　D. 白皮书

(9)下列关于触摸屏的叙述,正确的是_____。

①触摸屏是一种定位设备　②触摸屏是最基本的多媒体系统交互设备之一
③ 触摸屏可以仿真鼠标操作　④ 触摸屏也是一种显示设备

A. 仅①　　　　　B. ①②　　　　　C. ①②③　　　　　D. 全部

(10) 扫描仪可在_____应用中使用。

① 拍照数字照片　② 图像输入　③ 光学字符识别　④ 图像处理

A. ①③　　　　　B. ②④　　　　　C. ①④　　　　　D. ②③

2. 简答题

(1) 简述多媒体计算机系统的组成结构。

(2) 试述光存储的类型及相关标准。

(3) 衡量一个光盘系统特性的技术指标有哪些？

(4) 多媒体硬件的声卡和视频卡有什么功能？

(5) 扫描仪的主要性能指标有哪些？

(6) 简述数码相机的工作过程。

(7) 简述多媒体应用系统的设计流程。

第 3 章　音频信息处理方法

教学目标

- 了解音频数据的概念、特点和种类
- 了解音频数据的采集及性能指标
- 掌握音频数据获取的途径和方法
- 掌握音频数据的基本编辑方法和特效的处理方法
- 掌握音频数据合成的基本方法
- 掌握音频格式的转换方法

本章知识结构图

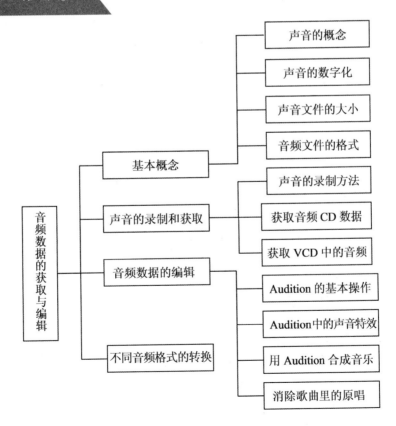

导入案例

　　一台多媒体计算机,再加上适当的音频编辑软件,就可以在家里录制自己演唱的歌曲,自己编辑、翻唱、改写流行歌曲,制作卡拉 OK 作品,为视频、动画添加解说词,甚至可以自己写词谱曲,制作自己的个人演唱专辑等。计算机硬件的迅速发展,音频处理软件的日益丰富多彩并走向大众化,造就了一大批数字音乐的爱好者,并使其中一些人家喻户晓,一些网络歌曲(如:东北人都是活雷锋、丁香花、猪之歌、大学自习室之歌等)流行甚广并为大家所喜爱。

　　实际上,用户目前普遍使用的家用多媒体计算机在 Windows 系统下就可以很方便地录制声音、录制自唱歌曲,并可进行简单的编辑和添加特殊效果。下面以 Windows 系统中自带的录音机为例,录制一首诗朗诵,并进行简单的效果处理,操作步骤如下。

　　连接好麦克风并做好相关设置,选择【开始】|【所有程序】|【附件】||【录音机】命令,弹出【录音机】对话框,如图 3.1 所示。

图 3.1 【录音机】界面

　　单击【开始录制】按钮,开始朗诵:白日依山尽,黄河入海流,欲穷千里目,更上一层楼。然后单击【停止录制】按钮,弹出另存为对话框,选择好文件保存的位置,将文件命名为"登鹳雀楼. wma"保存在计算机中。". wma"文件是计算机中最常见的一种音频文件,几乎所有的音频播放软件都支持该文件的播放,我们录制的数字音频文件可以很方便的在计算机中剪辑、添加声音效果。

3.1　基　本　概　念

　　声音是多媒体表现形式中不可缺少的一部分,它使多媒体的表现力更加丰富。声音主要包括语言、背景声、音效和音乐 4 个部分。

　　语言是人与人之间表达自己内心愿望与情感的工具。在艺术作品中,语言是交代情节、提示思想、刻画人物、感染观众的重要手段,通常有独白、对白、内心独白和旁白等形式。

　　背景声是大自然或周围环境所发出的声响,主要表现出自然环境、生活氛围和时代背景。

　　音效是音响效果的简称,它包括人们生活中所产生的开门关门声、脚步声等各种动作的声音,也包括现实环境中各种自然界的声音(如风声、雨声、雷声等),各种动物的叫声,各种工具的音响等。它的主要作用是渲染气氛、增强真实感。还有一类音效通常被用在动画片或者喜剧类的作品中,这一类音效通常是人们通过技术手段制作出来的特殊声音,如弹簧的声音、诡异的笑声等。这些音效是为了配合所要表达的故事情节所设计

加工的,目的是为了增强特殊的情绪需要。

　　音乐是一门古老的艺术,它能够准确地表达人们的内心感受与情绪。它通常用来烘托情绪、渲染气氛,或者用来填补声音上的空白。

3.1.1　声音的概念

　　空气中的分子在某些介质的作用下振动,形成声音,其振动过程可用一连续的曲线表示,称为声波,其波形如图 3.2 所示。

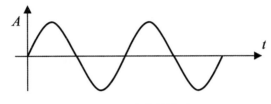

图 3.2　声音的波形

声波是随时间连续变化的模拟量,它有如下 3 个重要指标。

1. 振幅

声波的振幅通常是指音量,它是声波波形的高低幅度,表示声音信号的强弱程度。

2. 周期

声音信号的周期是指两个相邻声波之间的时间长度,即重复出现的时间间隔,以秒(s)为单位。

3. 频率

声音信号的频率是指每秒钟信号变化的次数,即为周期的倒数,以赫兹(Hz)为单位。
　　声音按频率可分为 3 种:次声波、可听声波和超声波。人类听觉的声音频率范围为20Hz～20kHz,低于 20Hz 的为次声波,高于 20kHz 的为超声波。人说话的声音信号频率通常为 300Hz～3kHz,人们把在这种频率范围内的信号称为语音信号。
　　声音质量用声音信号的频率范围来衡量,频率范围又叫“频域”或“频带”,不同种类的声源其频带也不同。一般而言,声源的频带越宽,表现力越好,层次越丰富。例如:
　　(1) 电话质量:200Hz～3.4kHz。
　　(2) 调幅广播质量:50Hz～7kHz。
　　(3) 调频广播质量:20Hz～15kHz。
　　(4) 数字激光唱盘(CD-DA)质量:10Hz～20kHz。

3.1.2　数字音频的特点

　　声音是具有一定振幅和频率且随时间变化的声波,通过话筒等转换装置可将其变成相应的电信号,但这种电信号是模拟信号,不能由计算机直接处理,必须先对其进行数字化,然后利用计算机进行存储、编辑或处理。在数字声音回放时,由数/模转换器(DAC)将数字声音信号转换为实际的声波信号,经放大由扬声器播出。

把模拟声音信号转换为数字声音信号的过程称为声音的数字化,它是通过对声音信号进行采样、量化和编码来实现的,如图 3.3 所示。

图 3.3　声音的数字化过程

1. 采样

把模拟声音变成数字声音时,需要每隔一个时间间隔在模拟声音波形上取一个幅度值,称为采样,即通常的 A/D(模/数)转换,其功能是将模拟信号转换成数字信号。采样频率又称取样频率,它是指将模拟声音波形转换为数字音频时每秒钟所抽取声波幅度样本的次数。采样频率越高,则经过离散数字化的声波就越接近于其原始的波形,也就意味着声音的保真度越高,声音的质量越好。当然,所需要的信息存储量也越多。根据采样定理,只要采样的频率高于信号中最高频率的 2 倍,就可以从采样中完全恢复原始信号的波形。因为人耳所能听到的频率范围为 20Hz~20kHz,所以在实际采样过程中,为了达到好的效果,就采用 44.1kHz 作为高质量声音的采样频率。

目前最常用的采样频率有 3 种:44.1kHz、22.5kHz、11.025kHz。

2. 量化

把某一幅度范围内的电压用一个数字来表示称为量化,量化的过程实际上也是选择分辨率的过程。显然,用来表示一个电压模拟值的二进制数位越多,其分辨率也越高。国际标准的语音编码采用 8 位,即可有 256 个量化级。在多媒体中,对于音频(声音),量化的位数(分辨率)可采用 16 位,其对应有 65536 个量化级。

3. 编码

由于计算机内的基本进制是二进制,为此必须将声音数据写成计算机的数据格式,称为编码。编码即要按照一定的格式把离散的量化数值加以记录,并在有用的数据中加入一些用于同步、纠错和控制的数据。

所以说,数字音频是一个数据序列,它是由模拟声音经过采样、量化和编码后得到的。当需要时,人们可以将离散的数字量转换成连续的波形。如果采样的频率足够高,恢复出的声音就与原始声音没有什么区别,这种方式称为脉冲编码调制(Pulse Code Modulation,PCM)。

3.1.3　音频文件的大小

音频文件要求声音的质量越高,则量化位数和采样频率也越高,保存这一段声音相应的文件也就越大,即要求的存储空间越大。表 3.1 给出了采样频率、量化位数与所要求的文件大小的对应关系。

表 3.1 数字音频文件的大小及相关参数的关系

采样频率/kHz	量化位数/bit	立体声或单声道	数据量/(KB/s)	音频质量
11.025	8 位	单声道	11	电话质量
11.025	8 位	立体声	22	
11.025	16 位	单声道	22	
11.025	16 位	立体声	43	
22.05	8 位	单声道	22	收音质量
22.05	8 位	立体声	43	
22.05	16 位	单声道	43	
22.05	16 位	立体声	86	
44.1	8 位	单声道	43	
44.1	8 位	立体声	86	
44.1	16 位	单声道	86	
44.1	16 位	立体声	172	CD 质量

声音通道的个数表明声音产生的波形数,一般分单声道和立体声双声道,单声道产生一个波形,立体声双声道产生两个波形。立体声的声音有空间感,需要的存储空间是单声道的两倍。决定数字音频文件大小的公式为:

数据量＝采样频率×量化位数×录音时间×声道数/8

数据量的单位为 B/s(字节/秒)。

例如,一首 5 分钟 CD 音乐光盘音质的歌曲,即采样频率为 44.1kHz,量化位数为 16 位,立体声文件的大小为:

数据量＝(44 100×16×300×2)/8＝52 920 000B＝52.92MB

3.1.4 音频文件的格式

数字音频的文件格式主要有 WAV、VOC、MIDI、MOD、AIF、MP3、WMA 等。下面介绍常用的音频文件格式。

1. MID 和 RMI

这两种文件扩展名表示该文件是 MIDI 文件。MIDI 是数字乐器接口的国际标准,它定义了电子音乐设备与计算机的通信接口,规定了使用数字编码来描述音乐乐谱的规范。计算机就是根据 MIDI 文件中存放的对 MIDI 设备的命令,即每个音符的频率、音量、通道号等指示信息进行音乐合成的。MIDI 文件的优点是短小,一个 6 分钟有 16 个乐器的文件也只是 80KB;缺点是播放效果受软、硬件的配置影响较大。

2. WAV

这是 Windows 本身存放数字声音的标准格式,由于微软的影响力,目前也成为一种通用的数字声音文件格式,几乎所有的音频处理软件都支持 WAV 格式。由于 WAV 格式存放的一般是未经压缩处理的音频数据,因此体积都很大(1 分钟的 CD 音质约需要 10MB),不适于在网络上传播。WAV 格式使用 Windows 中的媒体播放机即可直接播放。

3. MP3(MP1、MP2)

MP3 的全称实际上是 MPEG Audio Layer-3,而不是 MPEG-3。由于 MP3 具有压缩程度高(压缩比可达到 10∶1～12∶1,1 分钟的 CD 音质音乐一般需要 1MB)、音质好的特点,因此 MP3 是目前最为流行的一种音乐文件。播放 MP3 最出名的软件是 Winamp。

4. RA、RAM

这两种扩展名表示的是 Real 公司开发的主要适用于网络上实时数字音频流技术的文件格式。由于它面向的目标是实时的网上传播,因此在高保真方面远远不如 MP3,但在只需要低保真的网络传播方面却无人能及。播放这种格式的音频通常需要使用 Real Player 播放器。

5. ASF、ASX、WMA、WAX 等

ASF 和 WMA 等都是微软公司针对 Real 公司开发的新一代网上流式数字音频压缩技术。这种压缩技术的特点是同时兼顾了保真度和网络传输需求,所以具有一定的先进性。也是由于微软的影响力,这种音频格式现在正获得越来越多的支持,可以使用 Winamp 播放,也可以使用 Windows 中的媒体播放机播放。

6. XM、S3M、STM、MOD、MTM 等

这些文件格式其实互不相同,但又都属于一个大类:Module(模块),简称 Mod。这些文件是由类似于 MID 文件的乐谱、控制信息和具体的乐器音效数据组合而成的,体积适中,5 分钟的音乐在 300KB～1MB 之间。千千静听、Winamp 等音频播放软件支持上述格式的播放。

7. CD Audio 格式

CD 音乐光盘采用的格式是以 16 位数字化,44.1kHz 采样频率,立体声存储的音频文件,可完全再现原始声音。一般地,每张 CD 唱片保存歌曲 14 首左右,可播放约 70 分钟,其缺点是无法编辑,文件长度太大。CD Audio 文件的扩展名为".cda",可以使用 Windows 的媒体播放机直接播放。

3.2　数字音频的录制和获取

3.2.1　音频的获取途径

声音与音乐在计算机中均为音频（Audio），是多媒体节目中使用最多的一类信息。音频主要用于节目的解说配音、背景音乐以及特殊音响效果等。

音频获取的途径如下。

（1）自己录制：对于波形声音，可以利用 Windows 中的录音机程序或专业录音软件（如 Audition）或租用数字录音棚录制；对于 MIDI 音乐，则只能用专业 MIDI 编辑合成软件生成。

（2）购买音频素材光盘。

（3）网络下载。

（4）从音乐 CD 光盘或视频光盘中抓取音轨或转换获得。

3.2.2　从音频 CD 光盘中获取音乐文件

如果使用购买的音效素材光盘，则可直接使用其中的音频文件。如果准备的是 CD 音乐光盘，则需要提取、转换其中的音乐文件。例如，如果有一张中国古典音乐 CD 光盘，用户想从中提取乐曲"渔舟唱晚"，使用 Windows 中的 Windows Media Player 即可完成这项任务。

【操作案例 3.1】将音频 CD 中的音乐"渔舟唱晚"翻录成 MP3 格式。

操作思路：使用 Windows 中的 Windows Media Player 将音乐光盘中的歌曲翻录成计算机中常见的音频格式。

操作步骤：

（1）将 CD 插入光驱，选择【开始】|【程序】|Windows Media Player 命令。

（2）在弹出的 Windows Media Player 程序界面中，会显示"某某唱片集"及曲目列表，如图 3.4 所示。

我们在曲目列表名称前的□中打"√"号，选择要翻录的曲目，然后点击【创建播放列表】选项后面的"》"按钮，在展开的下拉式菜单中选择【翻录设置】|【更多选项】打开【选项】对话框，如图 3.5 所示。

（3）在【选项】|【翻录音乐】设置中，可以设置文件保存的类型（WMA 或 MP3）和保存的文件名、位置等。这里设置为 MP3 格式，设置完成后单击【确定】按钮。

（4）单击【》】|【翻录】选项，几分钟后即可完成翻录工作。

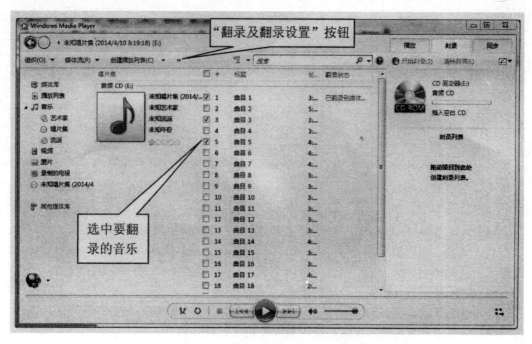

图 3.4　Windows Media Player 工作界面

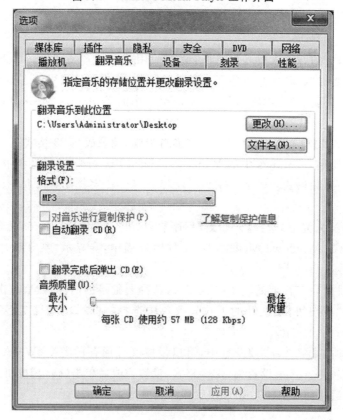

图 3.5　【选项】对话框界面

小贴士

　　许多软件都具有从 CD 音乐光盘中转换生成音频文件的功能,如光盘刻录软件 Nero、超级音频解霸等,操作并不复杂,大家可以自己试一试。

3.2.3　使用豪杰音频解霸录制 DVD 或 VCD 影碟伴音

　　在实际应用中,人们有时需要将 VCD 影碟中的音频分离出来,单独保存成音频文件,下面就来介绍使用豪杰音频解霸软件将影碟中节目的影像与伴音分离出来的方法。

　　【操作案例 3.2】从 MTV 光盘中分离歌曲伴音"友谊地久天长"。

　　操作思路:使用豪杰音频解霸中的【播放并录音】功能从影像文件中分离出伴音。

　　操作步骤:

　　(1) 在光驱中插入 VCD 光盘,启动豪杰音频解霸。

　　(2) 选择【文件】|【打开音频文件】命令,在弹出的对话框中选定要转录的文件(通常位于 Mpegav 文件夹下,扩展名为".dat")然后单击【打开】按钮。

　　(3) 音乐文件打开后即开始播放,这时单击 ‖ 按钮使播放暂停,再用鼠标将进度滑块拖至播放起点。

　　(4) 选择【控制】|【播放并录音】命令或单击【播放并录音】按钮,如图 3.6 所示,在弹出的对话框中输入将要生成的波形文件的文件名和保存位置,然后单击【保存】按钮开始录制。

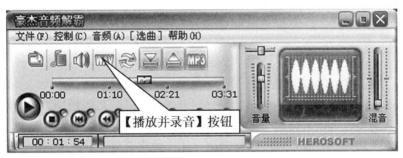

图 3.6　音频解霸的操作界面

　　(5) 音乐播放完毕就录制结束,也可以在需要的位置单击【停止】按钮,结束录制,音频文件被保存为 WAV 格式。

小贴士

　　暴风影音软件是最常用的视频播放软件之一,在我们使用暴风影音软件播放视频时,在播放画面上右单击,在弹出的快捷菜单中选择【视频转码/截取】|【格式转换】或【批量转换】可以转换单个或多个视频文件为音频文件(MP3、WMA 等常见格式均可)。

3.3　音频数据的编辑

音频数据的处理软件可分为两大类,即波形声音处理软件和 MIDI 软件。

波形声音处理软件可以对 WAV 文件进行各种处理,常见的有波形的显示、波形的剪贴和编辑、声音强度的调节、声音频率的调节、特殊的声音效果等功能。常用的波形声音处理软件有 WAVEdit、Creative WaveStudio、Audition、Sound Forge 以及 Nero 程序组中的 Nero Wave Editor 等。

MIDI 软件是创作和编辑处理 MIDI 音乐的软件,如 MIDI Orchestrator。有一些作曲软件是基于 MIDI 的,其界面通常是像钢琴谱那样的五线谱,用户可用鼠标在上面写音符并做各种音乐标记。

3.3.1　常用音频编辑软件介绍

1. WAVEdit

WAVEdit 是 Voyetra 公司的一套专门用来处理 Windows 标准波形 WAV 文件的软件。它的主要功能有:波形文件的录制,录制参数(采样率、量化位数、单双声道、压缩算法)的设定;波形文件的存储,存储的文件格式(WAV 或 VOC)和压缩标准的选择,文件格式与参数(采样率、量化位数、单双声道)的变换;波形文件选定范围播放,记录播放时间声音的编辑,剪切、复制、插入、删除等操作,音频变换与特殊效果,改变声音的大小、速度、回音、淡入与淡出等。

2. Creative WaveStudio

Creative WaveStudio 又称录音大师,可在 Windows 环境下录制、播放和编辑 8 位(磁带质量)和 16 位(CD 质量)的波形数据。配合各种特殊效果的应用,可用于增强波形数据。录音大师不但可以执行简单的录音,还可以运用众多特殊效果和编辑方式,如反向、添加回音、剪切、复制和粘贴等,制作出独一无二的声音效果。此外,录音大师还能够同时打开多个波形文件,使编辑波形文件的过程更为简单方便。它还可让用户输入及输出声音(VOC)格式文件和原始(RAW)数据文件。

录音大师的主要功能有:录制波形文件,处理波形文件,包括指定波形格式、打开波形文件、保存波形文件、混合波形文件数据;对波形文件使用特殊效果,包括反向、添加回音、倒转波形、饶舌、插入静音、强制静音、淡入与淡出、声道交换、声音由左向右移位与声音由右向左移位、相位移、转换格式、修改频率、放大音量等;自定义颜色,可配置录音大师在编辑或预览窗口中显示波形数据时所使用的颜色;处理压缩波形文件。

3. Nero Wave Editor 和 Nero SoundTrax

Nero 是德国 Ahead Software 公司出品的光盘刻录程序,从 Nero 6 版本以后开始迈向视频音频从采集、编辑到刻录的整个流程解决方案。在 Nero 6 中,集成了强大的视频音频编辑组件 Nero Wave Editor,为用户提供了一个高级音频编辑和录制工具,可生成最高 7.1 声道的高质量音频作品,具备非破坏性编辑和实时音频处理功能,能显示所有编辑步骤的编辑历史记录窗口,支持 24 位和 32 位采样格式的刻录和编辑,其内部效果库包括反射、合唱、镶边、延迟、电子哇哇声、移相器、人声、修改、音调调整,内部增强库包括频带外推、降噪、滴答声消音器、滤波器工具箱、DC 偏移修正,内部增强库还包括立体声处理器、动态处理器、均衡器、变调、时间延伸、卡拉 OK 过滤器。组件中的 Nero SoundTrax 是一个专业的混音程序,利用它的混音和编辑功能可以制作音频 CD 作品及 CD 编辑,并可支持最高 7.1 声道的实时环绕混音。Nero SoundBox 是 Nero 7 的新增组件,是一个节拍创建程序,可将节拍、音序和旋律合并到 Nero SoundTrax 项目中。此外,用户还可以使用它将文本转换为语音,生成自然效果等逼真的立体环绕声效果。

4. Audition

Adobe Audition 是一个专业音频编辑软件,原名为 Cool Edit Pro,被 Adobe 公司收购后,改名为 Adobe Audition。

Audition 专为在录音棚、广播影视后期制作方面工作的音频编辑专业人员设计,可提供先进的音频混合、编辑、控制和效果处理功能。最多混合 128 个声道,可编辑单个音频文件,创建回路并可使用 45 种以上的数字信号处理效果。Audition 是一个完善的多声道录音室,可提供灵活的工作流程并且使用简便。无论是要录制音乐、无线电广播,还是为录像配音,Audition 中的恰到好处的工具均可为您提供充足动力,以创造可能的最高质量的丰富、细微音响。

1997 年 9 月 5 日,美国 Syntrillium 公司正式发布了一款多轨音频制作软件,名字是 Cool Edit Pro(取“专业酷炫编辑”之意),版本号 1.0。1999 年 6 月 9 日,Syntrillium 公司正式发布 Cool Edit Pro 的 1.2 版本,2002 年 1 月 20 日,Cool Edit Pro 发布了一个很重要的新版本,即 2.0 版。除了界面变得更漂亮以外,它开始支持视频素材和 MIDI 播放,并兼容了 MTC 时间码,另外还添加了 CD 刻录功能,以及一批新增的实用音频处理功能。Cool Edit Pro 因其“业余软件的人性化”和“专业软件的功能”,继续扩大着它的影响力,并最终引起了著名的媒体编辑软件企业 Adobe 的注意。在 2003 年,Adobe 公司收购了 Syntrillium 公司的全部产品,并将 Cool Edit Pro 的音频技术融入了 Adobe 公司的 Premiere、After Effects、EncoreDVD 等其他与影视相关的软件中。同时,当时的 Cool Edit Pro 也经过 Adobe 的重新制作,然后被重命名为 Adobe Audition,版本号 1.0。后来又改为 1.5 版,开始支持更专业的 VST 插件格式。2006 年 1 月 18 日,Adobe Audition 升级至 2.0 版。Adobe Audition CS5.5 在 2011 年 4 月 11 日作为 Adobe Creative Suit 5.5 中替代 Soundbooth 的一个组件发布。它可以运行在 Windows 和 Mac OS X 上。Adobe Audition CS6.0 与 Adobe Audition CC 分别于 2012 与 2013 年发行。目前最新版本是 Adobe Audition CC。

3.3.2　Adobe Audition 的基本操作

首先,启动 Adobe Audition,可看到它清晰而又实用的操作界面,如图 3.7 所示。

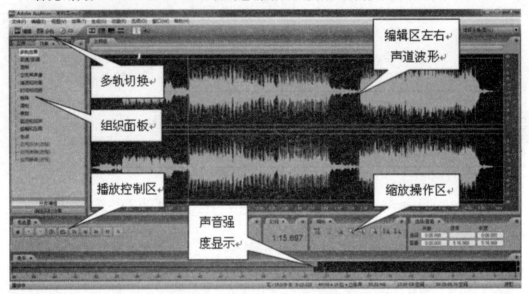

图 3.7　Adobe Audition3.0 的操作界面

1. Adobe Audition 的操作界面

(1) 菜单栏。在最顶端标题栏的下面,是 Adobe Audition 的菜单栏,在单音轨【编辑】界面下,有【文件】、【编辑】、【视图】、【效果】、【生成】、【收藏】、【选项】、【窗口】和【帮助】9 个菜单选项。在【多轨】编辑界面下,有【文件】、【编辑】、【剪辑】、【视图】、【插入】、【效果】、【选项】和【帮助】9 个菜单选项。

(2) 工具栏。菜单栏下方是工具栏,为用户提供常用的操作按钮。

(3) 编辑界面。工具栏下方左边是【文件】和【效果】面板,右边是编辑面板及左右两个声道的波形显示,用户可以在上面直接对打开的声音文件进行编辑操作,以达到预期的效果。

(4) 播放区(传送器)。在编辑工作界面左下侧有【播放】、【循环播放】、【快进】、【倒退】、【暂停】、【停止】等操作按钮。

(5) 缩放操作区。播放区右侧是对波形的水平放大、缩小操作按钮,最右边则是对波形的垂直放大、缩小操作按钮。

(6) 进度显示区。下方中间位置是进度显示区,显示在工作区选中点的起始时间及播放进度。

(7) 声音强度显示区。最下方是播放时左、右两个声道的声音强度显示区。

(8) 多轨编辑模式。单击【多轨】按钮进入多轨编辑模式,在该模式下有【主群组】和【混音器】两个选项。【主群组】编辑模式下显示多个音轨的波形及相关设置按钮,我们可以方便地在波形上进行拖放、剪辑、复制及效果合成等操作,如图 3.8 所示。

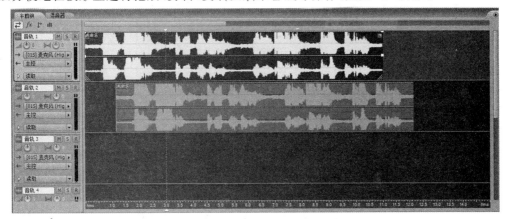

图 3.8　【主群组】编辑面板

在【混音器】模式下,我们可以看到相当专业的混音器操作面板,用以对各音轨进行精确的设置和调整,如图 3.9 所示。

图 3.9　【混音器】操作面板

2. 录音及降噪功能的应用

Adobe Audition 可以录入多种音源,包括话筒、录音机、CD 播放机等。将这些设备与声卡连接好,然后将录音电平调到适当位置,就可以准备录音了。由于设备和环境等多方面的因素,在录音的过程中都会产生不同程度的噪声,一般的降噪方法有采样、滤波、噪音门等几种。其中,效果最好的是采样降噪法。下面就先录取一段声音,再给它降噪,从而获取较佳的录音效果。

【操作案例 3.3】使用 Adobe Audition 录音并降噪。

操作思路:首先使用 Adobe Audition 录制声音,然后使用效果处理中的【噪音消除】命令降低噪声,以获得较好的录制效果。

操作步骤:

(1) 选择【文件】|【新建】命令,弹出【新建波形】对话框,选择适当的录音声道、采样精

度和采样频率。一般使用立体声、16 位、44 100Hz，如图 3.10 所示。

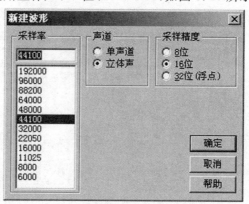

图 3.10　【新建波形】的参数设置

（2）单击 Adobe Audition 主窗口左下部【播放区】的红色【录音】按钮 ●，开始朗诵"白日依山尽……"并录音。完成录音后，单击【播放区】的【停止】按钮 ■，Adobe Audition 窗口中将出现刚录制好的文件波形图。单击【播放】按钮 ▶ 就可以听到录音的效果，这时可听出其中含有一些噪声。

（3）选择噪声样本。单击左下角波形放大按钮，将波形适当放大后（为了看得更清楚），将噪声区内波形最平稳且最长的一段选中，降噪质量的好坏取决于此，如图 3.11 所示。

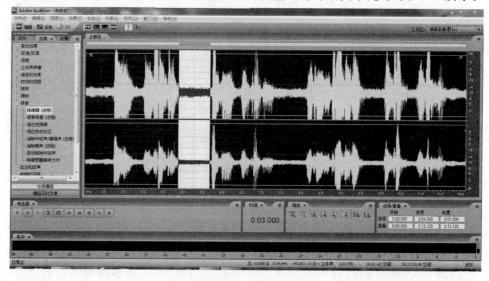

图 3.11　选定噪声区内的波形

（4）依次选择【效果】菜单中的【修复】|【降噪器】命令，弹出【降噪器】对话框，如图 3.12所示。

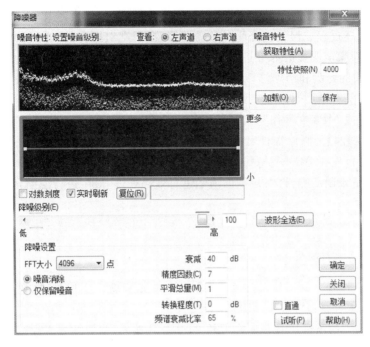

图 3.12 【降噪器】对话框

（5）试听并调整参数：一般可适当调整 FFT 大小、衰减、精度因数等参数，或直接使用默认值。然后单击【获取特性】按钮获得噪声样本，几秒后，出现噪声样本的轮廓图，再单击【波形全选】按钮选择全部音频进行降噪（当然也可选择部分音频进行降噪）。此时可单击【试听】按钮，试听降噪效果，并反复调整参数、试听，直至效果满意为止。再单击【确定】按钮即可返回主界面并实现降噪。

从头到尾仔细听一下，从此时的波形图上可看出降噪的效果相当明显，如图 3.13 所示。

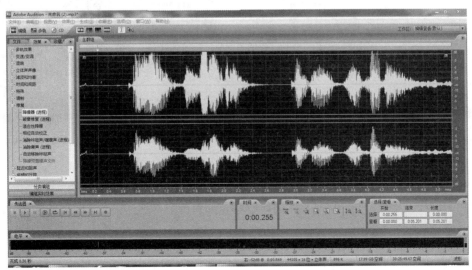

图 3.13 降噪处理后的声音波形

如果某些部分(一般在低信号部分)还有些噪声的话,可以再对其(降噪后的噪声)重新取样,重复上述过程。但某些降噪参数需要修改,否则对原音的破坏很大(表现在高频段),而且只要对噪声明显的部分进行降噪就可以了。

(6) 将该曲的开头和结尾修整一下:将开头和结尾的噪声部分去除,也可进行淡入/淡出处理,让开头和结尾自然些。最后选择【文件】|【另保存】命令,将文件保存为"登鹳雀楼"波形文件或 MP3 文件作为素材备用。

【操作案例 3.4】录制伴音自唱歌曲。

操作思路:首先在 Adobe Audition 中导入伴音文件,然后利用 Adobe Audition 的录音功能在伴音下录制演唱,再对录制的演唱进行效果处理,最后进行混缩合成文件。

操作步骤:

录制伴音自唱歌曲一般可分三大步骤。

1. 在伴音下录制演唱

(1) 打开 Adobe Audition,进入【多轨】界面,右击音轨 1 空白处,在快捷菜单中选择【插入】命令,插入要录制歌曲的 MP3 伴奏文件。

(2) 选择将人的演唱声音录制在音轨 2,单击 R 按钮(需要按要求保存临时文件),如图 3.14 所示。

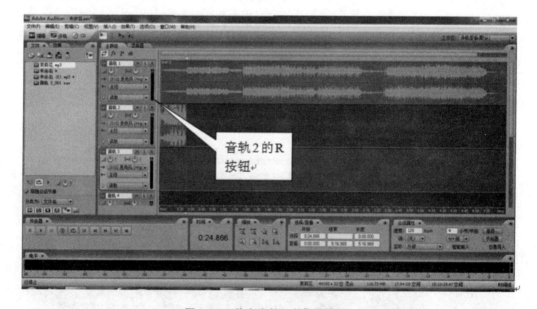

图 3.14　单击音轨 2 的【R】铵钮

(3) 单击左下方的红色【录音】按钮,跟随伴奏音乐开始演唱和录制。

(4) 录音完毕后,可单击左下方的【播放】按钮▶进行试听,看有无严重的错误,是否要重新录制。

小贴士

　　录制时最好关闭音箱,通过耳机来听伴奏,跟着伴奏进行演唱和录音。录制前,一定要调节好总音量及麦克风音量,这点至关重要。麦克风的音量最好不要超过总音量大小,略小一些为佳。因为如果麦克风音量过大,会导致录出的波形成为方波。这种波形的声音是失真的,这样的波形也是无用的,无论用户水平多么高超,也不可能处理出令人满意的结果。

　　2. 对录制的演唱声音进行降噪及效果处理

　　降噪处理的过程参见操作实例 3.4,下面给录制的人声添加混响效果,当然,也可以根据需要添加其他音响特效。

　　(1) 双击音轨 2,进入波形编辑界面。

　　(2) 选择【效果】|【混响】|【简易混响】或【完美混响】命令,打开【完美混响】对话框,如图 3.15 所示。

　　(3) 在对话框中我们可以直接选择【预设效果】中的各种预置效果,并单击【预览】按钮进行效果预览,效果满意时单击【确定】按钮。此外,也可以通过调整各个参数滑块来调整参数,以达到满意的效果,并把这种"效果设置"保存下来作为一种预设效果。

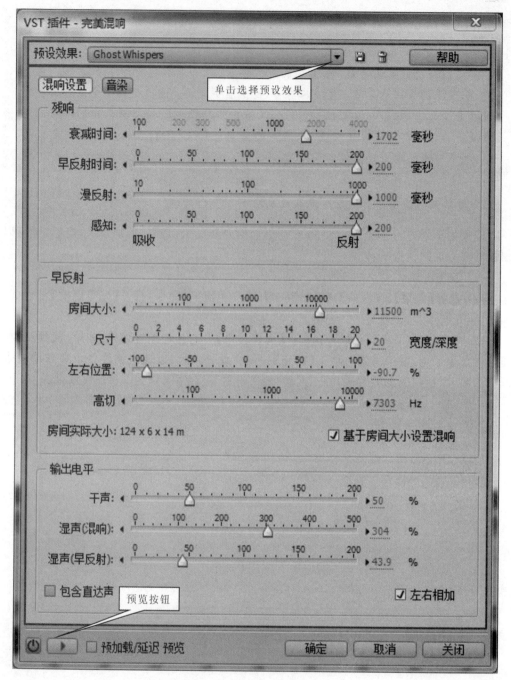

图 3.15 【完美混响】对话框

3. 混缩合成

在【多轨】编辑状态下,选择【文件】|【导出】|【混缩音频】命令,将弹出【导出音频混缩】对话框,如图 3.16 所示。选择保存的文件类型、位置,输入文件名后单击保存按钮,便可将伴奏和处理过的人声混缩合成一个音频文件。

图 3.16　【导出音频混缩】对话框

3.3.3　Adobe Audition 中的声音特效

前面的例子中使用了 Adobe Audition 中的效果对录制的声音进行效果处理。实际上,音频编辑最激动人心的功能莫过于可以随意添加音效了。在 Adobe Audition 的【效果】面板下有 60 余个命令,用户通过它们可以方便地制作出各种专业、迷人的声音效果。例如,【回声】可以产生大礼堂或群山之中的回声效果;【动态均衡】可以根据录音电平动态调整输出电平;【变速/变调】能够在不影响声音质量的情况下改变乐曲音调或节拍等。下面将常用的几个特殊音效的功能介绍如下。

(1) 倒转。确定编辑的声音区域后,选择【效果】面板中的【应用倒转】命令,或【效果】菜单中的【倒转】命令,可将波形或被选中波形的开头和结尾反向。其原理是将描述声音的数据反向排列,播放出的语音效果只有在计算机中才能制作出来。

(2) 延迟和回声。回声命令包括有回馈、延时时间和回声电平等基本功能,还有使回声在左、右声道之间依次来回跳动,效果很明显。利用其回声均衡器可调节回声的音调。

另外,还有【房间回声】效果:打开【效果】面板中【房间回声】对话框,可调的参数非常多。除了房间的长、宽、高、回声强度(亮度)和回声数量外,还有衰减因数、声音来源和话筒的位置等特殊参数,以便于更真实地再现室内回声效果。

(3) 振幅/淡化。淡化效果是指声音的渐强(从无到有,由弱到强)和渐弱,通常用于两个声音素材的交替、切换,产生渐近、渐远的音响效果。淡化效果的过渡时间长度由编辑区域的宽窄决定。用户可通过【振幅/淡化】对话框的设置调整波形、音量、时间等。

选择【效果】|【振幅和压限】|【振幅/淡化】命令,打开后的对话框如图 3.17 所示,在其中可进行淡入淡出效果的设置。

【操作案例 3.5】为录制的"登鹳雀楼"添加特殊音效。

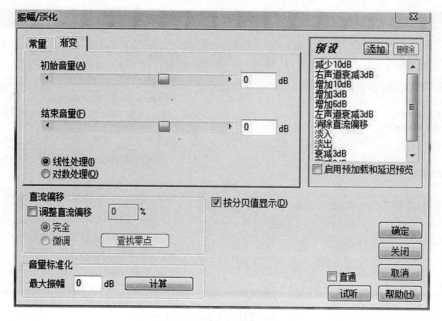

图 3.17　淡化效果设置

操作思路：使用 Adobe Audition 为声音文件添加多重延迟、回声的效果。

操作步骤：

（1）在 Adobe Audition【文件】面板中右单击，选择【导入】，在【导入】面板中选择录制好的波形文件"登鹳雀楼"。

（2）选择【效果】|【延迟和回声】|【多重延迟】命令，打开如图 3.18 所示的对话框。

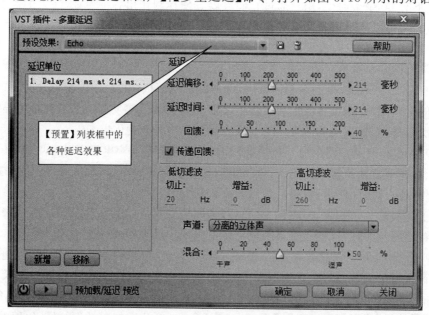

图 3.18　【多重延迟】对话框

（3）在【预设效果】列表框中试听各种延迟效果，这里选择 Echo 选项，预览试听效果后单击【确定】按钮。

（4）选择【效果】|【延迟和回声】|【回声】命令，打开如图 3.19 所示的对话框。在【预设效果】列表框中试听各种回声效果，这里选择 Default 选项，单击【确定】按钮。

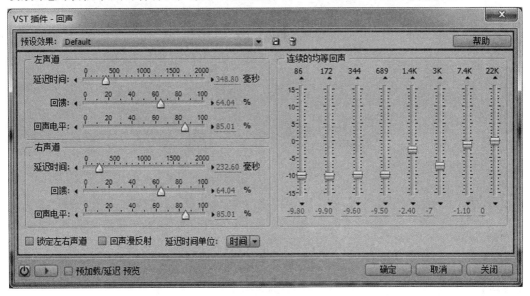

图 3.19　【回声】对话框

（5）试听效果满意后，选择【文件】|【另存为】命令将其保存。

3.3.4　使用 Adobe Audition 进行音乐合成

【操作案例 3.6】为录制的"登鹳雀楼"配乐并合成。

操作思路：首先在音轨 1 上导入背景音乐，再选择适当的入点，在音轨 2 上导入"登鹳雀楼"，再使用剪切工具将多余的音乐删除掉，最后将两个音频文件混缩合成。

操作步骤：

（1）打开 Adobe Audition 软件，切换到多轨编辑状态。

（2）在音轨 1 上右单击，在弹出的快捷菜单中选择【插入】|【音频】，导入音乐文件"渔舟唱晚"，单击左下方的【播放】按钮，先试听伴音文件，寻找合适的插入点。

（3）在音轨 2 上选择 7 秒处作为插入点，单击鼠标右键，导入录制并经过效果设置的"登鹳雀楼"文件。可看到"登鹳雀楼"文件的长度为 15.751 秒，如图 3.20 所示。

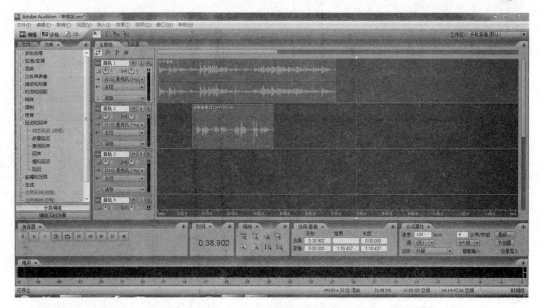

图 3.20　在多轨编辑界面导入音频文件

（4）用鼠标拖选音轨 1 中 34 秒以后的音乐文件，单击鼠标右键，在快捷菜单中选择【剪切】命令，将伴音文件中 34 秒以后的音乐删除。

（5）试听效果满意后，选择【编辑】|【混缩到新文件】|【会话中的主控输出】命令，将两个音轨的音频混缩成一个音频文件，软件自动返回到单轨编辑界面。

（6）选择【文件】|【另存为】命令，将编辑好的音频文件保存为 MP3 格式。

　小贴士

在多轨编辑状态下，在某音轨上右单击，在弹出的快捷菜单中选择【插入】|【提取视频中的音频】，可以直接将视频中的音频提出来插入到相应音轨。

3.3.5　消除歌曲中的原唱

【操作案例 3.7】消除歌曲中的原唱，制作卡拉 OK 伴奏带。

操作思路：消除歌曲中的原唱是 Adobe Audition 中的一个特殊功能，需要使用【效果】菜单中的【波形振幅】|【声道重混缩】命令来完成，再辅助于其他方法，最终得到较理想的效果。

操作步骤：

（1）在 Adobe Audition 单音轨编辑状态下，打开音乐文件"同桌的你"，选择【效果】|【立体声声像】|【声道重混缩】命令，打开【声道重混缩】对话框，如图 3.21 所示。

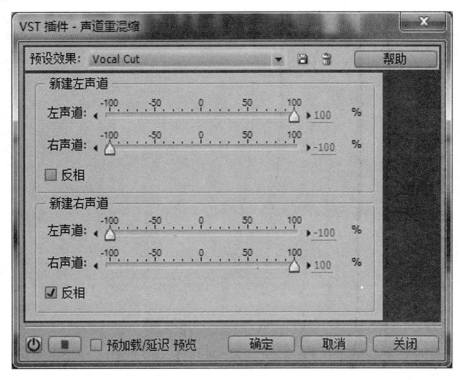

图 3.21　【声道重混缩】对话框

（2）在弹出的对话框中选择原厂预置参数中的 Vocal Cut 选项，单击【确定】按钮。

小贴士

　　　原唱的特征大致可分为两种：人声的声像位置在整个声场的中央（左右声道平衡分布）；声音频率集中在中频和高频部分。Vocal Cut 功能的原理是：消除声像位置在声场中央的所有声音（包括人声和部分伴奏）。

　　Adobe Audition 只能最大限度地消除原唱，并不能完全消除原唱。在消除原唱的同时，一些乐器的声音也被部分地消掉了。

　　（3）再次将源文件重新导入，【文件】面板中将显示"同桌的你（2）"，双击该文件进入编辑状态，选择【效果】|【滤波和均衡】|【图示均衡器】命令，打开如图 3.22 所示的对话框，并将视窗切换为 30 段均衡视窗（为了更精确地调节频段）。

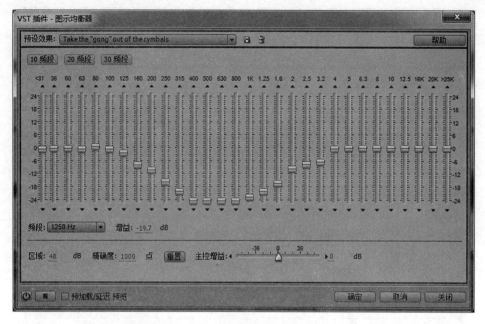

图 3.22　【图形均衡器】对话框

（4）调整增益范围，图中正负 45dB，中间的 10 个增益控制基本上就是人声的频率范围。可以将人声覆盖的频段衰减至最小，边调节边监听，最后单击【确定】按钮，如图3.22所示。

（5）单击【多轨】按钮，打开 Adobe Audition 的【多轨】编辑视窗。将时间指针停在开始处，以便将多轨音频对齐。

（6）在第一轨中单击鼠标右键，选择【插入】命令，插入经【声道重混缩】处理后的"同桌的你"文件，再在第二轨中单击鼠标右键，插入经【图形均衡器】处理后的音频文件"同桌的你（2）"，如图 3.23 所示。

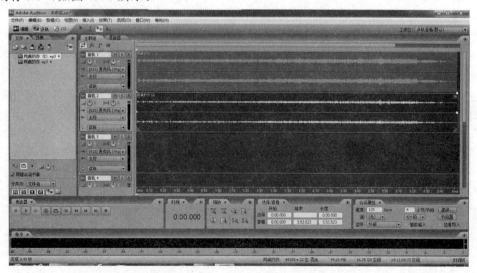

图 3.23　在【多轨】界面下混缩合成处理好的音频文件

（7）插入文件之后，试听播放效果，不行的话，分别调整这两轨的音量。

（8）效果满意后选择【编辑】|【混缩到新文件】|【会话中的主控输出】命令，然后存盘即可。通过这两次效果处理和混缩，我们将可以得到非常理想的消除原唱效果。

当然，使用这种方法仍然不可能完全消除人声，若是完全地消除人声，所付出的也是音乐失真的代价。不过用户在演唱时，声音完全可以盖住没消除干净的微弱原声，也就没问题了。

3.4　不同音频格式的转换

不同音频格式主要依靠软件来转换。在 Adobe Audition 软件单轨编辑状态下，打开音频文件，然后将文件另存为其他格式的文件即可实现转换。另外，也有一些专门用于音频格式转换的软件，目前广泛使用的音频格式转换软件主要有豪杰音频通、音频格式转换大师、Awave Studio 等。用户可以每次转换一个文件，也可以成批转换不同格式的文件。

【操作案例 3.8】将若干个不同格式的音频文件转换为 MP3 格式。

操作思路：使用豪杰音频通 2.7 打开多个音频文件，设置转换属性，并将其转换为 MP3 格式。

操作步骤：

（1）打开豪杰音频通 2.7 软件，操作界面如图 3.24 所示。

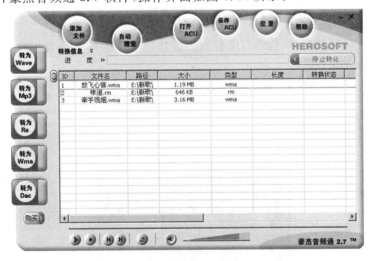

图 3.24　豪杰音频通 2.7 的操作界面

（2）单击【添加文件】按钮，选择【选定本地文件】命令，在【打开】对话框中选择文件时，可同时按住 Ctrl 键选择多个不连续的文件，选定文件后单击【打开】按钮。

（3）单击【设置】按钮，打开【属性】对话框，再选择 MP3 选项卡，设置【输出格式】和【缺省输出路径】选项，如图 3.25 所示。

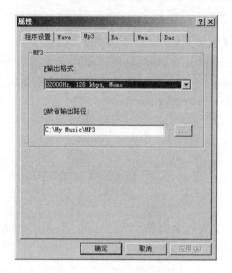

图 3.25 【属性】对话框

（4）单击【确定】按钮开始转换。

3.5 综合案例

音频文件都编辑处理好了,怎么把它们制作成音乐光盘呢？这里以光盘刻录软件 Nero 为例,学习将计算机中的歌曲文件刻录成音乐 CD 光盘的过程和方法。

【操作案例 3.9】将收集下载的流行歌曲制作成音乐 CD 光盘。

操作思路：利用 Nero 软件的刻录音频光盘功能将选取的十余首流行歌曲制作成能在 CD 机上播放的 CD 光盘。

操作步骤：

（1）选择【开始】|【程序】| Nero 7 Ultra | EditionNero StartSmart 命令,启动 Nero 软件,工作界面如图 3.26 所示。

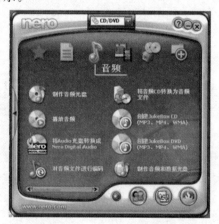

图 3.26 Nero7 工作界面

（2）在工作界面上选择【音频】|【制作音频光盘】命令，打开添加音乐界面，如图 3.27 所示。

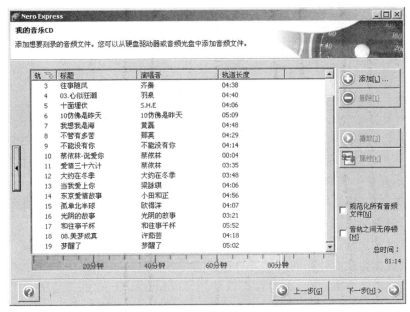

图 3.27　添加音乐界面

（3）单击【添加】按钮，在指定文件夹中选择欲刻录的音乐。一般一张 CD 盘可以刻录 15～20 首歌曲。如果选定的歌曲超过了 72 分钟的黄线，则刻录不能进行，这时只需删除一两首歌曲，使刻录的总长度不超过黄线即可。然后单击【下一步】按钮，打开最终刻录设置界面，如图 3.28 所示。

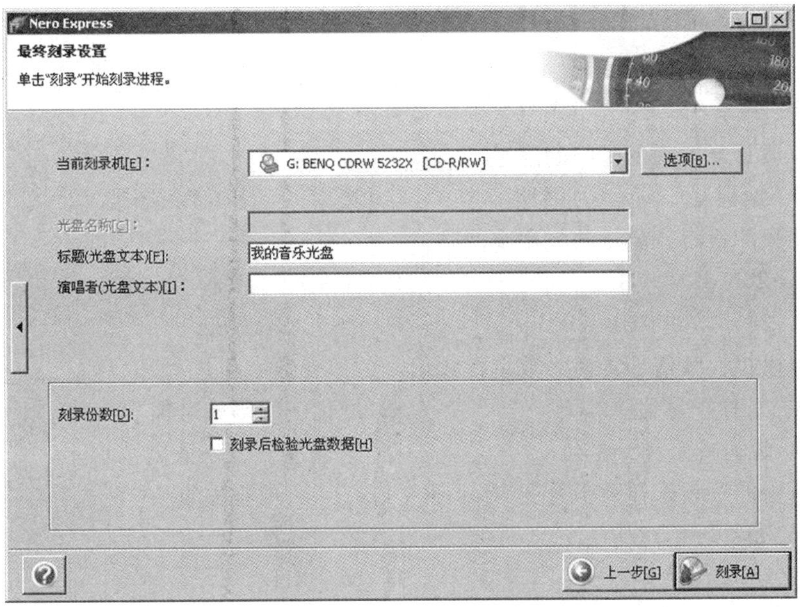

图 3.28　最终刻录设置界面

（4）在最终刻录设置界面中选择【当前刻录机】为用户的计算机中光盘刻录机的盘符,在【标题(光盘文本)】和【演唱者(光盘文本)】文本框中输入相应的内容,设置【刻录份数】微调框,最后单击【刻录】按钮,则刻录工作开始,几分钟后,一张音乐光盘就刻录完成了。

小　　结

本章首先介绍了声音的概念、声音的数字化、声音文件的大小和音频文件的格式等基础知识;然后介绍了利用 Windows 录音机、Windows Media Player 等软件进行音频的采集,从音乐光盘中获取音频素材的方法;接着以 Adobe Audition 软件为例,介绍了音频的采集、编辑制作、添加特殊效果、进行音乐合成的基本方法;最后介绍了使用豪杰音频通软件进行音频文件格式转换的方法。

通过学习和实践,用户即可以录制声音到计算机中作为音频素材,可以将 CD 音乐光盘中的音频数据转换为计算机中常见的音频文件,还可以将 VCD 中的音频从光盘视频中分离出来。对于获取的音频素材,可以使用 Adobe Audition 进行编辑并进行效果处理,可以为录制的语音文件配音合成,也可以在一定程度上消除歌曲中的原唱,从而制作出卡拉 OK 演唱伴奏带,还可以将音频文件的格式进行转换,以满足某种需要。这些操作既可以使用户制作出独立的音乐作品,也可以使其制作出能满足各种需求的音乐素材,为今后制作多媒体作品打下基础。

习　　题

1. 选择题

（1）声波重复出现的时间间隔是_____。

　　A. 振幅　　　　　B. 周期　　　　　C. 频率　　　　　D. 频带

（2）调频广播声音质量的频率范围是_____。

　　A. 200～3 400Hz　　　　　　B. 50～7 000Hz

　　C. 20～15 000Hz　　　　　　D. 10～20 000Hz

（3）将模拟音频信号转换为数字音频信号的声音数字化过程是_____。

　　A. 采样→量化→编码　　　　B. 量化→编码→采样

　　C. 编码→采样→量化　　　　D. 采样→编码→量化

（4）通用的音频采样频率有 3 个,下面_____是非法的。

　　A. 11.025kHz　　　　　　　　B. 22.05kHz

　　C. 44.1kHz　　　　　　　　　D. 88.2kHz

（5）1分钟双声道、16 位量化位数、22.05kHz 采样频率的声音数据量是_____。

　　A. 2.523MB　　　　　　　　　B. 2.646MB

C. 5.047MB　　　　　　　　　　　D. 5.292MB

（6）数字音频文件数据量最小的是＿＿＿＿＿＿文件格式。

　　　　A. WAV　　　　　　　　　　　　B. MP3

　　　　C. MID　　　　　　　　　　　　D. WMA

（7）数字音频采样和量化过程所用的主要硬件是＿＿＿＿＿＿。

　　　　A. 数字编码器

　　　　B. 数字解码器

　　　　C. 模拟到数字的转换器（A/D 转换器）

　　　　D. 数字到模拟的转换器（D/A 转换器）

（8）音频卡是按＿＿＿＿＿＿分类的。

　　　　A. 采样频率　　　　　　　　　　B. 声道数

　　　　C. 采样量化位数　　　　　　　　D. 压缩方式

（9）下列采集的波形声音质量最好的是＿＿＿＿＿＿。

　　　　A. 单声道、8 位量化、22.05kHz 采样频率

　　　　B. 双声道、8 位量化、44.1kHz 采样频率

　　　　C. 单声道、16 位量化、22.05kHz 采样频率

　　　　D. 双声道、16 位量化、44.1kHz 采样频率

（10）以下＿＿＿＿＿＿不是常用的声音文件格式。

　　　　A. JPEG 文件　　　　　　　　　B. WAV 文件

　　　　C. MIDI 文件　　　　　　　　　D. VOC 文件

2. 简答题

（1）声波的 3 个重要指标是什么？

（2）声音按频率划分可分为哪几种？ 人类听觉的声音频率范围是什么？

（3）声音的数字化过程是什么？

（4）试比较 WAV 格式的音频文件和 MID 格式的文件的不同和特点。

（5）数字音频的获取途径有哪些？

3. 操作题

（1）采用各种音频获取的途径收集自己喜欢的音乐，如果不是 MP3 格式的，则将其转换成 MP3 格式保存在硬盘上。

（2）利用刻录软件 Nero 将第（1）题中收集的音乐制作成 CD 音乐光盘。

（3）使用 Windows 的录音机或 Adobe Audition 软件录制一段自己或他人的说话或演讲，并使用 Adobe Audition 对录音进行降噪处理。

（4）使用 Adobe Audition 编辑器为第（3）题的声音文件增加混响效果。

（5）使用软件将 VCD 光盘中一首歌曲的音乐提取出来，保存为 MP3 格式。

（6）录制一首诗朗诵，并在 Adobe Audition 中为其添加背景音乐，制作配乐诗朗诵效果。

第 4 章　数字图像处理

- 了解数字图像的概念和基本知识
- 熟悉 Photoshop CS6 的工作界面
- 熟练掌握使用 Photoshop 进行图像处理的基本方法

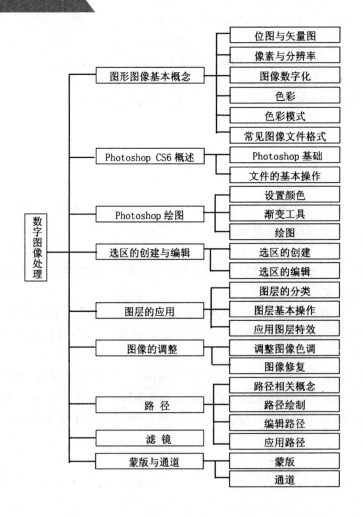

导入案例

在多媒体信息处理中,图像处理是一项重要内容,在社会生活和工作的多个领域应用十分广泛,如利用图像处理软件为企业进行 VI 设计(标志、名片、便笺和工作牌等),制作漂亮的企业宣传册、招贴、海报、折页等平面印刷品,进行照片处理,广告喷绘,图像合成等。

图 4.1 是一幅利用图像处理软件制作的环保宣传画,这是用 Photoshop CS6 制作的一个典型实例。

图 4.1　环保宣传效果图

它的操作思路是:在 Photoshop 中,首先创建一个适当大小的图像文件,然后利用自定义形状工具和选区羽化绘制心形区域,使用笔刷工具绘制草地,利用颜色填充绘制太阳,最后导入素材图片,输入宣传文字,合并图层。一幅美观的环保宣传画完成了。

整个处理的过程中用到了【形状工具】、【路径】面板中的【路径转换为选区】、属性栏中的【羽化】、【文字工具】等。

本章将详细介绍利用 Photoshop 进行数字图像处理的方法。

4.1　图形图像基本概念

本节介绍图形图像的相关基础知识,通过本节的学习,读者可以对计算机中图像的基本概念、图像的类型、颜色模式等有一个清晰的认识。

4.1.1　位图与矢量图

在计算机中,各种信息都是以数字形式记录、处理和保存的。同样,图形图像也是以数字形式存在的。计算机的图形图像表现形式有两种:位图图像和矢量图形。

1. 位图

Bitmap(位图)图像也称为点阵图、像素图像或栅格图像,由一系列排列在一起的方格组成,每一个方格代表一个像素点,每一个像素点只能显示一种颜色。位图的最小单位由像素构成,缩放会失真,图像的清晰度与分辨率有关。当放大位图时,会显示出构成图像的无数像素点,缩小位图尺寸会使图像变形,如图 4.1 所示。位图图像可以表现色彩的细微层次变化,使图像颜色过渡自然,接近自然界中的真实颜色,也可以自由地在不同软件之间交换文件。

2. 矢量图

Vectorgraph(矢量图形)也叫向量图,使用直线和曲线来描述图形,在数学上定义为一系列由线连接的点。矢量图是根据几何特性来描述图形的,在绘制矢量图时会运用大量的数学方程式。矢量图任意放大或缩小后,其清晰度不发生任何改变,如图 4.2 所示。

矢量图中的图形元素称为对象,每个对象都是独立的个体,具有颜色、形状、轮廓、大小和位置等特性。

图 4.1　位图图像　　　　　　　　　　　图 4.2　矢量图形

4.1.2　像素与分辨率

1. 像素

像素是组成图像的最基本单元,一幅图像通常由许多像素组成,如图 4.3 左图所示为正常显示的图像,右图为放大到一定比例后看到的小色块的效果。

图 4.3　图像与像素

2. 分辨率

分辨率是指在单位长度内含有的像素数或点数,单位为"像素/英寸"(Pixels Per Inch,PPI)或"点/英寸"(Dot Per Inch,DPI),意思是每英寸所包含的像素数或点数。

根据设备的不同,分辨率可分为屏幕分辨率、图像分辨率、打印机分辨率和扫描仪分辨率等。

(1)屏幕分辨率。一般屏幕分辨率是由计算机的显卡来决定的。例如,显卡的分辨率为 1024×768,即宽 1024 个像素点、高 768 个像素点。

(2)图像分辨率。图像分辨率指图像中单位长度内的像素数目。图像分辨率的高低关系到图像显示和打印的质量。举例来说,一张数字图像为了保证印刷的质量,分辨率至少要设置分辨率为 300 像素/英寸或以上,否则打印输出后会出现效果模糊的情况。而相同的图像,如果放在网页上显示,分辨率只要 72 像素/英寸就可以了。

(3)打印机分辨率。打印机分辨率又称为输出分辨率,所指的是打印输出的分辨率极限,它也决定了输出质量。打印机分辨率高,不仅可以减少打印的锯齿边缘,还可以使打印效果平滑。

打印机的分辨率通常以 DPI 为单位,表示每单位英寸打印的点数。目前市场上的喷墨或激光打印机的分辨率可达 300DPI、600DPI,甚至可达 1200DPI,不过必须使用专用纸张才能打印这么高的分辨率。

(4)扫描仪分辨率。扫描仪分辨率指的是扫描仪的解析极限,它也以 DPI 为单位。一般台式扫描仪的分辨率可以分为两种规格:第一种是光学分辨率,指的是扫描仪的硬件所真正扫描到的图像的分辨率,目前市场上的产品可达到 800～1200DPI;第二种则是输出分辨率,它是通过软件强化以及插补点之后所产生的分辨率,大约是光学分辨率的 3～4 倍。

4.1.3　图像数字化

计算机要对图像进行处理,首先必须获得图像信息并将其数字化。利用图像扫描仪、数码相机、摄像头等最常用的图像输入设备对印刷品、照片或自然界的景物进行拍摄,完成图像输入过程。

图像数据的获取是图像数字化的基础。图像获取的过程实质上是模拟信号的数字化过程。它的处理步骤分为三步。

第一,采样。在 x,y 坐标上对图像进行采样(也称为扫描),与声音信号在时间轴上的采样要确定采样频率一样,在图像信号坐标轴上的采样也要确定一个采样间隔,这个间隔即为图像分辨率。有了采样间隔,就可以逐行对原始图像进行扫描。首先设 y 坐标不变,对 x 轴按采样间隔得到一行离散的像素点 x_n 及相应的像素值。使 y 坐标也按采样间隔由小到大的变化,就可以得到一个离散的像素矩阵[x_n,y_n],每个像素点有一个对应的色彩值。简单地说,将一幅画面划分为 M×N 个网格,每个网格称为一个取样点,用其亮度值来表示。这样,一幅连续的图像就转换为以取样点值组成的一个阵列(矩阵),

如图 4.4 所示。

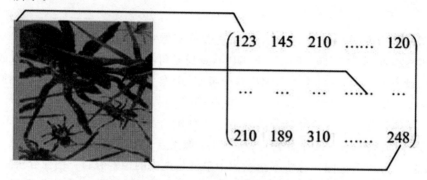

图 4.4　图像采样示意图

第二,量化。将扫描得到的离散的像素点对应的连续色彩值进行 A/D 转换(量化),量化的等级参数即为图像深度。这样,像素矩阵中的每个点(xn,yn)都有对应的离散像素值 fn。

第三,编码。把离散的像素矩阵按一定方式编成二进制码组,最后把得到的图像数据按某种图像格式记录在图像文件中。

数字化后的图像可以通过如下公式计算文件的大小:

$$文件大小 = 图像分辨率 × 位深 ÷ 8$$

其中位深值表示一个像素所用的二进制位数,如 8 位、16 位、24 位等。例如,一幅图像分辨率:1024×768,24 位位深,则其文件大小计算如下:

$$文件大小 = 1024 × 768 × 24 ÷ 8 = 2359296byte = 2304KB$$

4.1.4　色彩

色彩是人类视觉系统的一种感觉,它是因为光的辐射经过物体的反射,刺激视网膜而引起观察者通过视觉而获得的景象。

色彩可分为无彩色和有彩色两大类,前者如黑、白、灰;后者如红、绿、蓝等。自然界的色彩虽然各不相同,但任何有彩色的色彩都具有色相、亮度和饱和度这三个基本属性,称为色彩的三要素。

1. 色相

色相也称色名,指色彩的相貌和特征,是一种色彩区别于其它色彩的最根本的因素。自然界中如:红、橙、黄、绿、青、蓝、紫等颜色的种类就叫色相。

2. 亮度

亮度也称明度,是指色彩的明暗程度,也称深浅度,是表现色彩层次感的基础。在无彩色系中,白色明度最高,黑色明度最低,在黑白之间存在一系列灰色,靠近白的部分称为明灰色,靠近黑的部分称为暗灰色。在有彩色系中,黄色明度最高,紫色明度最低。任何一个有彩色,当它掺入白色时,明度提高,纯度降低;当它掺入黑色时,明度降低,其纯度也相应降低。

3. 饱和度

是指色彩的鲜浊程度。饱和度的变化可通过三原色互混产生,也可以通过加白、加黑、加灰产生,还可以补色相混产生。凡有饱和度的色彩必有相应的色相感。色相感越明确、纯净,其色彩饱和度越高,反之,越灰则色彩饱和度越低。

4.1.5　色彩模式

色彩模式是指图像在显示、打印或扫描时定义颜色的方式。Photoshop 提供了一组描述自然界中光和它的色调的模式,通过它们可以将颜色以一种特定的方式表示出来,而这种色彩又可以用一定的色彩模式存储。常见的色彩模式有 RGB 模式、CMYK 模式、Lab 模式、HSB 模式、灰度模式、位图模式、索引模式及双色调模式等。

1. RGB 色彩模式

RGB 色彩模式是 Photoshop 默认的图像色彩模式,它将自然界的光线看作由红(Red)、绿(Green)、蓝(Blue)3 种基本光波叠加而成,是一种加光模式,如图 4.5 所示。RGB 色彩模式以红、绿、蓝为 3 种基色,这 3 种基色中的每一种颜色都有一个 0~255 的色值范围,通过对红、绿、蓝的各种值进行组合来改变颜色。所有的基色相加便形成白色;反之,当所有基色的值都为 0 时,便得到了黑色。需要注意的是,RGB 色彩空间是与设备有关的,不同的 RGB 设备展现的颜色不可能完全相同。

2. CMYK 色彩模式

CMYK 色彩模式是一种减光模式,如图 4.6 所示。它是四色处理打印的基础,四色是青(Cyan)、洋红(Magenta)、黄(Yellow)和黑(Black)。在 CMYK 模式下,每一种颜色都由这四色来表示,原色的混合将产生更暗的颜色。CMYK 模式被应用于印刷技术,印刷品通过吸收与反射光线的原理展现色彩。

3. Lab 色彩模式

Lab 色彩模式是 Photoshop 内置的一种标准颜色模式,所定义的色彩最多,且与光线及设备无关,通常作为色彩模式转换时的中间模式。它以一个亮度值 L 和两个颜色分量 a 和 b 来表现颜色。其中 L 的取值范围为 0~100,a 分量代表由绿色到红色的光谱变化,b 分量代表由蓝色到黄色的光谱变化,a 和 b 颜色分量的取值范围均为 −120~120,如图4.7 所示。

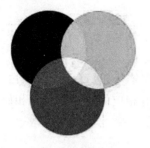

图 4.5　RGB 色彩模式　　　　图 4.6　CMYK 色彩模式　　　　图 4.7　Lab 色彩模式

4. HSB 色彩模式

HSB 色彩模式基于人类对颜色的感觉，将颜色看做是由色相（Hue）、饱和度（Saturation）和亮度（Brightness）组成的，为将自然颜色转换为计算机创建的色彩提供了一种直觉方法。

5. 灰度模式（Grayscale）

灰度模式可用多达 256 级的灰度来表示图像，使图像的过渡更平滑细腻。图像的每个像素有一个 0（黑色）～255（白色）之间的亮度值。灰度值也可以用黑色油墨覆盖的百分比来表示（0％等于白色，100％等于黑色）。

6. 位图模式（Bitmap）

位图模式仅含黑白两种颜色，所以其图像也叫做黑白图像。由于位图模式只有黑白两色表示图像的像素，在进行图像模式转换时会丢失大量的细节，因此 Photoshop 提供了几种算法来模拟图像中丢失的细节。

7. 索引模式（Indexed Color）

索引模式是网络和动画中常用的图像模式，该模式最多有 256 种颜色。当其它模式图像转换为索引模式图像时，应用程序将构建一个颜色查找表，用以存放并索引图像中的颜色。如果原图像中的某种颜色没有出现在该表中，程序将选取现有颜色中最接近的颜色。

8. 双色调模式（Duotone）

双色调模式是一种为打印而制定的色彩模式，主要用于输出适合专业印刷的图像，是 8 位的灰度、单通道图像。该模式使用 2～4 种彩色油墨创建双色调（两种颜色）、三色调（3 种颜色）或四色调（4 种颜色）灰度图像。

4.1.6　常见图像文件格式

图像文件的格式是指计算机用来表示、存储图像信息的格式。图像的文件格式有很多种,在不同的图像文件格式中所保存的图像信息是不同的,每种图像处理软件均有各自兼容和不兼容的图像文件格式。同一幅图像可以用不同的格式来存储,但不同格式之间所包含的图像信息并不完全相同,文件大小也有很大的差别。用户在使用时可以根据自己的需要选用适当的格式。下面介绍几种常用的文件格式。

1. PSD 文件

这是 Photoshop 软件生成的默认图像文件格式,可以保存图像的图层、通道、调节层、文本层及色彩模式,以备以后进行再次修改。该格式保存的图像文件比以其他格式保存的图像文件占用更多的磁盘空间,且通用性差。

2. BMP 文件

BMP(Bitmap File)图像文件是 Windows 操作系统通用的图像文件格式,在Windows 环境下运行的所有图像处理软件几乎都支持 BMP 图像文件格式。BMP 文件的图像深度可选 1 位、4 位、8 位及 24 位,即有黑白、16 色、256 色和真彩色之分。BMP 格式可以支持 RGB、索引颜色、灰度和位图等颜色模式,但 BMP 格式不支持 Alpha 通道。

3. GIF 文件

GIF 是 CompuServe 公司开发的图像文件格式,它以数据块为单位来存储图像的相关信息。GIF 文件格式采用了 LZW(Lempel-Ziv Walch)无损压缩算法按扫描行压缩图像数据,可以减小文件大小并缩短网络传输时间,被广泛应用于网页中。GIF 的图像深度为 1~8 位,即最多支持 256 种色彩的图像。GIF 格式可以保留索引颜色图像中的透明度,但不支持 Alpha 通道。

GIF 文件格式定义了两种数据存储方式,一种是按行连续存储,存储顺序与显示器的显示顺序相同;另一种是按交叉方式存储。由于显示图像需要较长的时间,使用这种方法存放图像数据时,可以在图像数据全部收到之前看到这幅图像的全貌,而不觉得等待时间太长。

4. TIFF 文件

TIFF(TIF)文件是由 Aldus 和 Microsoft 公司为扫描仪和桌面出版系统研制开发的一种较为通用的位图图像文件格式。TIFF 是绘图、图像编辑和页面排版中的一种重要的图像文件格式,可在应用程序和计算机平台之间交换文件。

TIFF 文件支持具有 Alpha 通道的 CMYK、RGB、Lab、索引颜色和灰度图像,以及没有 Alpha 通道的位图图像。Photoshop 可以在 TIFF 文件中存储图层,但如果在另一应用程序中打开该文件,图层图像将被拼合。TIFF 文件也可以存储注释、透明度和多分辨率金字塔数据。

5. JPEG 文件

JPEG(JPG)文件采用一种有损压缩算法,其压缩比约为 1∶5~1∶50,甚至更高。

对一幅图像按 JPEG 格式进行压缩时,可以根据压缩比与压缩效果要求选择压缩质量因子。JPEG 格式文件的压缩比例可以选择,支持灰度图像、RGB 真彩色图像和 CMYK 真彩色图像,但不支持 Alpha 通道。

6. PNG 文件

PNG 文件格式是由 Netscape 公司开发的一种网络图像文件格式,可以保存 24 位真彩色,并且具有支持透明背景和消除锯齿边缘的功能,还可以在不失真的情况下压缩并保存图像,文件尺寸大。

7. EPS 文件

EPS 文件格式用于印刷及打印,可以保存双色调信息,存储 Alpha 通道、路径和加网信息。EPS 文件格式还可以同时包含矢量图形和位图图像,而且几乎所有的图像、图表和页面排版程序都支持该格式。

8. WMF 文件

WMF 文件只使用在 Windows 中,它保存的不是点阵信息,而是函数调用信息。它将图像保存为一系列 GDI(图形设备接口)的函数调用,在恢复时,应用程序执行源文件(即执行一个个函数调用),并在输出设备上画出图像。WMF 文件具有设备无关性,文件结构好,但解码复杂,其效率比较低。

9. PDF 文件

这种格式是由 Adobe 公式推出的专为线上出版而定制的,它以 PostScript Level 2 语言为基础,可以覆盖矢量图形和位图图像,并且支持超链接。这种格式是由 Adobe Acrobat 软件生成的,可以保存多页信息,其中可以包含图形和文本。它是网络下载常用的文件格式。

4.2　Photoshop CS6 概述

Photoshop 是 Adobe 公司推出的一款功能强大的图像处理软件,集图像扫描、编辑、制作、广告设计、图像输入与输出于一体。

4.2.1　Photoshop 基础

启动 Photoshop CS6 之后,选择【文件】|【打开】命令,打开一幅图像,Photoshop CS6 的操作界面如图 4.8 所示。

菜单栏

工具属性栏

工具箱

浮动面板

工作区

状态栏

图 4.8　Photoshop CS6 的操作界面

1．菜单栏

菜单栏在操作界面的顶部,包括 PS 图标、【文件】、【编辑】、【图像】、【图层】、【文字】、【选择】、【滤镜】、【视图】、【窗口】和【帮助】10 个菜单项。

2．工具箱和工具属性栏

工具箱位于操作界面的左边,用来存放用于创建和编辑图像的各种工具,如选择工具、绘图工具、文字工具、查看工具等。

工具箱中的每一个按钮都表示一种工具,使用某个工具时,只需单击该按钮即可。在工具箱中,某些工具按钮的右下角有一个小三角形,这表示有一些隐藏工具。要使用这些隐藏工具,可在该工具上按住鼠标左键不放或单击鼠标右键,将打开一个子菜单,与该工具类似的隐藏工具都会出现在其中。单击需要的工具,则该工具将出现在工具箱中。

3．工作区

工作区是编辑图像的主要工作区域,在 Photoshop CS6 中,用户可以打开多个图像文件进行编辑。要在多个图像文件之间进行切换,可以单击工具属性栏下方的文件名称即可。

4．浮动面板

操作界面的右侧放置着 Photoshop 的多个浮动面板。浮动面板是 Photoshop 特有的界面形式,可以帮助用户监视和修改图像。Photoshop CS6 提供了多个浮动面板,其中最为重要的是【颜色】、【样式】、【调整】、【图层】、【通道】和【路径】浮动面板。所有的浮动面板都可以通过【窗口】菜单显示与隐藏。

5. 状态栏

在图像最大化状态下,状态栏位于窗口最底部,主要用于显示图像处理的各种信息。状态栏共由 3 部分组成,分别是当前图像的显示比例,图像文件的大小和正在使用工具的简要说明。

 小贴士

用户可以根据自己的需求重新排列浮动面板。将面板拖曳到现有组的外面可以创建新组。若欲将面板移动到另一组,可以将面板的选项卡拖曳到该组。

4.2.2　文件的基本操作

【操作案例 4.1】 在 Photoshop CS6 中创建一个新的图像文件,并关闭保存然后再打开。

操作步骤:

(1)选择【文件】|【新建】命令或按 Ctrl＋N 组合键,将弹出【新建】对话框。在【名称】文本框中输入新建图像的名称,默认文件名为"未标题－1",如图 4.9 所示。

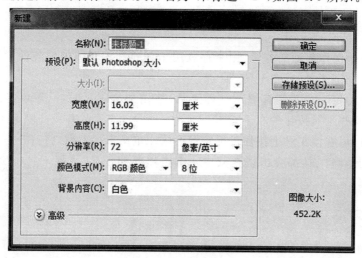

图 4.9　【新建】对话框

(2)在【预设】选项区中,可从【预设】下拉列表框中选择 Photoshop CS6 为各种目的而预设的各种图像尺寸和分辨率的组合,也可以选择【自定义】选项,在该选项区中自定义各项参数。

其中:【宽度】和【高度】文本框分别用来设置新建图像的宽度和高度,在右侧的下拉列表框中可以选择度量单位;【分辨率】文本框用于设置新建图像的分辨率大小,分辨率越高,图像质量也就越好,在适用于印刷的 CMYK 色彩模式下,分辨率一般多设在 300～350 像素/英寸;【颜色模式】下拉列表框用于设置新建图像文件的颜色模式;【背景内容】下拉列表框用于设置图像的颜色背景。其中,【白色】选项表示将图像的背景色设为白色;【背景色】选项表示图像的背景颜色将使用当前的背景色;【透明】选项表示图像的背景透明,无填充颜色。

右侧的【图像大小】是当前文件所占用的硬盘空间,这个数值是由 Photoshop 自动计算得出的,它与图像的高度、宽度、分辨率和颜色模式都有关系。

(3) 设置完成后,单击【确定】按钮,即可新建一个图像文件。

(4) 选择【文件】|【存储】命令或按 Ctrl+S 组合键,将弹出【存储为】对话框,默认格式为 PSD 格式,单击【保存】按钮即可。

(5) 选择【文件】|【关闭】命令,关闭图像文件。

(6) 选择【文件】|【打开】命令或按 Ctrl+O 组合键,将弹出【打开】对话框,在【查找范围】下拉列表框中选择文件存放的路径,单击【打开】按钮,即可打开该图像文件。

【操作案例 4.2】在 Photoshop CS6 中修改图像尺寸。

操作步骤:

(1) 选择【图像】|【图像大小】命令,打开【图像大小】对话框,如图 4.10 所示。

(2) 在【像素大小】设置组中,可以设置宽度和高度,改变图像的绝对大小。

(3) 在【文档大小】设置组中,可以设置宽度和高度,改变图像的相对大小。

(4) 选中【缩放样式】复选框,如果图像中的图层添加了图层样式,调整图像的大小时会自动缩放样式效果,只有选择了【约束比例】此项才能使用。

(5) 选中【约束比例】复选框,在高度和宽度选项后会出现锁链标记,可使高度和宽度同时改变,保证图像的宽高比不变。

(6) 选中【重定图像像素】复选框,则改变图像的分辨率时,图像的像素数值会发生改变,而图像的宽度和高度不会发生变化。

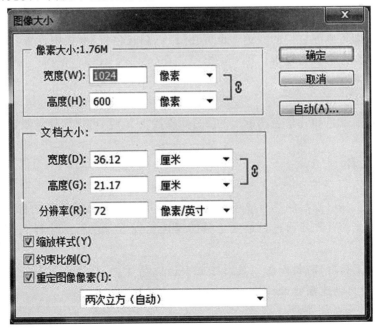

图 4.10　【图像大小】对话框

小贴士

    选中【重定图像像素】复选框时,若减小图像大小,像素数量也随之减少,图像变小但画质不变;增加图像的大小或提高分辨率时,则会增加新的像素,图像尺寸增大但画质下降。

4.3 Photoshop 绘图

    Photoshop 的图像绘制功能是强大的,通过使用各种图像绘制工具,可以轻松地完成图像中图案的绘制,结合各种色彩的填充让绘制的图案内容更加丰富,增强图像的表现力。

4.3.1 设置颜色

    Phtoshop 工具箱底部有一组前景色和背景色设置图标,前景色决定使用绘图工具绘制线条,以及使用文字工具创建文字时的颜色;背景色决定了使用橡皮擦工具擦除图像时被擦除区域所呈现的颜色。

    1. 修改前景色和背景色

    默认情况下,前景色为黑色,背景色为白色。单击前景色或背景色图标,可打开【拾色器】对话框,即可修改它们的颜色。也可在【颜色】和【色板】面板中设置,或者使用吸管工具拾取图像颜色来进行设置。

    2. 切换前景色和背景色

    单击切换前景色和背景色图标上的 图标或按下 X 键,可以切换前景色和背景色。

4.3.2 渐变工具

    利用渐变工具可以绘制具有颜色变化的色带,用以表现图像颜色的自然过渡。对图像进行渐变填充前首先要通过对渐变工具的属性栏设置来进行渐变样式等各选项的设置。

    选择渐变工具后,需要先在工具属性栏中选择渐变类型,并设置渐变颜色和混合模式等选项,然后再创建渐变,如图 4.11 所示。

图 4.11 【渐变】工具属性栏

（1）渐变条。渐变工具属性栏中的渐变条可以显示和设置渐变颜色。单击渐变条右侧的下拉按钮，可以在打开的面板中选择一种预设的渐变；也可以单击渐变条，打开【渐变编辑器】编辑渐变颜色或保存渐变。

（2）渐变类型。渐变类型分为线性渐变、径向渐变、角度渐变、对称渐变和菱形渐变五种。线性渐变可以创建以直线从起点到终点的渐变；径向渐变可创建以圆形图案从起点到终点的渐变；角度渐变可创建围绕起点以逆时针扫描方式的渐变；对称渐变可创建使用均衡的线性渐变在起点的任意一侧渐变；菱形渐变则以菱形方式从起点向外渐变，终点定义菱形的一个角。

（3）反向复选框：翻转渐变颜色。

小贴士

在【渐变编辑器】对话框中可以修改现有渐变预设来定义新渐变，还可以向渐变添加中间色，在两种以上的颜色间创建混合。可以通过修改渐变条上【颜色】滑块的位置和颜色，以及【透明度】滑块的位置和不透明度来编辑新的渐变，并将新渐变存储。

（4）仿色复选框：用较小的带宽创建较平滑的混合，柔和地表现渐变颜色的效果。

（5）透明区域复选框：对渐变填充使用透明蒙版。

【操作案例 4.3】用渐变工具制作圆形按钮，如图 4.12 所示。

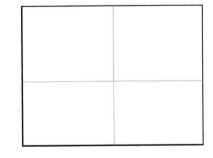

图 4.12　圆形按钮　　　　　　　　　图 4.13　参考线

操作思路：新建文件，创建圆形选区，用径向渐变填充；新建图层，在新图层上创建比原来小的圆形选区，用径向渐变反向填充，收缩选区后，将图像翻转 $180°$，最后用色相饱和度调整颜色。

操作步骤：

（1）单击【文件】|【新建】，新建一个 $200×150$ 像素的图像文档。单击【图层】面板上的【新建】按钮，新建一个图层。

（2）单击【视图】|【标尺】，拖动标尺创建水平和垂直参考线，如图 4.13 所示。

（3）在工具箱中选取椭圆选框工具，以参考线交点为中心点，按住 Alt＋Shift 键拉出一个正圆，设置前景色为白色，背景色为深灰色，在工具箱中选择渐变工具，在【工具属性栏】上设置渐变类型为径向渐变，如图 4.14 所示，从左上到右下填充渐变。

（4）按【Ctrl＋D】键取消选区，新建图层，以同样方法创建一个小的圆形选区，勾选【反向】复选框，再次从左上到右下填充渐变。单击【编辑】|【变换】|【翻转 180°】，如图 4.15所示。

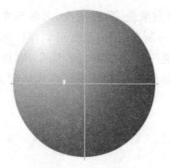

图 4.14　渐变效果

图 4.15　反向渐变

（5）单击【选择】|【修改】|【收缩】，在【收缩】对话框中输入 2，收缩 2 个像素，然后再按第二个步骤旋转 180°，如图 4.16 所示。

（6）单击【图像】|【调整】|【色彩/饱和度】（或者快捷键【Ctrl＋U】)调出【色彩饱和度】对话框，勾选【着色】框，调整色相并增大饱和度，如图 4.17 所示。

图 4.16　收缩效果

图 4.17　色相/饱和度调整

4.3.3　绘图

在 Photoshop CS6 中可以在图像中表现各种画笔效果和绘制各种图像，通过画笔工具各种选项的设置，创建具有丰富变化和随机性的绘画效果。

通过在图像窗口中单击，拖动绘制点或线条，还可以通过【画笔预设选取器】选择系统提供的各种画笔样式，以及载入自定义样式。画笔工具还可以设置画笔的动态效果。

4.4　选区的创建与编辑

在 Phtoshop CS6 中加工图像，经常要选择合适的素材。具体应用中，素材往往需要经过适当处理才能符合需求,如进行抠图、调整颜色等。用户要编辑图像,首先要进行图像范围的选取,图像选取的准确与否对所编辑图像的最终效果有很大的影响,因此熟练准确地选取图像范围非常重要。

4.4.1　选区的创建

Phtoshop CS6 提供了多种选取工具:用来创建规则区域的【选框工具】组;创建不规则选择区域的【套索工具】组和【魔棒工具】组;【色彩范围】命令和使用【快速蒙版】创建选区。

1. 选框工具创建基本选区

选框工具可以创建规则形状的选区,如矩形、圆形等。选框工具包含【矩形选框工具】、【椭圆选框工具】、【单行选框工具】和【单列选框工具】,通常在工具箱中只显示【矩形选框工具】,其它工具隐藏,按住 Alt 键的同时,在【矩形选框工具】上单击可显示其它选框工具。

在实际应用中,使用选框工具创建选区并不是一次就可以符合需求的,可以通过【选框工具属性栏】的选项设置进行多次编辑。通过属性栏,不仅可以在创建选区前进行设置,还可以在创建选区后进行编辑。以【矩形选框工具】为例,了解属性栏的设置,如图4.18 所示。

图 4.18　【矩形选框工具】属性栏

(1)选区选项。包括【创建新选区】、【添加到选区】、【从选区减去】和【与选区交叉】四个选项,用来对多个选区进行运算。

(2)【羽化】文本框。用来设置羽化值,以柔和表现选区的边缘,羽化值以像素为单位,代表选区边缘的虚化程度,值越大,边缘越平滑。

(3)【消除锯齿】复选框。勾选后可消除选区边缘存在的锯齿。

(4)【样式】。包含【正常】、【固定比例】和【固定大小】三个选项,可以不同的方式产生选区。

(5)【调整边缘】按钮。选区激活时可用,单击可打开【调整边缘】对话框,可对选区进行高级编辑。

> 小贴士
>
> 　　在用【矩形选框工具】或【椭圆选框工具】创建选区时,可按住 Shift 键绘制正方形或正圆形选区;按住 Alt 键可绘制以起点为中心的正方形或正圆形选区。在创建新选区后,按住 Shift 键继续绘制可以添加选区,按住 Alt 键继续绘制可以从选区减去,同时按下 Shift 键和 Alt 键可以创建交叉选区。

2. 套索工具组

当选取对象和周围图像具有相同或相似的色调而无法通过颜色选取时,可使用套索工具来创建选区。套索工具组中的工具主要包含 3 种:【套索工具】、【多边形套索工具】和【磁性套索工具】。它们主要用于选取一些不规则的形状,可以精确地选取复杂的选区。

 小贴士

使用【套索工具】创建选区时可在按住 Alt 键的同时单击转换为另一个套索工具,但只在【套索工具】与【多边形套索工具】之间转换,或者只在【磁性套索工具】与【多边形套索工具】之间转换,当前工具为【多边形套索工具】时无法转换。

3. 魔棒工具组

【魔棒工具组】可以选取图像中颜色相同或者相近的区域,包含【魔棒工具】和【快速选择工具】。【魔棒工具】是根据图像的饱和度、色相或亮度等信息来选取对象的范围,可以通过调整容差值来控制选区的精确度。【快速选择工具】结合了【魔棒工具】和【画笔工具】的特点,以画笔绘制的方式在图像中拖动创建选区,可以自动调整所绘制的选区大小,并寻找到边缘使其与选区分离。

4. 色彩范围命令

【选择】菜单下的【色彩范围】命令可以根据图像的颜色来确定整个图像的选取。它利用图像中的颜色变化关系来创建选区,可以通过选定一个标准色彩或用吸管吸取一种颜色,然后在容差设定允许范围内,将图像中所有在这个范围的色彩区域创建为选区。【色彩范围】命令适合于在颜色对比度大的图像上创建选区。

5. 使用快速蒙版创建选区

使用【快速蒙版】创建选区类似于使用快速选择工具的操作,即通过画笔的绘制方式来灵活创建选区。利用其它方式创建选区后,单击工具箱中的【以快速蒙版模式编辑】按钮,可以看到选区外转换为红色半透明的蒙版效果,然后通过画笔的绘制来增减选区。

4.4.2　选区的编辑

选区创建后还需要对选区进行进一步地编辑调整,包括移动和复制选区修改、反向、变换选区等,还可以对选区进行描边、填充等编辑操作。

1. 移动选区

创建选区后,选区可能不在合适的位置上,需要移动选区。可选择任意的创建选区工具,然后以【创建新选区】方式将光标置于选区中,当光标变成白色箭头时,拖动鼠标可移动选区。

2. 修改选区

在选区激活状态下,单击【选择】|【修改】命令子菜单,包含边界、平滑、扩展、收缩和羽化 5 种命令,可以对选区进行不同的修改。

3. 反向

单击【选择】|【反向】命令,或者使用快捷键 Shift+Ctrl+I 可以将选区反向。反向主要用于选取复杂对象,当发现多种颜色的复杂对象在单一背景上,可通过反向使选取更加简单。

4. 变换选区

在应用中可以通过变换选区使得创建的选区符合需求。可以通过【选择】|【变换选区】命令或者右键快捷菜单中【变换选区】命令来对选区进行缩放、旋转斜切、扭曲、透视、变形、水平翻转和垂直翻转等变换。

小贴士

自由变换选区状态下,按住 Shift 键缩放选区时,可等比缩放选区,旋转选区时将以 15°的倍数变换角度;按住 Ctrl 键可扭曲选区,Alt+Ctrl 键可自由扭曲选区,Ctrl+Shift 键将斜切选区,Ctrl+Alt+Shift 键则可将选区透视变换。

5. 描边选区

选择【编辑】|【描边】命令,可以在已创建的选区边缘进行笔画式勾勒,使其突出显示。

6. 填充选区

选择【编辑】|【填充】命令,可以在已创建的选区内部填充图案或填充样式。

7. 清除选区图像

创建选区后,按 Delete 键可以将选区内的图像清除。

【操作案例 4.4】制作胶卷效果,如图 4.19 所示。

图 4.19　胶卷效果

操作思路:首先创建一个适当大小的文件,再选择画笔并定义画笔属性,然后通过画笔描边制作胶卷的齿孔效果,最后将图片素材填充到适当的位置上。

操作步骤:

(1) 新建一个图像文件,命名为"画笔",图像的宽度和高度分别设置为 90 像素和 70 像素,分辨率为 300 像素/英寸,背景色为白色。

(2) 单击工具箱中的矩形选框工具,在图像文件上建立一个小的矩形选区。

(3) 选择【选择】|【修改】|【平滑】命令,设置【取样半径】为 6 像素。

(4) 选择【编辑】|【填充】命令,用前景色进行填充。选择【编辑】|【定义画笔预设】命令,打开【画笔名称】对话框,输入画笔名称"胶卷",如图 4.20 所示。

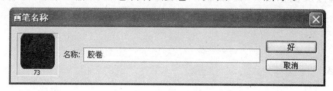

图 4.20　定义画笔

(5) 新建一个图像文件,命名为"胶卷",图像宽度和高度分别设置为 1000 像素和 280 像素,分辨率为 300 像素/英寸,背景色为白色。在"胶卷"图像文件中新建"图层 1",以黑色填充。

(6) 单击工具箱中的画笔工具,切换前景色为白色,单击面板井中的【画笔】面板,在【画笔笔尖形状】中选择"胶卷"笔刷,设置其直径为 40 像素,间距为 200%。

(7) 按住 Shift 键的同时单击鼠标左键,在图层 1 自左向右拖动鼠标绘制直线,效果如图 4.21 所示。

图 4.21　绘制直线

(8) 松开 Shift 键,将光标移动到图像下边,单击鼠标左键的同时再次按住 Shift 键,拖动鼠标绘制直线。调整画笔直径和间距,在图像中间按住 Shift 键再次绘制直线,效果如图 4.22 所示。

图 4.22　绘制孔位

在绘制下方的直线时,一定要先松开 Shift 键,然后再绘制,否则将连续绘制。为使上下直线孔位一致,可调出参考线绘制。

　　(9) 打开素材图片 1,选择【选择】|【全选】命令将图像全选,然后选择【编辑】|【复制】命令复制图像。回到"胶卷"图像,在工具箱中选择魔棒工具,在属性栏中选中【连续的】复选框,然后在第一个孔位上单击,按 Delete 键删除,然后选择【编辑】|【粘贴入】命令形成"图层 2"。选择【编辑】|【自由变换】命令调整图像的大小及位置,效果如图 4.23 所示。

图 4.23　粘贴图像

　　(10) 选择【图层】|【向下合并】命令,将图层 2 合并至图层 1。回到图层 1,重复第(9)步操作,直到所有孔位上都粘贴图像即可形成胶卷效果。

　　【操作案例 4.5】制作图片卷页效果,如图 4.24 所示。

图 4.24　图片卷页效果

　　操作思路:利用矩形选框工具、渐变工具和【自由变换】命令创建图片卷页的效果。

　　操作步骤:

　　(1) 打开素材图像"卷页素材",在【图层】面板底部单击【创键新图层】按钮,生成一个图层 1。

　　(2) 单击工具箱中的矩形选框工具,在图层 1 创键一个矩形选区。设置前景色为白色,背景色为黑色。

　　(3) 单击工具箱中的渐变工具,在工具属性栏中设置渐变方式为对称渐变。在矩形选区中间水平拉出渐变,效果如图 4.25 所示。

　　(4) 选择【编辑】|【自由变换】命令,按住 Ctrl＋Alt＋Shift 组合键的同时将变换框左上角点向右拖动,右上角点也随之向内移动,当两角点与中点重合时停止拖动形成锥形,

如图 4.26 所示。

图 4.25　创建渐变

图 4.26　调整渐变形状

（5）将光标移动到变换框外任一角点处，单击鼠标并拖动，使锥形旋转一定的角度，将光标移动到锥形内部单击拖动，移动至锥形顶角与图像右上角对齐。按住 Ctrl＋Alt 组合键的同时，将变换框的中心点移动到锥形顶点，如图 4.27 所示。

（6）再次按住 Ctrl＋Alt＋Shift 组合键的同时将变换框右下角的角点向内拖动，使得锥形宽度符合需求，并将光标移动到变换框外调整角度，按回车键确认变换，效果如图 4.28 所示。

图 4.27　调整锥形角度和中心点

图 4.28　调整锥形宽度

（7）单击工具箱中的椭圆选框工具，在图像中任意绘制一个椭圆选区。选择【选择】|【变换选区】命令，打开选区变换框。

（8）将光标移动到选区内部，移动选区至锥形底边位置。旋转变换框，移动变换框的边点使其符合卷页的特点，效果如图 4.29 所示。按回车键确认变换选区即可。

图 4.29　变换选区

（9）按 Delete 键删除锥底，取消选区。选择工具箱中的多边形套索工具，沿着卷页的外边缘创建选区，并用白色填充，取消选区并保存文件。

【**操作案例 4.6**】使用两张素材图片制作"海市蜃景"，制作效果如图 4.30 所示。

图 4.30　"海市蜃景"制作效果

操作思路：使用磁性套索工具选取女孩图像，复制并粘贴到"沙漠行人"中，再通过调整图层混合模式等制作"海市蜃景"图片效果。

操作步骤：

（1）打开"沙漠行人.jpg"和"女孩.jpg"两幅图片。

（2）单击工具箱中的磁性套索工具，在"女孩"图像中沿人物边缘建立一个选区，然后选择【选择】|【羽化】命令，打开【羽化】对话框，设置【羽化半径】为 2 像素，单击【好】按钮确定，效果如图 4.31 所示。

（3）选择【编辑】|【拷贝】命令，将选区内的图像进行复制。切换到"沙漠行人"图像，选择【编辑】|【粘贴】命令，将复制的图像进行粘贴，形成图层 1。

（4）选择【编辑】|【自由变换】命令，对女孩图像部分进行自由变换，调整其大小、角度和位置，如图 4.32 所示。

图 4.31　羽化选区　　　　　　　　　　**图 4.32　自由变换**

（5）在【图层】面板中将图层 1 的混合模式更改为【叠加】，图层不透明度设置为60%。

（6）将"沙漠行人"文件另存为"海市蜃景"。至此，图像制作完毕。

4.5　图层的应用

图层是 Photoshop 最基本也是最重要的概念。图层就像一张张透明胶片,用户可在每张胶片上绘制图像,最后将所有胶片叠加起来构成整个图像。每个图层是相互独立的,用户可对每个图层中的内容进行编辑、修改等操作,也可将选定图层合并成一个图层,还可新建、复制、删除图层。

图层是进行图像合成的重要部分,熟练地应用图层和图层混合模式以及图层样式,可以制作出各种奇异的合成效果。

4.5.1　图层的分类

Photoshop CS6 中根据功能的不同,可以分为背景图层、普通图层、形状图层、调整图层等。不同的图层,其功能特点、操作使用也各不相同。

1. 背景图层

背景图层是位于最下方的图层,是一个不透明的图层,以背景色为底色。它不能进行【不透明度】和【混合模式】的调整,且只能处于底层,作为整个图像的背景。

2. 普通图层

新建图层即为普通图层,可对该层图像进行绘制、变换和应用滤镜等编辑,对普通图层进行放大或缩小会影响图像的像素。

3. 文本图层

用文字工具在图像中输入文字后,在【图层】面板中会自动建立文本图层,其缩略图中有 T 字母作为标志。默认情况下,以输入文本作为图层名称,该图层中的内容为矢量文字,很多工具和命令不能在文本图层中使用。对文本图层栅格化后,即可使用众多工具对其进行编辑,但栅格化后将不能对文本进行重新编辑。

4. 形状图层

用形状工具或路径工具绘图后自动创建的图层为形状图层。在形状图层中,形状会自动填充当前的前景色,该图层的形状轮廓存储在链接到该图层的矢量蒙版中。

5. 调整图层

调整层是在不改变整个图像像素的情况下对图像进行调整的图层。它依附于选择的某个图层上方,效果作用于其下方的所有图层,起到调整图像的作用,是调整命令的图层形式。

6. 效果图层

添加了图层样式的图层,可以快速创建特效,如投影、发光、浮雕效果等。

7. 3D 图层

包含 3D 模型的图层,可对模型的视觉角度、纹理等属性进行编辑。

4.5.2　图层基本操作

1. 创建图层

单击【图层】面板中的【创建新图层】按钮或用【图层】|【新建】|【图层】命令均可创建新图层。

2. 复制图层

复制图层即创建当前图层的副本。可将选定的图层拖动到【图层】面板的【创建新图层】按钮上或者用快捷键【Ctrl+J】复制图层。

3. 删除图层

删除图层可以有效地减小文件的大小。不需要的图层可将其拖动到【图层】面板的【删除图层】按钮上删除,也可执行【图层】|【删除】命令删除。

4. 调整图层顺序

可在【图层】面板中,将要调整的图层向上或向下拖动,当突出显示的线条出现在要放置图层位置时,释放鼠标即可。快捷键【Ctrl+\[】或【Ctrl+\]】可使当前图层向上或向下移一层。

5. 合并图层

一幅图像图层多时运行速度会相对变慢,可以通过对图层合并来减小文件尺寸。【向下合并】可以将当前图层合并到下面的图层中,保留位于下面的图层名;【合并可见图层】将显示的所有图层合并;【拼合图像】则将所有图层拼合为一个图层的图像;【盖印图层】可以在保留原图层的情况下,将选定的图层合并为一个新图层。

6. 锁定图层

【图层】面板中包含一组锁定功能,可以完全或部分锁定图层以保护其内容。图层锁定后,图层名称的右边将出现一个锁图标。当图层完全锁定时,图标是实心的;部分锁定时,图标是空心的。

4.5.3　应用图层特效

在 Photoshop CS6 中,主要通过【图层】面板对图层进行编辑和控制,如图 4.33 所示。

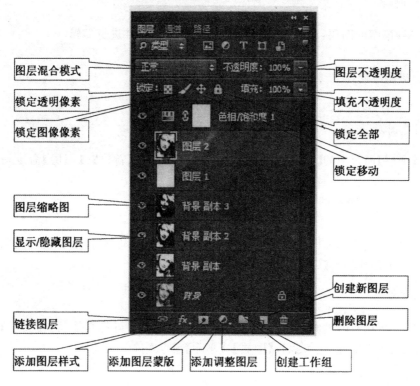

图层混合模式
锁定透明像素
锁定图像像素
图层缩略图
显示/隐藏图层
链接图层
添加图层样式
添加图层蒙版
添加调整图层
创建工作组

图层不透明度
填充不透明度
锁定全部
锁定移动
创建新图层
删除图层

图 4.33　【图层】面板

1. 设置图层的不透明度

在【图层】面板中选中某个图层后,在面板的【不透明度】微调框中可以指定当前图层的不透明度,在【填充】微调框中可以调整图层本身图像的不透明度。

 小贴士

图层的不透明度对图层中的所有元素都起作用,包括图层本身的像素以及设置的图层效果等;而填充不透明度只对图层本身像素的不透明度起作用。

2. 设置图层样式

选中要添加特效的图层,单击【图层】面板底部的【添加图层样式】按钮,在弹出的菜单中选中一种图层样式,打开【图层样式】对话框,从中进行各项参数设置,为图层添加图层样式。Photoshop 中提供了多种图层样式,包括【投影】、【内阴影】、【外发光】、【内发光】、【斜面和浮雕】、【光泽】、【颜色叠加】、【渐变叠加】等,能产生各种需要的样式效果。

3. 设置图层的混合模式

混合模式是指当图像叠加时,上层图像的像素与下层图像的像素进行混合。混合模式主要分为【正常模式】、【溶解模式】、【加深模式组】、【减淡模式组】、【对比模式组】、【比较模式组】、【色彩模式组】、【背后模式】和【清除模式】。通过混合模式的设置,可以制作出各种特殊的效果,默认的混合模式为【正常】。用户可以在【图层】面板中选中图层,然后在下拉列表框中选择所需要的模式。

【操作案例 4.7】制作珍珠链效果,如图 4.34 所示。

操作思路:利用画笔工具绘制链子。对新图层添加【内阴影】、【斜面和浮雕】、【内发光】、【投影】等样式,创建珍珠项链效果。

操作过程:

(1) 新建一个名为"珍珠项链"的图像文件,图像的宽度为 28 厘米,高度为 20 厘米,分辨率为 72 像素/英寸,色彩模式为 RGB,背景色任意。

(2) 将素材"褶皱布纹"拖入到图像中。

图 4.34　珍珠项链效果

图 4.35　画笔设置

(3) 设置前景色为白色,单击工具栏中的画笔工具,在工具属性栏中设置画笔直径30,硬度 100%,间距 102%,如图 4.35 所示。

(4) 新建图层,用画笔画出珍珠链子效果。

(5) 添加【斜面与浮雕】图层样式,设置【样式】:内斜面,【方法】:雕刻清晰,【深度】:613%,【方向】:上,【大小】:16,【软化】:6;【角度】:-60 度,【高度】65 度,【光泽等高线】:滚动斜坡——递减,【高光不透明度】:90%,【阴影不透明度】:50%,如图 4.36 所示。等高线设置,【范围】:70%,等高线绘制如图 4.37 所示。

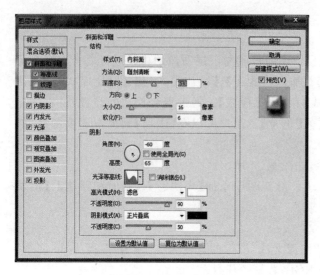

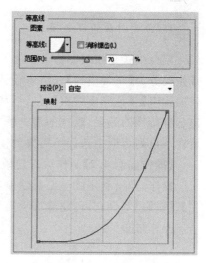

图 4.36　斜面和浮雕　　　　　　　　　　图 4.37　等高线编辑

（6）添加【内发光】样式，【不透明度】：40%，【颜色】：黑色，【大小】：16 像素，如图 4.38
所示。

（7）添加【内阴影】样式，【混合模式】：正片叠底，【颜色】：♯312976，【不透明度】：
48%，【角度】：-60 度，【距离】：5，【阻塞】：11，【大小】：3，如图 4.39 所示。

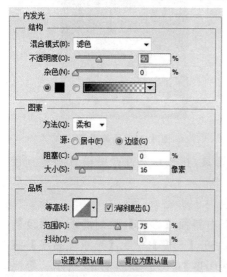

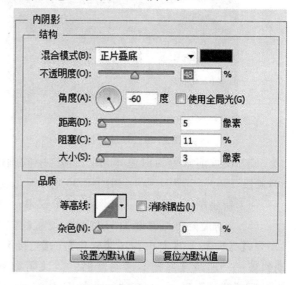

图 4.38　内发光　　　　　　　　　　　图 4.39　内阴影

（8）添加【光泽】样式，【混合模式】：亮光，【颜色】：♯312976，【不透明度】：50%
【角度】：120 度，【距离】：30 像素，【等高线】：内凹——深，如图 4.40 所示。

图 4.40　光泽　　　　　　　　　　　　　　　　图 4.41　投影

（9）添加【颜色叠加】样式,【颜色】:♯f5efef。

（10）添加【投影】样式,【混合模式】:正片叠底,【颜色】:♯130f4a,【不透明度】:80%,【角度】:120 度,【距离】:10 像素,【大小】:11 像素,如图 4.41 所示。

（11）保存文件,本例制作完成。

【操作案例 4.8】为黑白照片上色,效果如图 4.42 所示。

操作思路:利用画笔工具,图层混合模式的更改等对黑白照片进行上色。

操作步骤:

（1）打开素材文件"黑白照片",如图 4.43 所示,新建一个图层"图层 1",将图层的混合模式更改为【颜色】。

（2）在图层 1 中将对皮肤部分上色。打开另外一幅图片"肖像",如图 4.44 所示。在"肖像"图像窗口中用吸管工具单击皮肤部分,使前景色变为皮肤颜色。

图 4.42　上色照片　　　　　　图 4.43　黑白照片　　　　　　图 4.44　肖像

（3）选中画笔工具,调整其笔刷大小和硬度,在"黑白照片"中人物的皮肤部分进行涂抹上色。

（4）新建"图层 2"和"图层 3",用同样的方法采用不同的颜色分别对人物的嘴唇和背景进行上色。

本例也可以通过【色相/饱和度】命令或添加图层蒙版等其它方法来实现,读者可以自己尝试一下。

4.6 图像的调整

Photoshop 的主要作用之一是进行图像的调整与修饰,主要表现在对图像颜色的调整和图像缺陷的修补上。

4.6.1 调整图像色调

图像色调不是单指单个颜色,而是指图像整体颜色的概括。无论一幅图像采用了多少种颜色,总有一种颜色倾向,这种颜色上的倾向即为这幅图像的色调。

在创作中,要面对的图像色调问题大体上有 4 种:对比度不足、亮度不足、改变图像颜色、创建图像色调。前两种是图片自身的颜色问题,后两种则是根据创作的需求所进行的创意调整,均可通过 Photoshop 中提供的多种调整命令来进行调整。

人们对图像的颜色与色调的感知往往是通过肉眼的观察得出的结论,由于人的眼睛很容易受外界各种因素的干扰,对图像的评价往往是不准确的。Photoshop 提供了一种量化评估图像的方法——色阶直方图。

打开任意一幅图像后,可以在【直方图】面板中观察到当前图像的色调分布,如图4.45 所示。

1. 调整图像亮度、对比度

图像的亮度偏低,会使图像颜色发灰、偏暗;图像对比度偏低,会使图像灰暗、层次不分。上述两种情况可以通过【亮度/对比度】、【阴影/高光】、【曝光度】、【色阶】或【曲线】命令进行调整,均能改善图像质量。

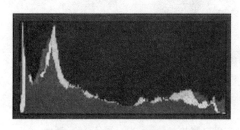

图 4.45 【直方图】面板

图 4.46 亮度/对比度

(1) 使用【亮度/对比度】调整。亮度/对比度命令主要用来调节图像的整体亮度和层次感。可通过向右拖动亮度滑杆上的滑块或直接在亮度文本框中输入一正值,即可提高图像的亮度;向右拖动对比度滑杆上的滑块或直接在对比度文本框中输入一正值,可以提高图像对比度,如图 4.46 所示。当亮度和对比度同时提高时,既可以提高图像的亮度,也可以显示出黑暗区域的图像,使图像呈现自然光线效果。

(2) 使用【阴影/高光】调整。当图像中的亮部区域正常,而阴影区域过暗,形成逆光图像时,可以通过【阴影/高光】在不影响亮部图像的情况下,提高阴影部分的亮度。它是基于阴影或高光中的周围像素增亮或变暗,而不是简单使图像变亮或变暗。如图4.47所示。

（3）使用【曝光度】调整。要想使图像局部变亮,特别是图像高光区域变亮,可通过【曝光度】的调整来进行。

（4）使用【色阶】调整。色阶命令通过调整图像的阴影、中间调和高光的亮度水平来调整图像的色调范围和色彩平衡。执行【图像】|【调整】|【色阶】命令,打开如图4.48所示的【色阶】对话框,通过拖曳输入色阶滑块位置进行图像的调整编辑。色阶命令既能调整图像的明暗关系,还能调节图像的色彩关系。

 小贴士

　　暗色调图像的细节集中在阴影处,此处黑色调谱偏高或偏多,表示图像存在曝光不足现象;高光色调图像的细节集中在高光处,此处的黑色调谱偏高或偏多,表示图像存在曝光过度;平均色调图像的细节集中在中间调处,如果图像所有区域中都有大量的像素,表示图像的色调范围较全,属于正常曝光图像。

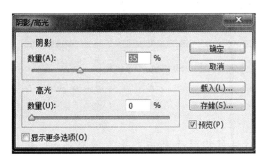

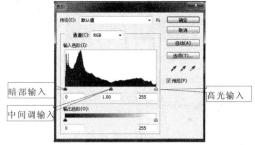

图4.47　阴影/高光　　　　　　　　图4.48　色阶

（5）使用【曲线】调整。曲线调整也是一种图像色调调整方法,它可以更加细腻地调节0~255级灰度范围内任意点的色调分布。选择【图像】|【调整】|【曲线】命令,打开如图4.49所示的【曲线】对话框。对话框中,色调范围被显示为一条对角直线,通过更改色调曲线的形状,即可实现对图像色调和颜色的调整。

 小贴士

　　曲线向上移动,可使图像变亮;曲线向下移动,可使图像变暗;要使亮部变暗,应在曲线中间靠上的部分单击增加控制点,并向下移动;要使暗部变亮,应在曲线底部附近单击增加控制点并向上移动。

2. 校正图像颜色

偏色是指图像的整体颜色偏于某一种色彩,它是由于在拍摄照片的过程中,灯光、环境色以及自身技术问题导致的,表现为图像中的某一种颜色值含量过高。偏色问题可通过【色相/饱和度】和【色彩平衡】等命令来改善。

(1) 使用【自然饱和度】调整。选择【图像】|【调整】|【自然饱和度】命令，打开如图 4.50 所示的对话框。

【自然饱和度】命令调整饱和度时，能够将更多调整应用于不饱和的颜色，并在颜色接近最大饱和度时，最大限度地减少修剪。

(2) 使用【色相/饱和度】调整。【色相/饱和度】命令可以调整图像中特定颜色分量的色相、饱和度和亮度，并可以同时调整图像中的所有颜色，还可以通过给像素指定新的色相和饱和度，从而为灰度图像添加色彩。选择【图像】|【调整】|【色相/饱和度】命令，打开如图 4.51 所示的对话框。

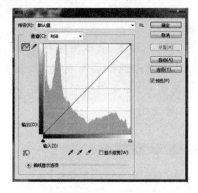

图 4.49　曲线

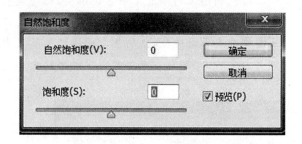

图 4.50　自然饱和度

小贴士

【色相/饱和度】对话框中的两个色谱，以各自的顺序表示色轮中的颜色，下面一条色谱根据参数的设置情况改变，上面的色谱则是固定的，起到参照的作用。

(3) 色彩平衡。使用【色彩平衡】命令可以在不影响图像明暗分布的前提下，改变图像的总体颜色的混合效果，从而使整个图像的色彩趋于平衡。该命令能够改变图像颜色的构成，但不能精确地控制单个颜色的成分。选择【图像】|【调整】|【色彩平衡】命令，打开如图 4.52 所示的对话框。

图图 4.51　色相/饱和度

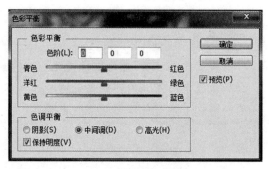

图 4.52　色彩平衡

4.6.2　图像修复

Photoshop 提供了几种专门用于修饰和修复问题照片的工具,可对一些破损或有污点的图像进行精确而全面的修复。修复图像的工具主要包括【污点修复画笔工具】、【画笔修复工具】、【修补工具】和【红眼工具】等。

1. 污点修复画笔

利用【污点修复画笔】工具可以快速地消除照片中的污点。该工具将自动从所修饰区域的周围取样,将样本像素的纹理、光照、透明度和阴影属性与所修复的像素进行匹配。在消除图像污点时,只需选中【污点修复画笔工具】,在污点处调整好画笔大小,然后单击即可消除。

2. 修复画笔

使用【修复画笔】工具可以将图像中的多余部分去除,从而使图像更具有主次层次感。修复时,单击【修复画笔】工具,按住 Alt 键不放,单击设置取样点,然后在需要修复的部分涂抹,即可将样本像素的纹理、光照、透明度和阴影与所修复的像素进行融合。

3. 修补画笔

使用【修补】工具可以用其他区域的像素或图案来修复选中区域中的像素。该工具修复图像前要在图像中需要修补的区域内创建选区,再将创建的选区拖曳至要替换区域,释放鼠标后即可自动修复。

4. 红眼工具

使用【红眼】工具可以快速去除由于使用闪光灯拍摄的人像或动物照片时出现的红眼现象,也可以去除照片中的白色或绿色反光。修复时,只需选中红眼工具后在红眼处单击拖曳即可。

5. 内容感知移动工具

【内容感知移动】工具是 Photoshop CS6 新增的工具,可将选中的对象移动或复制到图像的其他区域后,可以重组和混合对象并保留画面的完整性。

6. 仿制图章工具

【仿制图章】工具可以将选定的图像区域如同盖章一样,复制到画面中的指定区域,也可以将一个图层中的部分图像绘制到另一个图层中,得到复制图像的效果。选中工具后,只需按下 Alt 键在图像中取样仿制源,然后在图像中单击或涂抹即可。

7. 消失点滤镜

【消失点滤镜】用于改变图像平面角度、校正透视角度等,可以创建一个平面区域,图像以创建的平面来自动调整透视角度,还可以在平面中进行仿制、复制、粘贴以及变换等编辑操作。

【操作案例 4.9】处理曝光不足的照片,效果如图 4.53 所示。

操作思路:本例通过使用【色阶】命令调整图像,并修改图层的混合模式将一幅曝光不足的照片提亮。

图 4.53　照片处理后的效果

图 4.54　曝光不足的照片

操作步骤:

(1) 打开曝光不足的照片,如图 4.54 所示。由图像中可以看出,照片存在着明显的曝光不足,色彩暗淡。

(2) 复制图层,形成背景图层副本。选择【图像】|【调整】|【色阶】命令,打开【色阶】对话框,将高光滑块向左拖动,使图像整体提亮;将中间调图标也向左拖动,使得图像的中间调部分再次提亮。

(3) 调整背景图层副本的图层混合模式为【滤色】,完成图像调整。

【操作案例 4.10】处理逆光照片,效果如图 4.55 所示。

图 4.55　逆光调整后的效果

图 4.56　逆光效果

操作思路:使用【阴影/高光】命令调整逆光照片,使图像色调均衡。

操作步骤:

(1) 打开逆光照片,如图 4.56 所示。

(2) 选择【图像】|【调整】|【阴影/高光】命令,打开【阴影/高光】对话框。

(3) 在【阴影/高光】对话框中,调整【阴影】和【高光】的值,使图像的阴影和高光部分的细节都可以显示出来,单击【确定】,完成调整。

【操作案例 4.12】处理低饱和度照片,效果如图 4.57 所示。

操作思路:使用【色相/饱和度】命令调整低饱和度照片,使图像色彩艳丽。

操作步骤:

（1）打开低饱和度照片，如图 4.58 所示。

图 4.57　低饱和度调整后的效果　　　　　　　图 4.58　低饱和度效果

（2）单击【调整】面板【色相/饱和度】按钮，打开【色相饱和度】面板，拖动【饱和度】滑块向右，提高图像整体饱和度，如图 4.59 所示。

（3）将调整作用范围由全图切换至黄色，调整范围大小，并拖动【色相】滑块调整颜色至金黄色，并再次拖动【饱和度】滑块向右，提高图像黄色部分饱和度，如图 4.60 所示。

（4）图像调整完毕，保存图像。

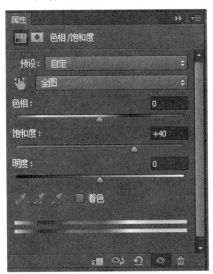

图 4.59　调整整体饱和度　　　　　　　　　图 4.60　调整黄色部分色相和饱和度

【操作案例 4.13】去除照片 4.61 中的多余人物，效果如图 4.62 所示。

图 4.61　多余人物　　　　　　　　　　　图 4.62　去除人物效果

操作思路:使用【内容感知移动】工具去除照片中多余的人物和其它景物。

操作步骤:

(1) 打开"多余人物"照片,用【套索】工具在人物外创建选区,选区创建时不需要精确,但要基本保持相同的间距,如图4.63所示。

(2) 单击【编辑】|【填充】命令,在打开的【填充】对话框中,设置填充内容为"内容识别",如图4.64所示,点击【确定】关闭对话框。

(3) 创建远处杆子的不规则选区,再次用"内容识别"填充,即可将照片中的多余人物和景物都清除。

图4.63　创建选区

图4.64　【填充】对话框

【操作案例4.14】去除照片中多余人物,消失点滤镜应用。

操作思路:使用【消失点】滤镜去除照片中多余的人物和其它内容。

操作步骤:

(1) 打开素材图片,如图4.65所示,复制图层。

(2) 单击【滤镜】|【消失点】命令,打开【消失点】对话框。选取创建平面工具,在平面不同位置处点击四个点,创建一个符合透视原理的网格,如图4.66所示。

图4.65　干涸土地

图4.66　创建网格

(3)取网格编辑工具对网格进行调整,直到合适。

(4)在网格内的空白位置处用选框工具创建选区,按定【Alt】键的同时按下鼠标左键拖动进行多余人物覆盖,如图4.67。

(5)其余部分做相同处理,最终效果如图4.68所示。

图 4.67　覆盖人物　　　　　　　　　　　图 4.68　最终效果

小贴士

创建透视网格时,蓝色定界框为有效网格,红色定界框为无效网格,黄色定界框虽然可以进行编辑,但无法获取正确的对齐结果。

4.7　路　　径

在 Photoshop 中,用户往往需要反复修改和编辑绘制图像。路径提供了一种更加精确且又易于编辑和修改的绘图和选取方式,可以绘制光滑线条,定义画笔等工具的绘制轨迹,输入输出路径,也可以方便地和选区相互转换。本节将学习路径的绘制和编辑操作。

4.7.1　路径的相关概念

路径是指由用户绘制出来的一系列点连接起来的曲线或线段,在缩放和变形后仍能保持平滑效果。用户可以用这些线段或曲线描边或填充颜色,从而绘制出图像。另外,用户还可以通过绘制路径来获得特殊形状的选区,常常用于去除图像的背景。

路径分为开放路径和封闭路径,如图 4.69 所示。路径中每段线条中开始和结束的点称为锚点。锚点又分为直线锚点、平滑锚点和角锚点。直线锚点是直线段两端的锚点。平滑锚点是指临近的两条曲线是平滑曲线。连接两条尖锐的曲线路径的锚点则称为角锚点。被选中的锚点会显示一条或两条控制柄,这些控制柄是曲线段在锚点处的切线,称为方向线,直线段没有方向线。

4.7.2　路径绘制

1. 选择绘制模式

路径绘制时具有三种绘制模式,分别是:【形状图层】、【路径】和【填充像素】。【形状图层】模式绘制出的路径会在图层面板上创建出形状图层。【路径】模式可以绘制一条不受分辨率影响的路径。【填充像素】模式,可以在当前图层上绘制栅格化的图形,但不能创建矢量图形。绘制路径前,首先要根据需要选择绘制模式,一般选择【路径】模式。

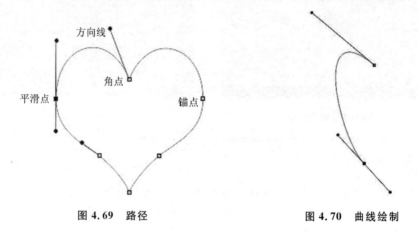

图 4.69 路径   图 4.70 曲线绘制

2. 路径绘制

通常用于创建路径的工具有【钢笔】工具、【形状】工具和【自由钢笔】工具,主要用来绘制矢量图形或选取对象。以【钢笔】工具为例介绍路径的绘制。

单击【钢笔】工具,在需要确定路径起点位置单击,然后确定下一个锚点位置并单击该点,并依此进行下去,直到回到起始锚点位置处,光标的右下角出现小圆圈时单击鼠标即可完成封闭路径的绘制。如果要绘制开放路径,则在路径绘制结束后,将光标移动到空白位置处,按下 Ctrl 键的同时单击鼠标即可完成开放路径绘制。要绘制曲线路径,可在建立锚点时按住左键的同时拖曳鼠标即可拖曳出方向线,并可以通过拖曳调整方向线的长度和方向,进而控制曲线的形状,如图 4.70 所示。

4.7.3 编辑路径

创建路径后,还可以结合各种路径编辑工具对路径进行更深入的编辑与设置,如添加或删除锚点、转换锚点、选择路径等。

1. 路径选择

路径选择类工具分为【路径选择】工具和【直接选择】工具。【路径选择】工具可选中路径并对路径进行移动、调整等编辑操作,可以同时选择一条或多条路径进行调整。【直接选择】工具可以选择路径中的一个或多个锚点,并对选中的锚点进行调整,以编辑路径的形状。

2. 添加/删除锚点

在选择路径后,可以使用【添加锚点】工具和【删除锚点】工具在路径上添加或删除锚点,以调整路径形状。选中【添加锚点】工具后,将鼠标移至路径上需要添加锚点的位置上,单击即可添加一个锚点。添加锚点后并不会影响路径的形状。单击【删除锚点】工具,将光标移到路径的锚点上,单击即可删除该位置的锚点。锚点删除后将会调整路径的形状。

3. 转换点工具

【转换点】工具可以将锚点转换为直线锚点或曲线锚点,从而改变锚点控制路径的形态。在直线锚点上单击并拖曳,可将锚点转换为曲线锚点;在曲线锚点上单击,可以将锚点转换为直线锚点。

4.7.4　应用路径

路径创建后,会自动以"工作路径"为名称保存到【路径】面板中,便于对路径选择和编辑。

1. 将路径转换为选区

在【路径】面板中单击要转换为选区的路径,然后单击面板下方的▓按钮,即可将路径变为图像选区。

2. 将图像选区转换为路径

在图像中创建选区后,单击【路径】面板下方的▓按钮,可将选区转换为路径,同时在【路径】面板中产生工作路径。

3. 填充路径

在【路径】面板中选中要填充的路径,然后单击面板下方的▓按钮,即可用前景色填充路径。

4. 描边路径

在【路径】面板中选中要描边的路径,然后单击面板下方的▓按钮,即可用前景色对路径描边。

【操作案例 4.15】制作中国银行标志,效果如图 4.71 所示。

操作思路:利用形状工具和路径选择工具等制作中国银行的标志形状,并通过填充路径的方法填充颜色。

图 4.71　中国银行标志

操作步骤:

(1) 新建一个图像,命名为"中国银行图标",图像的宽度和高度均为 300 像素,分辨率为 300 像素/英寸,色彩模式为 RGB,背景色为白色。

(2) 在工具箱中单击形状工具组,在弹出的菜单中选择椭圆形状工具。按住 Shift 键拖动鼠标,绘制出一大一小两个圆形。使用工具箱中的路径选择工具选中两个圆形,然后在属性栏中单击【垂直对齐】和【水平对齐】按钮,使两个圆形居中对齐,如图 4.72 所示。

(3) 在属性栏中单击【重叠形状区域除外】按钮,然后单击【组合】按钮。

(4) 单击工具箱中的形状工具组,从中选择矩形工具,拖动鼠标在现有路径上绘制一个矩形,其宽度与圆环宽度相当。选中路径选择工具,选中所有形状,在属性栏中单击【水平对齐】按钮,使所有形状居中对齐。

(5) 单击路径选择工具,只选中矩形形状,再单击属性栏中【组合】按钮,生成新的路径,如图 4.73 所示。

(6) 再次以同样方法绘制一圆角矩形,效果如图 4.74 所示。

(7) 在圆角矩形中间用矩形工具绘制一个矩形,效果如图 4.75 所示。

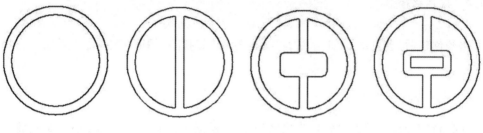

图 4.72　对齐圆形　　　图 4.73　新路径　　　图 4.74　圆角矩形　　　图 4.75　矩形

(8) 至此,银行标志的形状已绘制完毕。设置前景色为红色,在【路径】面板中单击【填充路径】按钮,然后在【路径】面板中将工作路径删除,得到银行标志。

　小贴士

　　在这里还可以选择【编辑】|【定义自定形状】命令,将绘制的标志保存,以供以后使用。

【操作案例 4.16】制作"我的中国心",效果如图 4.76 所示。

操作思路:利用钢笔工具绘制心形形状,然后填充红色,为红心所在的图层添加图层样式;再用自由变换命令调整五星形状,最后用模糊工具处理边缘。

操作步骤:

(1) 新建一个图像文件,命名为"我的中国心",图像的宽度和高度均设置为 400 像素,分辨率为 300 像素/英寸,背景色为白色。

(2) 选择工具箱中的钢笔工具,在属性栏中单击【路径】按钮,然后在图像编辑窗口绘制出一个封闭的路径,如图 4.77 所示。选择工具箱中钢笔工具组中的转换点工具,定位在图像左上角的锚点上,单击拖动修改路径的形状,修改后的心形路径如图 4.78 所示。

　小贴士

　　在确定锚点位置时,若按住 Shift 键,则可按 45°、水平或垂直方向绘制路径。

（3）单击【路径】面板底部的【将路径作为选区载入】按钮,将路径转换为选区,并填充红色。

图 4.76 "我的中国心"效果

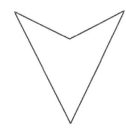
图 4.77 封闭路径

图 4.78 调整后的路径

（4）添加【斜面和浮雕】图层样式,设置【样式】为【内斜面】,【大小】为 32 像素,【角度】为-90°,其余按默认设置即可;然后添加【内阴影】样式,参数按默认设置;再添加【描边】样式,【大小】为 2 像素,其余按默认设置;最后添加【外发光】样式,【扩展】为 22%,【大小】为21 像素,其余参数按默认设置。

（5）按住 Ctrl 键用鼠标单击缩略图,将图像载入选区,然后选择【选择】|【修改】|【收缩】命令,设置【收缩量】为 10 个像素。在保持选区的情况下,新建一个"图层 2",然后用白色描边 10 个像素,效果如图 4.79 所示。

（6）单击工具箱中的套索工具,将白色心形下半部分选中,羽化 2 个像素,删除多余部分,效果如图 4.80 所示。

（7）打开素材图像,将图像拖到"我的中国心"中,形成"图层 3"。用自由变换工具将图像调整到合适的大小。

（8）在图层 3 为当前图层的状态下,按住 Ctrl 键的同时,单击【图层】面板中的图层1,加载图层 1 选区,反选并删除选区内的图像。

（9）选择【编辑】|【变换】|【变形】命令,调整形状,将五星红旗由平面调整到立体状态,如图 4.81 所示。调整完毕,按回车键确认。

图 4.79 描边效果

图 4.80 删除多余部分

图 4.81 图像变形

（10）单击工具箱中的模糊工具,将光标移动到五星红旗边缘处涂抹,使红旗和红心更好地融合。

4.8　滤　　镜

　　滤镜是 Photoshop 中功能最丰富、效果最奇特的工具之一。它通过不同的方式来改变像素数据,给图像设置出各种特殊的艺术化效果,包括多种独立滤镜和滤镜组中的各式滤镜命令。每种滤镜可以单独应用到图像中,也可以将多种滤镜结合使用。

　　【操作案例 4.17】制作高尔夫球,效果如图 4.82 所示。

　　操作思路:利用渐变工具和【玻璃】滤镜制作高尔夫球纹理,然后用椭圆选框工具制作球形,再用【球面化】滤镜和【亮度/对比度】命令增强球的立体感,最后制作球的阴影并用【模糊】滤镜使其虚化。

　　操作步骤:

　　(1)新建一个名为"高尔夫球"的图像文件,背景色为白色,然后新建一个图层"图层1"。

　　(2)单击工具箱中的渐变工具,在属性栏中选择【渐变类型】为径向渐变,【渐变方案】为白色过渡到黑色,在图层 1 上从左上角向右下角拖动,创建渐变。

　　(3)选择【滤镜】|【扭曲】|【玻璃】命令,在弹出的对话框中设置【扭曲度】为 15,【平滑度】为 3,【纹理】为微晶体,【缩放】为 50%。

　　(4)在工具箱中选择椭圆选框工具,按住 Shift 键在图像明暗交界处绘制一个正圆选区。

　　(5)选择【选择】|【反选】命令反选选区,按 Delete 键将填充内容清除。再次选择【选择】|【反选】命令反选选区,此时窗口中只有圆形球面,如图 4.83 所示。

　　(6)选择【滤镜】|【扭曲】|【球面化】命令,在弹出的对话框中调整【数量】为 100%,模式为【正常】,效果如图 4.84 所示。

　　(7)为了加强球面的立体效果,选择【图像】|【调整】|【亮度/对比度】命令,在弹出的对话框中设置【亮度】为 16,【对比度】为 10,得到球体效果。

　　(8)在图层 1 下新建一个图层,选择工具箱中的椭圆选框工具,在图层 2 上球的底部画一个椭圆,并填充黑色,如图 4.85 所示。

图 4.82　高尔夫球效果　　图 4.83　圆形球面　　图 4.84　球面化效果　　图 4.85　绘制椭圆并
　　填充黑色

　　(9)选择【滤镜】|【模糊】|【高斯模糊】命令,在弹出的【高斯模糊】对话框中设置【半径】为 6,使黑色阴影边缘虚化。

（10）在【图层】面板中将图层 2 的【不透明度】降低到 60％，此时可以看到较为真实的阴影效果，一个高尔夫球制作完毕。

【操作案例 4.18】美女整形，效果如图 4.86 所示。

操作思路：利用【液化】滤镜的【向前变形】工具将嘴巴和脸型变小。

操作步骤：

（1）打开素材图像，如图 4.87 所示。

图 4.86　整形效果　　　　　　图 4.87　整形前

图 4.88　【液化】对话框

（2）选择【滤镜】|【液化】命令，打开【液化】对话框。选中【向前变形】工具，将画笔大小和压力调整到合适的大小，参考值：【大小】25，【压力】100％，如图 4.87 所示，在嘴角位置处向内拖动鼠标，将嘴调整小一些。

（3）将光标放置到脸部边缘，单击并向里拖动鼠标，使轮廓向内收缩，改变脸部轮廓。

4.9　蒙版与通道

蒙版和通道是 Photoshop 中的高级功能，常应用于图像的特效合成、选取对象等操作中。本节主要介绍蒙版的类型、蒙版的编辑及通道的应用。

4.9.1　蒙版

　　蒙版的功能是通过将不同的灰度色值转化为不同的透明度,并作用于它所在的图层,使图层内容的透明度产生相应的变化,从而将图层内容进行遮盖或创建选区。如果把蒙版当做是一张蒙在图像上的膜,则膜颜色浅的地方完全透明,可以直接看到下面的图像;颜色深的地方完全不透明,下面的图像完全被遮住;介于两者之间的地方则以不同程度的半透明形式显现。

　　为了满足不同的编辑需要,Photoshop 提供了不同类型的蒙版:快速蒙版、图层蒙版、矢量蒙版和剪贴蒙版。

1.　快速蒙版

　　快速蒙版是一种临时蒙版,主要用于在画面中快速选取需要的图像区域,以创建选区。单击工具箱下方的【以快速蒙版模式编辑】按钮,即可进入快速蒙版中,利用绘图工具在蒙版中绘制,默认情况下以红色半透明蒙版显示。单击【以标准模式编辑】按钮,即可退出快速蒙版,并将蒙版外区域形成选区。

2.　图层蒙版

　　图层蒙版是一个 256 阶的灰度图像,它蒙在图层上面,起到遮盖图层的作用,本身并不可见。图层蒙版中,纯白色对应的图像可见,纯黑色对应的图像被遮盖,灰色区域会使图像呈现出一定程度的透明效果。单击【图层】面板下方的【添加图层蒙版】按钮即可为当前图层添加图层蒙版,并用绘图工具对其进行编辑。

3.　矢量蒙版

　　矢量蒙版是用矢量图形来控制图像的显示与隐藏,提供了一种可以在矢量状态下编辑蒙版的方式。在图像中绘制路径后,按住 Ctrl 键并单击【图层】面板下方的【添加图层蒙版】按钮,即可基于当前路径创建矢量蒙版。

4.　剪贴蒙版

　　剪贴蒙版是用处于下方的图层的形状来限制上方图层的显示状态。创建剪贴蒙版时,至少需要两个图层,下面的图层内容决定了蒙版的显示形态,上面的剪贴层决定显示的内容,可以有多个剪贴层。选择需要创建剪贴蒙版的图层后,按住 Alt 键的同时,在【图层】面板中两个图层中间单击即可创建剪贴蒙版。

4.9.2　通道

　　在 Photoshop 中,通道是图像的重要组成部分,显示了图像的颜色信息,也可以在通道面板中创建新的通道辅助图像的选取或颜色的调整。每个通道都是一个拥有 256 阶的灰度图像,一幅图像最多可以有 24 个通道。

1. 通道的类型

根据通道的用途将其分为复合通道、颜色通道、Alpha 通道和专色通道。

(1) 复合通道和颜色通道。存储图像内容和色彩信息的通道称为颜色通道。根据图像色彩模式的不同,图像的颜色通道数也不同。例如,一个 RGB 模式的图像,其每一个像素的颜色数据是由红色、绿色和蓝色这 3 种颜色分量组成的,因此有红、绿、蓝 3 个单色通道,这 3 个单色通道又组合成了一个 RGB 复合通道。而对于 CMYK 模式的图像,则由青、洋红、黄、黑 4 个单色通道和 CMYK 复合通道组成。不同的颜色在各自的颜色通道中可以独立编辑,不会影响其他色彩分量。

(2) Alpha 通道。Alpha 通道是一种非彩色通道,主要用来记录选择信息。Alpha 通道将选区范围作为 8 位灰度图像保存,白色代表可以被选择的区域,黑色代表不能被选择区域,灰色代表可以被部分选择区域。

(3) 专色通道。专色通道用来存储印刷用的专色。专色是特殊的预混合油墨颜色,如金、银色,用来代替或补充印刷色(CMYK)油墨,一般以专色命名。

2. 通道面板

Photoshop 中通过使用【通道】面板来创建、保存和管理通道,如图 4.89 所示。

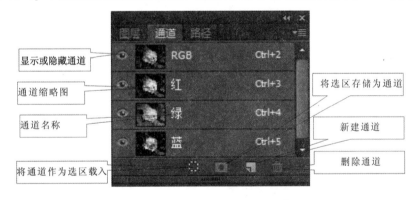

图 4.89 【通道】面板

3. 通道应用

由于通道中存储的是图像的色彩信息和图层中的选区信息,因此通道主要有以下几个方面的应用。

(1) 存储选区。要想将临时存在的选区永久地保存,可以通过执行【选择】|【存储选区】命令,将其保存在通道中。图层添加蒙版后,在【通道】面板中也会自动建立图层蒙版通道。

(2) 计算通道。【图像】|【计算】命令是专门制作选区的,用于混合两个来自一个或者多个源图像中的单色通道,然后将结果应用到新图像、新通道或者现有的图像选区中。

(3) 应用图像。【图像】|【应用图像】命令可将图像的图层和通道"源"与现用图像"目

标"的图层和通道混合,达到更改图像色调的效果。

【操作案例4.19】制作图像边框,效果如图4.90所示。

操作思路:创建矩形选区,进入快速蒙版,利用滤镜进行特殊选区的创建。

操作步骤:

(1)打开图像文件,复制背景图层,在新图层上创建矩形选区,注意四周间距保持一致,如图4.91所示。

图4.90　图像边框

图4.91　矩形选区

(2)单击工具箱中的【以快速蒙版模式编辑】命令,进入快速蒙版模式,如图4.92所示。

(3)执行【滤镜】|【扭曲】|【波纹】命令,打开【波纹】对话框,设置【数量】为150％,【大小】为"大"。

(4)单击工具箱中的【以标准模式编辑】按钮,退出快速蒙版,形成如图4.93所示选区。

(5)按下【Ctrl＋Shift＋I】或者执行【选择】|【反向】命令反选选区。

(6)用白色填充选区,按下【Ctrl＋D】键取消选区,即可完成边框制作。

图4.92　快速蒙版

图4.93　特殊形状选区

【操作案例4.20】飞出电视的足球,效果如图4.94所示。

操作思路:用变换命令对图像进行透视变换,然后利用图层蒙版合成图像。

操作步骤:

(1)新建图像,设置高度为5厘米,宽度为7.5厘米,分辨率为300像素/英寸。

（2）打开素材"电视"，复制并粘贴到新图像中，形成图层 1。

（3）打开素材"足球场"，复制并粘贴到图层 1 上方，形成图层 2。按下【Ctrl＋T】键，对图层 2 进行自由变换，调整大小保持和电视画面一致，如图 4.95 所示。

图 4.94　飞出电视的足球

图 4.95　调整图像大小

（4）按住 Shift 键，单击【图层】面板上的图层 1 和图层 2，链接图层。将图层 1 和图层 2 进行透视变换，如图 4.96 所示。

（5）打开"踢球"素材，复制并粘贴到图层 2 上方，形成图层 3。按下【Ctrl＋J】键，形成图层 3 副本。

（6）对图层 3 也做适当的透视变换，选中图层 3 上的人物主体，并对图层 3 添加蒙版，如图 4.97 所示。

图 4.96　透视变换

图 4.97　蒙版效果

（7）对图层 3 副本中的足球创建选区，并添加图层蒙版。选中图层 3 副本中的图像缩略图，用移动工具调整足球的位置。

（8）保存图像。

【操作案例 4.21】利用通道抠取散发美女，效果如图 4.98 所示。

操作思路：利用通道和选区的相互转换，对 Alpha 通道进行编辑，抠取散发。

操作步骤：

（1）打开素材文件"散发.jpg"，发现周围头发比较细，且与背景不易区分，如图 4.99 所示。

（2）复制背景图层两次，形成图层 1 和图层 1 副本，将图层 1 副本更名为图层 2，在图层 1 下方创建新图层 3，并用蓝色填充图层。

图 4.98 散发抠图效果

图 4.99 散发原图

（3）在图层 1 上对人物主体创建粗略选区，注意不要选择散发部分，添加图层蒙版。

（4）切换到【通道面板】，依此观察红、绿和蓝三个通道中散发与背景的对比度，找出对比度最高的通道，此处为红通道。

（5）复制红通道，形成红通道副本。执行【图像】|【计算】命令，将打开【计算】对话框，在对话框中设置【混合】为"高光"，其他保持默认值，如图 4.100 所示。执行命令后的红副本通道如图 4.101 所示。

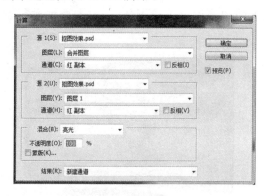

图 4.100 【计算】对话框

图 4.101 对比度加强后的通道图

（6）放大图像，用黑色画笔在背景位置涂抹，注意要变换画笔大小，以适应不同位置。此过程也可配合色阶命令，调整图像对比度，使得头发和背景对比度更强。

（7）按下 Ctrl 键，单击红副本缩略图，加载白色选区，关闭红副本通道，回到图层面板，在图层 2 上添加图层蒙版。

（8）仔细观察图像抠取情况，对不准确的地方可回到通道面板进行重新编辑，直到选取准确。

4.10 综 合 实 例

【综合案例 4.22】制作火焰字，效果如图 4.102 所示。

操作思路：本例通过文字工具、【风】滤镜、【波纹】滤镜的使用和转换图像的色彩模式来制作。

图 4.102　火焰字效果

操作步骤：

（1）新建一个图像文件，设置图像的宽度和高度分别为 900 像素和 300 像素，灰度模式，分辨率为 300 像素/英寸，背景为黑色。

（2）设置前景色为白色。选择工具箱中的【横排文字工具】，在属性栏中调整其大小和字形，在图像编辑区输入"燃烧吧！火鸟"，如图 4.103 所示。

图 4.103　输入文字

（3）选择【编辑】|【变换】|【旋转 90 度（逆时针）】命令，将图像旋转 90°。

（4）选择【滤镜】|【风格化】|【风】命令，打开【风】对话框。在对话框中设置【方法】为风，【方向】为从右。按【Ctrl＋F】组合键两次重复应用【风】滤镜。

（5）选择【编辑】|【变换】|【旋转 90 度（顺时针）】命令，将图像旋转回原来的位置，如图 4.104 所示。

图 4.104　风滤镜效果

（6）选择【滤镜】|【扭曲】|【波纹】命令，打开【波纹】对话框。在对话框中设置【数量】为 100%，【大小】为中，效果如图 4.105 所示。

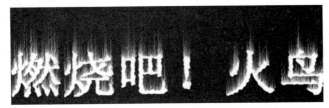

图 4.105　波纹滤镜效果

（7）选择【图像】|【模式】|【索引颜色】命令，将图像的色彩模式转换为【索引模式】。

（8）选择【图像】|【模式】|【颜色表】命令，在弹出的【颜色表】对话框中选择【颜色表】为黑体。

【综合案例 4.23】制作五子棋，效果如图 4.106 所示。

操作思路：本例将使用选区、色彩调整、图层、滤镜等知识点制作一副五子棋。

操作步骤：

（1）新建一个 RGB 色彩模式的图像，宽度和高度均为 400 像素，分辨率为 300 像素/英寸。设置前景色为黄色（参考值：RGB(220,210,50)），用前景色填充整个图像。

（2）选择【滤镜】|【纹理】|【颗粒】命令，打开【颗粒】对话框。在对话框中设置【强度】为 27，【对比度】为 60，【颗粒类型】为水平。然后选择【滤镜】|【模糊】|【动感模糊】命令，打开【动感模糊】对话框。在对话框中设置【角度】为 0，【距离】为 999 像素，给背景添加柔化效果，如图 4.107 所示。

图 4.106　五子棋效果　　　　　　图 4.107　动感模糊效果

（3）选择【图像】|【调整】|【色相/饱和度】命令，打开【色相/饱和度】对话框。在对话框中选中【着色】复选框，设置【色相】为 34，【饱和度】为 25，【明度】为 0。

（4）选择【滤镜】|【扭曲】|【旋转扭曲】命令，打开【旋转扭曲】对话框。在对话框中设置【角度】为 100 度，制作扭曲木纹效果，如图 4.108 所示。

（5）新建图层 1，设置前景色为黑色，选择工具箱中形状工具组中的直线工具，在属性栏中设置为【填充型】，【粗细】为 1 像素。在图层 1 中绘制 4×4 方格（可以借助标尺工具精确绘制）。

（6）选择【图层】|【图层样式】|【斜面和浮雕】命令，设置【样式】为枕状浮雕，【角度】为 45 度，其余按默认设置。棋盘效果如图 4.109 所示。

（7）新建图层 2，选中工具箱中的椭圆选框工具，在属性栏中设置【固定大小】为 160×160。用鼠标在图像编辑区单击建立 160×160 的圆形选区，用黑色填充。

（8）选择【滤镜】|【艺术效果】|【塑料包装】命令，打开【塑料包装】对话框。在对话框中设置【高光强调】为 10、【细节】为 15、【平滑度】为 15，制作塑料包装效果如图 4.110 所示。

（9）再次用椭圆选框工具创建一个 80×80 的圆形选区，调整其位置到黑色圆形的左下角。反选选区，删除，完成黑色棋子的制作，调整位置如图 4.111 所示。

（10）新建图层 3，重复（7）～（9）步操作，制作白色棋子。分别把图层 2 和图层 3 复制多次,完成多个棋子的制作,并调整位置。

图 4.108　扭曲木纹效果

图 4.109　绘制棋盘

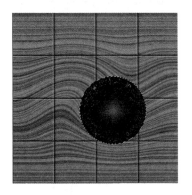

图 4.110　塑料包装效果

图 4.111　黑子的效果

(11) 将背景层和图层 1 隐藏,合并可见图层,形成新的"图层 2"。为图层 2 加上投影,设置【角度】为 45 度,【距离】为 2,其余保持不变。至此,五子棋制作完毕。

小　　结

本章首先介绍了色彩、像素、图像的类型和图像文件格式等图形图像的基础知识,然后重点介绍了 Photoshop 图像处理软件的基本操作,并通过一些案例介绍了图像处理的各种方法和技巧。

通过本章的学习,能够使用 Photoshop 对图像进行选取、编辑制作、添加特殊效果;能够应用图层、路径、滤镜、通道等进行图像处理和简单的平面设计。

习　　题

1. 单项选择

(1) 一幅彩色静态图像(RGB),设分辨率为 256×512,每一种颜色分量用 8bit 表示,则该彩色静态图像的数据量为_____。

　　A. 512×512×3×8bit　　　　　B. 256×512×3×8bit

　　C. 256×256×3×8bit　　　　　D. 512×512×3×8×25bit

(2) 可以使图像边缘产生模糊效果,使图像的合成自然的命令是_____。

　　A. 模糊　　　　　B. 磁化　　　　　C. 描边　　　　　D. 羽化

(3) 在 Photoshop 中,若想绘制直线的画笔效果,应使用_____辅助键。

　　A. Ctrl　　　　　B. Shift　　　　　C. Alt　　　　　D. Shift+Alt

(4) 在当前图层中有一个正方形选区,要想得到另一个与该选区大小相等的正方形
　　选区,下列操作方法正确的是_____。

　　A. 将光标放在选区中,然后按住 Ctrl+Alt 键拖动。

　　B. 在信息面板中查看选区的宽度和高度值,然后按住 Shift 键再绘制一个同等
　　　　大小的选区。

　　C. 选择【编辑】|【拷贝】命令,然后选择【编辑】|【粘贴】命令。

　　D. 选择移动工具,然后按住 Alt 键拖动。

(5) 有关修补工具的使用描述正确的是_____。

　　A. 修补工具和修复画笔工具在修补图像的同时都可以保留原图像的纹理、亮
　　　　度、层次等信息。

　　B. 修补工具和修复画笔工具在使用时都要先按住 Alt 键来确定取样点。

　　C. 使用修补工具操作之前所确定的修补选区不能有羽化值。

　　D. 修补工具只能在同一张图像上使用。

(6) 当前图像中存在一个选区,按 Alt 键单击【添加蒙版】按钮,与不按 Alt 键单击
　　【添加蒙版】按钮,其区别是_____。

　　A. 蒙版恰好是反相的关系

　　B. 没有区别

　　C. 前者无法创建蒙版,后者能够创建蒙版

　　D. 前者在创建蒙版后选区仍然存在,后者在创建蒙版后选区不再存在。

(7) 仿制图章工具不可以在哪个对象之间进行克隆操作。_____

　　A. 两幅图像之间　　　　　　　　B. 两个图层之间

　　C. 原图层　　　　　　　　　　　D. 文字图层

(8) 当单击【路径】面板下方的【用前景色填充路径】图标时,若想弹出填充路径的设
　　置对话框,应同时按住_____键。

　　A. Shift　　　　　　　　　　　　B. Ctrl

　　C. Alt　　　　　　　　　　　　　D. Shift+Ctrl

(9) Alpha 通道是一个_____的灰度图像。

　　A. 4 位　　　　　B. 8 位　　　　　C. 16 位　　　　　D. 32 位

(10) RGB 彩色图像执行【图像】|【调整】|【去色】命令后,与_____模式的效果
　　　相似。

　　　A. CMYK　　　　　B. LAB　　　　　C. 灰度　　　　　D. 双色调

2. 简答题

(1) 位图图像和矢量图形有什么区别？

(2) 试述选区的建立方法及技巧。

(3) 如何将路径中的直线变为曲线？如何增加或减少锚点？

(4) 蒙版有什么作用？如何添加快速蒙版？

3. 操作题

(1) 图层和图案填充练习，制作如图 4.112 所示百叶窗效果。

(2) 图像变换练习，制作如图 4.113 所示文字。

图 4.112　百叶窗效果　　　　　　　　　图 4.113　文字效果

(3) 金属字，图层样式练习。(提示：文字为金黄色，使用"图层样式"中的"斜面和浮雕"，"样式"中的"内斜面"，"光泽等高线"选择"环形"。)

(4) 绘制苹果，路径绘制练习。

(5) 为黑白照片上色。

(6) 自己设计制作一张宣传彩页。

第5章　数字视频的采集与制作

教学目标

- 掌握视频的基本知识和基本理论
- 掌握视频线性编辑和非线性编辑的概念
- 了解视频数字化的过程及视频文件的格式
- 熟练掌握使用 Premiere Pro 进行视频采集、编辑和输出的基本方法
- 熟练掌握常见视频文件的格式转换方法

本章知识结构图

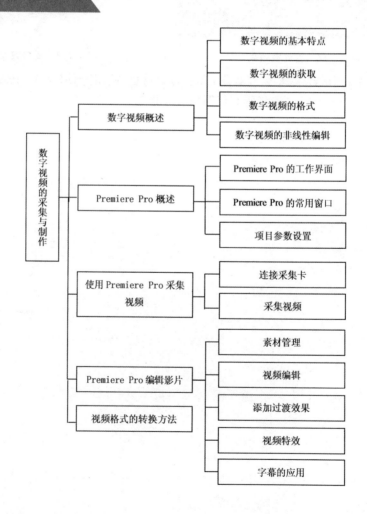

导入案例

在一些电影特技中,人们常常可以看到一个人飞身上楼的场景。当然,这并不是演员真的有飞檐走壁的功夫,而是在实际拍摄中人从楼上跳下,然后在后期制作时将其倒放所产生的效果。在数码视频编辑中,我们可以很方便地实现这种效果。下面就在视频编辑软件 Premiere Pro 中导入一段"日立洗衣机.mpg"的视频广告片,然后将其设置为倒放的效果,操作步骤如下。

(1) 启动 Premiere Pro CS6,新建项目,选择【序列预设】|DV-PAL|标准 48KHz 导入素材,并将素材拖放到时间线上,如图 5.1 所示。单击【播放】按钮,可看到广告片的效果为衣物飞入洗衣机的场景。

图 5.1　在 Premiere Pro CS6 中播放视频素材

(2) 这时如果用鼠标单击素材,则会同时选定视频和音频素材,设置的倒放效果将同时应用于视频和音频。音频素材倒放时,是一种任何人都听不懂的声音效果,因此这里只将倒放效果应用于视频,按住 Alt 键的同时单击选定视频素材,然后在选定的素材上右击,在弹出的快捷菜单中选择【速度/持续时间】命令,在打开的【速度/持续时间】对话框中选中【倒放速度】复选框,单击【确定】按钮,如图 5.2 所示。

图 5.2　视频倒放效果的设置

(3) 输出影片。首先按回车键对编辑好的视频进行渲染和预演。这时可以看到原来衣服从外面飞入洗衣机中的画面,现在变成了衣服纷纷从洗衣机向外飞出的效果。最

后,选择【文件】|【导出】命令输出某种格式的影片,视频效果的设置和保存就完成了。

这就是视频非线性编辑的魅力。当前,用户在视频编辑软件中编辑处理视频素材,就像文字处理一样方便灵活。

5.1 数字视频概述

5.1.1 数字视频的基本特点

1. 视频的概念

所谓视频,是由一系列单独的静止图像组成,其单位用帧来表示,每秒钟连续播放 25 帧(PAL 制式)或 30 帧(NTSC 制式)的静止图像,利用人眼的"视觉暂留"现象,在观察者眼中产生的平滑连续活动的影像。

视频分模拟视频和数字视频两类,模拟视频指由连续的模拟信号组成视频图像,他的存储介质是磁带或录像带,在编辑或转录过程中画面质量会降低。我们在日常生活中看到的电视、电影都属于模拟视频的范畴。数字视频是把模拟信号变为数字信号,他描绘的是图像中的单个像素,可以直接存储在计算机硬盘中,因为保存的是数字的像素信息而非模拟的视频信号,所以在编辑过程中可以最大限度地保证画面质量不受损失。

数字视频与模拟视频相比有以下特点:(1)数字视频可以不失真的进行无数次复制,而模拟视频信号每转录一次,就会有一次误差积累,产生信号失真。(2)模拟视频长时间存放后视频质量会降低,而数字视频便于长时间的存放。(3)可以对数字视频进行非线性编辑,并可增加特技效果等。(4)数字视频数据量大,在存储与传输的过程中必须进行压缩编码。

模拟视频的数字化包括不少技术问题,如电视信号具有不同的制式而且采用复合的 YUV 信号方式,而计算机工作在 RGB 空间;电视机是隔行扫描,计算机显示器大多逐行扫描;电视图像的分辨率与显示器的分辨率也不尽相同等等。因此,模拟视频的数字化主要包括光栅扫描的转换、分辨率的统一以及色彩空间的转换。

2. 扫描

视频信号源捕捉二维图像信息,并转换为一维电信号进行传递,而电视接收器或电视监视器要将电信号还原为视频图像在屏幕上再现出来,这种二维图像和一维电信号之间的转换是通过光栅扫描来实现的。扫描方式主要有逐行扫描和隔行扫描两种。

3. 视频信号的空间特性

由光栅扫描所得的视频信息显然具有空间特性,所涉及的主要概念如下。

(1) 长宽比(Aspect Ratio)。扫描处理中一个重要的参数是长宽比,即图像水平扫描线的长度与图像竖直方向所有扫描线所覆盖距离的比。它也可被认为是一帧宽与高的比。电视的长宽比是标准化的,一般为 4∶3 或 16∶9,如图 5.3 所示。其他系统(如电影)则利用了不同的长宽比,有的高达 2∶1。

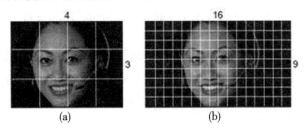

图 5.3　视频信号的长宽比

(2) 同步(Synchronization)。当视频信号被用于调节阴极射线管电子束的亮度时,它能以和传感器恰好一样的方式被扫描,重新产生原始图像(显示扫描的原始图像),这在家用电视机和视频监视器中能精确地进行。因此,电子信号被送到监视器时必须包含某些附加的信息,以确保监视器扫描与传感器扫描同步。这个信息被称为同步信息,由水平和垂直时间信号组成。

(3) 分辨率(Resolution)。水平扫描线所能分辨出的点数称为水平分辨率,一帧中垂直扫描的行数称为垂直分辨率。一般来说,点越小,线越细,分辨率越高。说一个系统的水平分辨率为 400 线时,是指它在对应于图像高度的水平距离内能够交替地显示 200 条黑线和 200 条白线。垂直的行数一般是 525 线(北美和日本)和 625 线(欧洲和中国)。

4. 数字视频的色彩空间

在多媒体制作中,常常涉及几种不同的色彩空间表示颜色,如计算机显示时采用 RGB 彩色空间;彩色印刷时采用 CMYK 彩色空间;彩色全电视信号数字化时采用 YUV 彩色空间;为了便于色彩处理和识别,视觉系统又经常采用 HIS 彩色空间。

YUV 是 PAL 和 SECAM 模拟彩色电视制式采用的颜色空间,其中,Y 表示亮度,U、V 用来表示色差,U、V 是构成彩色的两个分量。

YIQ 是美国、日本等国 NTSC 模拟彩色电视制式采用的颜色空间,其中,Y 仍为亮度信号,I、Q 仍为色差信号,但它们与 U、V 是不同的,其区别是色度在矢量图中的位置不同。

I、Q 与 V、U 之间的关系可以表示成如下形式。

$$I = V\cos 33° - U\sin 33°$$
$$Q = V\sin 33° + U\cos 33°$$

在 HSI 彩色空间中,人们常用 H、S、I 参数描述颜色特性,其中,H 表示色调,S 表示颜色的饱和度,I 表示光的强度。HSI 彩色空间能够减少彩色图像处理的复杂性,而且更接近人对色彩的认识和解释。

5. 数字视频的色彩深度

色彩深度是指存储每个像素所需要的位数,它决定了图像色彩和灰度的丰富程度,即每个像素可能具有的灰度级数。常见的色彩深度有以下几种。

（1）真彩色。在组成一幅彩色图像的每个像素值中，有 R、G、B 三个基色分量，每个基色分量直接决定其基色的强度，这样合成产生的色彩就是真实的原始图像的色彩。所谓 32 位彩色，就是在 24 位之外还有一个 8 位的 Alpha 通道，表示每个像素的 256 种透明等级。

（2）增强色。用 16 位来表示一种颜色，它包含的色彩远多于人眼所能分辨的数量，共能表示 65 536 种不同的颜色。因此大多数操作系统采用 16 为增强色选项。这种色彩空间的建立根据人眼对绿色最敏感的特性，所以其中红色分量占 4 位，蓝色分量占 4 位，绿色分量占 8 位。

（3）索引色。用 8 位来表一种颜色。一些老的计算机硬件或文档只能处理 8 位像素，8 位的显示设备通常会使用索引色来表示色彩。其图像的每个像素值不分 R、G、B 分量，而是把它作为索引进行色彩变换，系统会根据每个像素的 8 位数值去查找颜色。8 位索引色能表示 256 种颜色。

（4）调配色。将每个像素的 RGB 分量作为单独的索引值进行变换，然后通过相应的彩色变换表查找出基色强度，用这种变换后得到的 RGB 强度值所产生的色彩就是调配色。

6. 数字视频与电视制式

电视制式指的是一个国家按照国际上的有关规定、具体国情和技术能力所采取的电视广播技术标准，是一种电视的播放标准。不同制式的视频信号的编码、解码、扫描频率、界面的分辨率均不同。不同制式的电视机只能接收相应制式的电视信号。因此，如果计算机系统处理的视频信号与连接的视频设备制式不同，播放时图像的效果就会明显下降，有的甚至无法播放。传统的模拟彩色电视制式有 NTSC 制式、PAL 制式和 SECAM 制式。目前，由于世界上很多国家已经停播模拟电视信号，实现全面数字电视化。目前世界各国采用的数字电视标准主要有 4 种，分别是 ATSC、DVB-T、ISDB-T 和 DTMB。

（1）ATSC。系统原为取代北美洲最常用的 NTSC 制式。在 ATSC 规范之下，高画质电视可产生高达 1920×1080 像素的宽屏幕 16：9 画面尺寸，超过早前标准显示清晰度的 6 倍。ATSC 也傲于其剧院质素声音，因其采用杜比数字 AC-3 格式，提供 5.1 环回立体声。ATSC 有三种基本的显示尺寸。基本和增强型 NTSC 和 PAL 画面尺寸是属于低阶的 480 或 576 扫描线。中型尺寸画面有 720 清晰度的扫描线和 960 或 1280 像素宽（4：3 传统型和 16：9 宽屏幕型，分别的长宽比）。最高阶的有 1080 扫描线 1440 或者 1920 像素宽（这也是 4：3 和 16：9 分别的长宽比）。目前，美国、加拿大、墨西哥、韩国和洪都拉斯使用该标准。

（2）DVB-T。DVB 是由"DVB Project"维护的一系列为国际所承认的数字电视公开标准。除音频与视频传输外，DVB 也定义了带回传信道（DVB-RC）的数据通信标准（DVB-DATA）。它支持几种媒介，包括 DECT、GSM、PSTN、ISDN 等，也支持一些协议，包括 DVB-IPI：Internet Protocol，DVB-NPI：network protocol independent。DVB-T 在

1997 年发布。第一个商用的 DVB-T 广播系统是由英国的 Digital Terrestrial Group
(DTG)在 1998 年建立的。目前,欧洲、澳大利亚、南非和印度已经或正在普及该标准。
除南美国家尚未确定地面广播标准(DTTV)外,其余国家已确定采用 DVB-T 标准。

　　(3) ISDB-T。ISDB 即综合数字服务广播,是日本自主制定的数字电视和数字声音
广播标准制式,由电波产业会制定,用于该国的广播电视网络。ISDB 取代了以前使用的
MUSE 高清晰度的模拟 HDTV 系统。ISDB-TB 是 ISDB 的派生制式,由巴西政府制定,
并在南美洲广泛采用。ISDB 的核心标准是 ISDB-S(卫星电视)、ISDB-T(地面电视)和
ISDB-C(有线电视),并且都是基于 MPEG-2 或 MPEG-4 标准的多址接入传输;2.6 GHz
频段移动广播数据架构及视频和音频编码(MPEG-2 或 H.264),并且能够进行高清晰度
电视信号和标准清晰度电视信号的过渡。ISDB-T 和 ISDB-TSB 是移动电视接收的频段。
目前,日本、部份中美洲国家及多数南美洲国家(仅哥伦比亚及法属圭亚纳采用 DVB-T)
都采用 ISDB-T(又称 SBTVD,Sistema Brasileiro de Televisão Digital)系统。

　　(4) DTMB。DTMB(GB 20600-2006,全称 Digital Terrestrial Multimedia
Broadcast,即地面数字多媒体广播),是中国数字影像广播标准,由中华人民共和国制定
有关数字电视和流动数字广播的制式。DTMB 主要在中国大陆、香港、澳门和古巴采用。

5.1.2　数字视频的获取

　　数字视频的获取主要可分为两种方式:其一,通过数字化设备如数码摄像机、数码照
相机、数字光盘等获得;其二,通过模拟视频设备如摄像机、录像机(VCR)等输出模拟信
号,再由视频采集卡将其转换成数字视频存入计算机,以便计算机进行编辑、播放等各种
操作。在第二种方法中,要使一台 PC 具有视频信息的处理功能,系统对硬件和软件的需
求如图 5.4 所示。

图 5.4　捕获视频信息的设备

这些设备是视频采集卡、视频存储设备、视频输入源及视频软件。

　　在多媒体个人计算机(MPC)环境中,捕获视频质量的好坏是衡量其性能的一个重要

指标,其主要依赖于 3 个因素:视频窗口大小、视频帧率以及色彩的表示能力。

（1）视频窗口的大小是以像素来表示的。如 320×240 像素或 180×120 像素。VGA 标准屏幕上 640×480 像素,这意味着一个 320×240 像素的视频播放窗占据了 VGA 屏幕的 1/4。目前,个人计算机显示器的分辨率通常为 800×600 像素、1 024×768 像素,甚至更高。系统能够提供的视频播放窗口越大,对软、硬件的要求就越高。

（2）视频帧率(Video Frame Rate)表示视频图像在屏幕上每秒钟显示帧的数量。一般把屏幕上一幅图像称为一帧。视频帧率的范围可从 0(静止图像)～30 帧/秒。帧率越高,图像的运动就越流畅,最高的帧率为 30 帧/秒。

（3）色彩表示能力依赖于色彩深度和色彩空间分辨率。色彩深度(Color Depth)是指允许不同色彩的数量。色彩越多,图像的质量越高,表示的真实感就越强。PC 上的色彩深度范围从 VGA 调色板的 4 位、16 色到 24 位真彩色 1 670 万种色彩,要用于视频至少需要一个 256 色的 VGA 卡或更高。色彩空间分辨率是指色彩的空间"粒度"或"块状",即每个像素是否都能赋予它自身的颜色。当每个像素都能赋予它自身颜色时,质量最高。

5.1.3　数字视频的格式

目前的视频文件可以分为两大类:一是普通的影像文件;二是流媒体文件。

当前常见的普通影像文件如下。

（1）AVI 格式。它的英文全称为 Audio Video Interleaved,即音频视频交错格式。它于 1992 年由 Microsoft 公司推出,随 Windows 3.1 一起被人们所认识和熟知。所谓"音频视频交错",就是可以将视频和音频交织在一起进行同步播放。这种视频格式的优点是图像质量好,可以跨多个平台使用,其缺点是体积过于庞大,压缩标准不统一,最普遍的现象就是高版本 Windows 媒体播放器播放不了采用早期编码编辑的 AVI 格式视频,而低版本 Windows 媒体播放器也播放不了采用最新编码编辑的 AVI 格式视频。

（2）MPEG 格式。它的英文全称为 Moving Picture Expert Group,即运动图像专家组格式,家里常看的 VCD、SVCD、DVD 就是这种格式。MPEG 文件格式是运动图像压缩算法的国际标准,它采用了有损压缩方法减少运动图像中的冗余信息。它的压缩方法是依据相邻两幅画面绝大多数相同,把后续图像中和前面图像有冗余的部分去除,从而达到压缩的目的(其最大压缩比可达到 200∶1)。

在计算机中打开 VCD 光盘,根目录 MPEGAV 下后缀名为".dat"的文件也是 MPEG 格式的,是 VCD 刻录软件将符合 VCD 标准的 MPEG-1 文件自动转换生成的。在 DVD 光盘中,存储的是 VOB 文件,它存放在 VIDEO_TS.ifo 文件中。VOB 是 DVD Video Object 的缩写,意思是 DVD 视频对象。实际上,VOB 文件是一种基本的 MPEG-2 数据流,就是说它包含了多路复合的 MPEG-2 视频数据流、音频数据流以及字幕数据流。

（3）DivX 格式(DVDrip)。这是由 MPEG-4 衍生出的另一种视频编码(压缩)标准,即人们通常所说的 DVDrip 格式,它采用了 MPEG-4 的压缩算法,同时又综合了 MPEG-4 与 MP3 各方面的技术,就是使用 DivX 压缩技术对 DVD 盘片的视频图像进行高质量压缩,同时用 MP3 或 AC3 对音频进行压缩,然后再将视频与音频合成并加上相应的外挂字幕文件而形成的视频格式。其画质直逼 DVD 但体积只有 DVD 的数分之一。这种编码对计算机的要求也不高,所以 DivX 视频编码技术可以说是对 DVD 造成威胁最大的新生视频压缩格式,号称 DVD 杀手或 DVD 终结者。

(4) MOV 格式。它是美国 Apple 公司开发的一种视频格式,默认的播放器是苹果的 QuickTime Player,具有较高的压缩比和较完美的视频清晰度。其最大的特点还是跨平台性,即不仅能支持 Mac OS,同样也能支持 Windows 系列。

(5) MP4 格式。它的全称 MPEG-4 Part 14,是一种使用 MPEG-4 的多媒体电脑档案格式,副档名为 mp4。MP4 又可理解为 MP4 播放器,MP4 播放器是一种集音频、视频、图片浏览、电子书、收音机等于一体的多功能播放器。它能够直接播放高品质视频、音频,也可以浏览图片以及作为移动硬盘、数字银行使用,例如爱可视 AV420 能够录制视频,它可以将来自 DVD、电视等设备的信号以 MPEG-4 格式保存在硬盘中,中基超威力推出的 MP4 播放器支持 PIM 管理以及无线网络功能。目前的 MP4 播放器还带有视频转制等专业的视频功能,并具备非常齐全的视频输入/输出端口,因此这种视频文件能够在很多场合中播放。

流媒体技术(Streaming Media Technology)是为解决以 Internet 为代表的中低带宽网络上多媒体信息(以视频、音频信息为重点)传输问题而产生、发展起来的一种网络新技术。目前常见的流媒体文件如下。

(1) ASF 格式。它的英文全称为 Advanced Streaming Format,它是微软为了和现在的 Real Player 竞争而推出的一种视频格式,用户可以直接使用 Windows 自带的 Windows Media Player 对其进行播放。由于它使用了 MPEG-4 压缩算法,因此压缩率和图像的质量都很不错(高压缩率有利于视频流的传输,但图像质量肯定会有损失,所以有时 ASF 格式的画面质量不如 VCD 是正常的)。

(2) WMV 格式。它的英文全称为 Windows Media Video,也是微软推出的一种采用独立编码方式,并且可以直接在网上实时观看视频节目的文件压缩格式。WMV 格式的主要优点包括:本地或网络回放、可扩充的媒体类型、部件下载、可伸缩的媒体类型、流的优先级化、多语言支持、环境独立性、丰富的流间关系以及扩展性等。

(3) RM 格式。Real Networks 公司所制定的音频视频压缩规范称为 Real Media,用户可以使用 RealPlayer 或 RealOne Player 对符合 Real Media 技术规范的网络音频、视频资源进行实况转播,并且 Real Media 可以根据不同的网络传输速率制定出不同的压缩比率,从而实现在低速率的网络上进行影像数据实时传送和播放。这种格式的另一个特点是:用户可以在不下载音频、视频内容的条件下,使用 RealPlayer 或 RealOne Player 播放器实现在线播放。另外,RM 作为目前主流网络视频格式,它还可以通过其 Real 服务器将其他格式的视频转换成 RM 视频,并由 Real 服务器负责对外发布和播放。RM 和 ASF 格式可以说各有千秋,通常 RM 视频更柔和一些,而 ASF 视频则相对清晰一些。

(4) RMVB 格式。这是一种由 RM 视频格式升级延伸出的新视频格式,它的先进之处在于打破了原先 RM 格式那种平均压缩采样的方式,在保证平均压缩比的基础上合理利用比特率资源。也就是说,静止和动作场面少的画面场景采用较低的编码速率,这样可以留出更多的带宽空间,而这些带宽会在出现快速运动的画面场景时被利用。这样在保证了静止画面质量的前提下,大幅地提高了运动图像的画面质量,从而使图像质量和文件大小之间就达到了微妙的平衡。另外,相对于 DVDrip 格式,RMVB 视频也是有着较明显的优势,一部大小为 700MB 左右的 DVD 影片,如果将其转录成同样视听品质的 RMVB 格式,其大小最多也就 400MB。不仅如此,这种视频格式还具有内置字幕和无需外挂插件支持等独特优点。

（5）FLV 格式。FLV 流媒体格式是随着 Flash MX 的推出发展而来的视频格式,是 FLASH VIDEO 的简称。它文件体积小巧,清晰的 FLV 视频 1 分钟在 1MB 左右,一部电影在 100MB 左右,是普通视频文件体积的 1/3,再加上 CPU 占有率低、视频质量良好等特点,许多在线视频网站都采用此视频格式。如搜狐视频、新浪播客、优酷、酷 6、土豆、youtube 等。FLV 已经成为目前增长最快、最为广泛的视频传播格式。

5.1.4　数字视频的非线性编辑

1. 非线性编辑

在录像技术问世以来的 50 多年中,电视节目的编辑技术经历了从模拟视频的线性编辑到数字视频的非线性编辑的重大变革,这些重大的变革是和电子技术与计算机技术的重大发展紧密相连的。20 世纪 90 年代初期,美国、加拿大等发达国家开始将计算机技术和多媒体技术与影视制作相结合,以便用计算机制作影视节目,并最终取得成功,推出了桌面演播室,也就是今天的非线性编辑系统。视频非线性编辑在计算机技术的支持下,充分运用数字处理技术的研究成果,以低成本、高效率、高质量、效果变幻无穷的姿态迅速进入了广播电视领域。

非线性编辑是相对于以时间顺序进行线性编辑而言的。所谓非线性编辑是指应用计算机图像技术,在计算机中对各种影视素材进行反复的编辑操作而不影响质量,并将最终结果输出到计算机硬盘、光盘、录像机等记录设备中的一系列操作。现在的非线性编辑实际上就是非线性的数字视频编辑。它是借助以计算机为载体的数字技术设备完成传统制作中需要多套机器才能完成的影视编辑合成以及其他特技的制作。由于它不再需要太多的外部设备,从而大大节省了人力、物力,提高了工作效率。

数字视频非线性系统是软件（如图像处理软件、动画处理软件、视频处理软件和音频处理软件等）和硬件（如视频卡、声卡、IEEE1394 卡、专用板卡、高速 AV 硬盘以及外围设备等）相结合的一个系统。随着非线性编辑系统的发展和硬件性能的提高,视频编辑的操作也变得更加简单（比如可以自由地在影片中进行插入、删除和重组等操作）。经过多年的发展,现有的非线性编辑系统已经完全实现了数字化,由于与模拟视频信号的高度兼容,非线性编辑系统已广泛应用在电影、电视、广播和网络等传播领域。

2. 非线性编辑的优点

非线性视频编辑是对数字视频文件的编辑和处理,与计算机处理其他文件相同,在计算机的软件编辑环境中可以随时随地、多次反复地编辑处理而不影响质量。非线性编辑系统在编辑过程中只是对编辑点和特效效果的记录,编辑过程中可以任意的修剪、复制或调整画面先后顺序,这样克服了传统非线性编辑的弱点。

目前,非线性编辑软件还可以对采集的文件素材进行实时编辑浏览,在剪辑时可以通过监视器实时监看,实现所见即所得的效果。同时,非线性编辑系统功能集成度高,设备小型化,可以和其他非线性编辑系统甚至个人计算机实现网络资源共享,这大大提高了工作效率。随着计算机软硬件技术的快速发展,非线性编辑系统的价格正在不断下降。原本需要昂贵的专用设备的视频编辑制作,现在只需要一台计算机和一套 Premiere 软件即可完成。

3. 非线性编辑的应用

非线性编辑系统一般可以分为三类。

(1) 娱乐级:主要面向家庭和个人爱好者。

(2) 准专业级:主要面向小型电视台、大中专院校、中小型广告公司以及商业用户等。

(3) 专业级:主要面向大中型电视台和广告公司。

其软硬件组成一般有如下几种。

(1) 视频专用板卡。

(2) 接口:通过 IEEE1394 接口、USB、复合视频或 S 端子等采集,通过复合视频或 S 端子输出。

(3) 格式:将视频直接采集成 MPEG-2 文件或用于刻录 CD、VCD 或 DVD。

(4) 软件:自带视频软件功能简单、实时,但是后期处理能力较差。专业类软件功能齐全,处理能力更强。

在专业的非线性编辑中,Premiere 是一款非常好的非线性编辑软件,也是目前较为流行的视频编辑软件。

4. 非线性编辑的工作流程

任何非线性编辑的工作流程都可以简单地看成输入、编辑、输出这样 3 个步骤。当然,由于不同软件功能的差异,其工作流程还可以进一步细化。以 Premiere Pro 为例,其工作流程主要分成如下 5 个步骤。

(1) 素材采集与输入。采集就是利用 Premiere Pro,将模拟视频、音频信号转换成数字信号存储到计算机中,或者将外部的数字视频存储到计算机中,成为可以处理的素材。输入主要是把其他软件处理过的图像、声音等导入到 Premiere Pro 中。

(2) 素材编辑。素材编辑就是设置素材的入点与出点,以选择最合适的部分,然后按时间顺序组接不同素材的过程。

(3) 特技处理。对于视频素材,特技处理包括转场、特效、合成叠加。对于音频素材,特技处理包括转场、特效。令人震撼的画面效果就是在这一过程中产生的。非线性编辑软件功能的强弱往往也是体现在这方面。配合某些硬件,Premiere Pro 还能够实现特技播放。

（4）字幕制作。字幕是节目中非常重要的部分，它包括文字和图形两个方面。Premiere Pro 中制作字幕很方便，并且还有大量的模板可以选择。

（5）输出与生成。节目编辑完成后，就可以输出到录像带上，也可以生成视频文件，发布到网上，刻录 VCD 和 DVD 等。

5.2　Premiere Pro 概述

Premiere Pro 是 Adobe 公司推出的非线性视频编辑软件，也是一款编辑画面质量比较好的软件，有较好的兼容性，且可以与 Adobe 公司推出的其他软件相互协作。目前这款软件广泛应用于广告制作和电视节目制作中。

目前，该软件的最新版本是 Premiere Pro CS6，这是 Premiere 历史上的经典版本，作为一款高效视频生产全程解决方案，从开始捕捉直到输出，Premiere 能够与 OnLocation、After Effect 和 Photoshop 等软件进行有效协同，可以无限拓展用户的创意空间，并且可以将内容传输到 DVD、蓝光光盘、Web 和移动设备上。Premiere 以其全新的合理化界面和通用的高端工具，兼顾了广大视频用户的不同需求，在一个并不昂贵的视频编辑工具中，提供了前所未有的生产能力、控制能力和灵活性。

Premiere Pro 的主要功能包括以下几个方面。

（1）编辑和组装各种视频、音频剪辑片断。

（2）对视频片断进行各种特技效果处理。

（3）在视频剪辑上添加各种字幕、图标和其他视频效果。

（4）在两段视频之间增加各种过渡效果。

（5）设置音频、视频编码及压缩参数。

（6）改变视频特性参数，如图像位深、视频帧率以及音频采样。

（7）给视频配音，对音频剪辑片断进行编辑，调节音频与视频同步。

本章将以 Premiere Pro CS6 为例介绍视频的获取、编辑和发布的基本方法。

5.2.1　Premiere Pro 的工作界面

启动 Premiere Pro CS6 以后，首先看到的是欢迎界面，如图 5.5 所示。

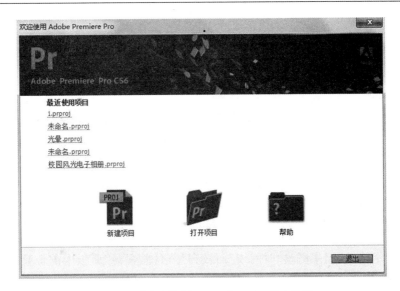

图 5.5　"欢迎使用 Adobe Premiere"对话框

大家可以在这里新建、打开项目或退出 Adobe Premiere Pro CS6。这里单击【新建项目】按钮，则打开【新建项目】对话框，如图 5.6 所示。

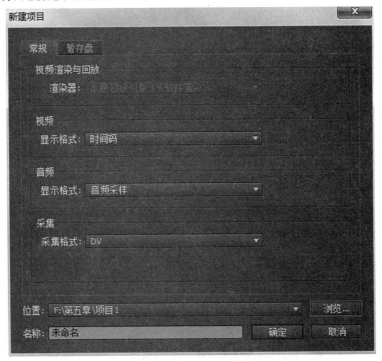

图 5.6　"新建项目"对话框

在"新建项目"对话框的"常规"选项卡中，常用的选项功能如下。

"视频显示格式"用于设置帧在"时间线"面板中播放时 Premiere Pro 所使用的帧和数目，以及是否使用丢帧或不丢帧时间码。

在 Premiere Pro 中，用于视频项目的时间显示在"时间线"面板和其他面板中，使用的是电影电视工程师协会视频时间读数，称作"时间码"。在不丢帧时间码内，使用冒号分割小时、分钟、秒数和帧数。在不丢帧"时间码"中是每秒 29.97 帧或 30 帧，例如 1:01:59:29 的下一帧是 1:02:00:00。在丢帧时间码中，使用分号分割小时、分钟、秒数和帧数，例如 1;01;59 的下一帧是 1;02;00;02。每分钟视频显示丢帧数目，以补偿帧速率是 29.97 而不是 30 的 NTSC 视频帧速率。同时，视频的帧并没有丢失，丢失的只是"时间码"显示的数字，如果所工作的影片项目是24 帧每秒，那么可以选择 16mm 或 35mm 的选项。

　　"音频显示格式"用来更改"时间线"面板和"节目监视器"面板中的音频显示，以显示音频单位而不是视频帧。使用音频显示格式可以将音频单位设置为毫秒或者音频取样。

　　"采集"格式下拉列表中可以选择所要采集视频或音频的格式，如"DV"或"HDV"。

　　在"暂存盘"选项卡中可以设置视频采集的路径等，如图 5.7 所示。

图 5.7　"暂存盘"选项卡

　　"位置"用于选择项目存储的位置。单击"浏览"按钮，从打开的对话框中可以设置文件的保存位置。在"名称"右侧的输入栏中设置项目名称。

　　"名称"用于为该项目命名。

　　一般使用默认设置即可。输入后单击"确定"按钮，打开"新建序列"对话框，如图 5.8所示。

图 5.8 "新建序列"对话框

在"新建序列"对话框中的"序列预设"选项卡中,可以根据自己的制作需求选择制作 DV 或者影片的制式,是 DV-NTSC 制式还是 DV-PAL 制式(我国使用的是 PAL 制式),然后选择使用标准视频还是宽屏视频。如果自己制作的 DV 项目中的视频不准备用于宽银幕格式(纵横比为 16∶9),则可以选择"标准 48KHz"选项。

小贴士

Premiere Pro 为手机视频和其他移动设备提供了预设。通用的中间格式(CIF:Common Intermediate Format)和 1/4 通用中间格式(QCIF,Quarter Common Intermediate Format)是为视频会议创建的标准格式。Premiere Pro 的 CIF 编辑预设是为支持第三代合作伙伴计划 3GP2 格式的移动设备特别设计的。其中 3GP2 格式是当前最通用的第三代格式。

Premiere Pro 的 CIF 和 QVGA(用于视频 iPod)预设和视频录制设置不同,例如手机标准屏幕是 176×220。如果素材源符合移动标准,应该使用 CIF 或 QVGA 预设。同时导出 CIF 或 QVGA 项目时,需要在"导出"设置对话框中选择 H.264 输出格式。

在"新建序列"对话框中的"设置"选项卡中,对序列"常规设置"选项进行设置。如图 5.9 所示。各个选项功能如下。

图 5.9　序列常规"设置"

　　"编辑模式"用来设置"时间线"面板中视频和音频的播放方法和压缩设置。如果前面选择的是 DV 预设,则"编辑模式"将自动设置为 DV NTSC 或 DV PAL。

　　"时基"用来设置 Premiere Pro 是如何划分每秒的视频帧的。在大多数项目中,"时基"即"时间基准"应该和采集影片的"帧速率"匹配。对于 DV 项目来说,"时基"设置为29.97 并且不能更改。对于 PAL 项目,需要将"时基"设置为 25。另外,移动设备为 15,影片项目为 24。

　　"画面大小"分别是以像素为单位的宽度和高度。如果选择 DV 预设,则画面大小为DV 默认值(720×480)。如果使用 DV 编辑模式,则不能更改项目画幅的大小。

　　"像素纵横比"表示一个像素的宽与高的比值。对于在图形程序中扫描或创建的模拟视频和图像,可选择"方形像素"。根据所选择的"编辑模式"不同,"像素纵横比"选项的设置也不同。例如,如果选择"桌面编辑模式",可以自由选择像素纵横比,如果选择"DV NTSC"编辑模式,可以选择 0.9～1.2 之间的值作为"宽银幕"影片。

小贴士

　　　　如果需要在纵横比为 4∶3 的项目中导入纵横比为 16∶9 的宽银幕影片,可以使用"运动"视频特效的"位置"和"缩放比例"选项,来缩放和控制"宽银幕影片"。

　　"场序"用来选择"上场优先"或"下场优先"选项。每个视频都会分为两个场,它们显示 1/60 秒。在 PAL 标准中,每个场显示 1/50 秒。

　　"采样速率":音频取样值决定了音频的品质。取样值越高,提供的音质越好。实际

应用时最好将该设置和录制时的值保持一致,否则有可能会降低品质。

"视频预览":用来指定使用 Premiere Pro 预览视频的方式。

在"新建序列"对话框中的"轨道"选项卡中,对序列"轨道"选项进行设置,如图 5.10 所示。

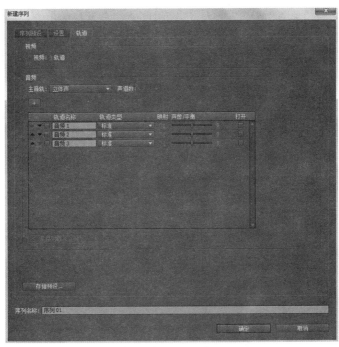

图 5.10 序列"轨道"设置

我们这里在"有效预设"栏选择"DV-PAL"/"标准 48KHz"选项,在下面的"序列名称"文本框中输入序列的名称"序列 01",单击"确定"按钮,打开"Premiere Pro"工作区。如图 5.11 所示。

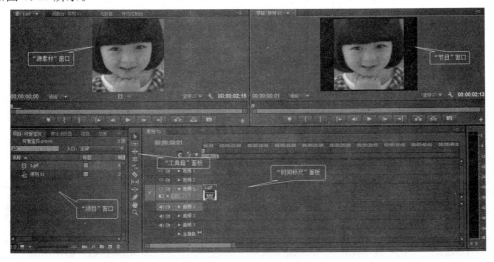

图 5.11 "Premiere Pro"的工作区

5.2.2　Premiere Pro 的常用窗口

1."项目"窗口

在 Premiere 中,"项目"窗口是输入、组织和存储参考素材的地方,列出了输入到项目中的所有源素材。"项目"窗口的大小可以自己调整,如图 5.12 所示。

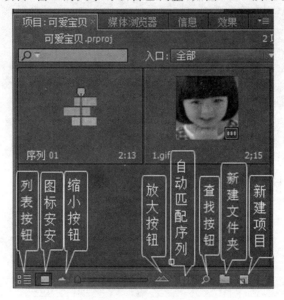

图 5.12　"项目"窗口

2."序列"面板窗口

在 Premiere 中,"序列面板"也成为"时间标尺"面板。当启动一个新项目时,"序列"面板是空的。"序列"面板中有一个包含编辑工具的工具框和时间标尺。时间标尺水平显示时间,在时间上显示早的素材靠左边,显示晚的素材靠右边,时间通过面板顶部附近的时间标尺表示出来。面板底部的时间缩放水准弹出菜单表示当前使用的时间刻度。"序列"面板如图 5.13 所示。

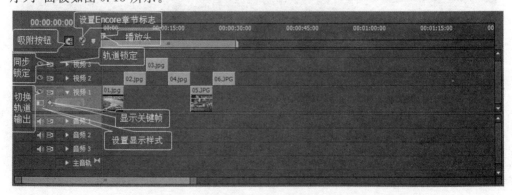

图 5.13　"序列"面板

常用按钮的功能如下。

（1）播放头，用于提示工作区域的位置。

（2）设置 Encore 章节标记，设置素材的章节标记。

（3）吸附按钮，用于提示工作区域的位置。

（4）轨道锁定图标，单击后可以显示一把小锁，表示该轨道被锁定。

（5）同步锁定开关，用于设置视频的同步。

（6）切换轨道输出，眼睛图标消失时，就不能对该轨道上的内容进行预览了。

（7）显示样式按钮，单击该按钮会弹出一个菜单选项，如图 5.14 所示，用于选择显示素材的哪一部分。

图 5.14 单击"视频/音频设置显示样式"按钮后显示的菜单

（8）切换轨道输出，眼睛图标消失时，该音轨上的剪辑内容就听不到了。

在 Premiere 中，"序列"面板包含在其中布置素材的轨道，包括视频素材和音频素材。所有轨道被垂直叠放，当一个素材在另一个素材上面时，两个素材将同时播放。

在"序列"中，轨道分为视频轨道和音频轨道。视频编辑轨道，默认情况下有 3 个视频轨道，如图 5.13 中的视频 1、视频 2、视频 3，用户可以根据需要添加更多的视频轨道。音频轨道在视频轨道下面，默认也是 3 个音频轨道，如图 5.13 中的音频 1、音频 2、音频 3，用户可以根据需要添加更多的音频轨道。

3."监视器"窗口

"监视器"窗口有两种模式，默认是双视图模式，如图 5.15 所示，另一种模式是单视图模式。在双视图模式下，"监视器"窗口中并列显示"无剪辑"窗口和"节目/序列"窗口。导入素材后，左边的"无剪辑"窗口改变为"源素材"窗口，右边的"节目/序列"窗口作为"序列"面板的一个浏览器。

图 5.15 "监视器"窗口

4.“工具箱”

Premiere Pro CS6 中，“工具箱”在“项目”面板和“序列”面板中间。工具栏中各种工具的功能和用法见表 5-1。

表 5-1　工具的功能和用法

显示图标	工具名称	功能与用法	快捷方式
	选择工具	用于选择素材和移动素材。将鼠标放于某段素材之后，鼠标变为 形状时，拖动可改变素材长度	V
	轨道选择工具	用于选择整个轨道。在素材轨道前单击鼠标左键即可，若同时按住 Shift 键，则可选择多个轨道	M
	波纹编辑工具	用于将素材拉伸，所有素材总长度随之变化	B
	旋转编辑工具	用于改变素材长度，所有素材总长度不变。将鼠标放于相邻两素材之间时，拖动改变一个素材长度时，另一个素材的长度也同时改变，而所有素材总长度不变	N
	比例伸展工具	拖动素材尾部改变素材的长短，可用来改变素材播放的速度。素材长，则播放速度慢，素材短，则播放速度快	X
	剃刀工具	用于切割素材，将素材变成一段或多段。选择剃刀工具后，在素材某位置上单击即可切割素材，若同时按住 Shift 键，则可将所有轨道上的素材切割（已经加锁的轨道除外）	C
	滑动工具	用于改变某素材片段的入点和出点	Y
	幻灯片工具	用于改变两个相邻素材的入点和出点	U
	钢笔工具	在制作字幕时用于添加路径	P
	抓取工具	用于移动屏幕	H
	缩放工具	用于放大或缩小素材显示比例。选取工具后在素材上单击即可放大素材，按住 Alt 键在素材上单击可缩小素材	Z

5.2.3　项目参数设置

在 Premiere Pro 中开始创建项目时，不可避免地会遇到许多用于视频、压缩、采集和输出的设置。并且 Premiere Pro 的程序参数控制着每次打开项目时所载入的各种设置，但是只有在创建或打开一个新项目后，才能激活这些更改。

1.“常规”参数设置

在“编辑”菜单中选择“首选”项，在子菜单中选择“常规项”菜单，如图 5.16 所示。单击“常规项”菜单项后，打开如图 5.17 所示的“常规项”对话框。

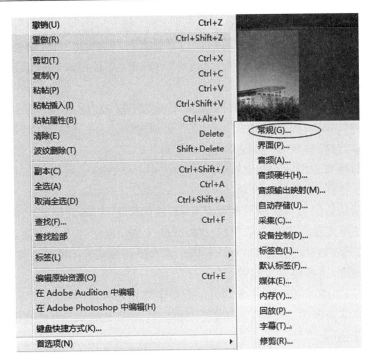

图 5.16 "编辑/首选/常规"

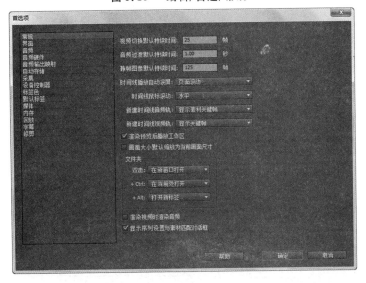

图 5.17 "常规项"参数设置

"常规"参数中各选项的含义如下。

视频切换默认持续时间:在首次应用切换效果时,此设置用于控制其持续时间。默认情况下,此字段设置为 25 帧(大约为 1 秒)。

音频过渡默认持续时间:在首次应用"音频切换"效果时,此设置用于控制其持续时间。默认设置是 1 秒。

静帧图像默认持续时间:在首次将静帧图像放置在"时间线"面板上时,此设置用于控制其持续时间。默认设置为 125 帧(5 秒),每秒 25 帧。

时间轴播放自动滚屏:使用此设置可以选择播放时"时间线"面板是否滚动。使用自动滚动可以在中断播放时停止在时间线某一特定点上,并且可以在播放期间反映"时间线"面板的编辑情况。

时间轴鼠标滚动:用于设置在"时间线"面板中"水平"或"垂直"滚动的状态。

新建时间轴音频轨:用于设置在"时间线"面板中新建"音频轨道"的状态,在右方的下拉菜单中可以选择"新建时间轴音频轨"的显示状态。

渲染预览后播放工作区:默认情况下,Premiere Pro 在渲染后播放工作区,如果不想在渲染后播放工作区,则取消该选项。

画面大小默认适配为当前项目画面尺寸:默认情况下,Premiere Pro 不会放大或缩小与项目画幅大小不匹配的影片。如果想让 Premiere Pro 自动缩放导入的影片,则选择该项。需要注意的是,如果选择让 Premiere Pro 缩放到画幅大小,则不是按照项目画幅大小创建的导入图像,则可能出现扭曲。

文件夹:使用文件夹部分可以在"项目"面板中管理影片。

渲染视频时渲染音频:默认情况下,渲染视频将不渲染音频,如果选中该项,渲染视频时,将音频一同渲染出来。

显示匹配序列设置对话框:默认情况下,设置的序列参数不会随着导入素材的参数更改。

2. "界面"参数设置

在"首选项"对话框的列表中选择"界面"选项,在"首选项"对话框右面显示"界面"参数设置,如图 5.18 所示。在对话框的右方拖曳"亮度"滑块,可以调整界面的亮度,单击"默认"按钮,将还原界面亮度。

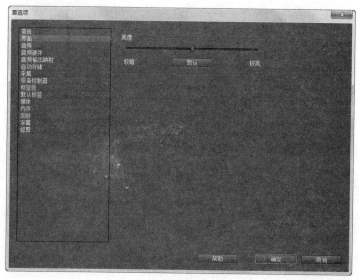

图 5.18　"界面"参数设置

3．"音频"参数设置

在"首选项"对话框中选择"音频"选项,在"首选项"对话框右面将显示"音频"的设置参数,如图 5.19 所示。

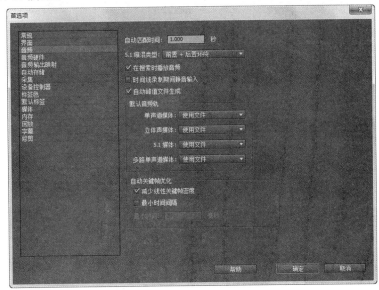

图 5.19　"音频"参数设置

自动匹配时间:设置与"调音台"面板中"触动"选项联合使用。用于控制 Premiere Pro 返回到"音频"更改之前的值所需的时间间隔。

5.1 缩混类型:用于控制 5.1 环绕音轨混合。一个 5.1 音轨包含 3 个不可缺少的声道(左、中、右声道)和左后、右后声道以及一个低频声道(LFE)。在 5.1 缩混类型后面的下拉菜单中可以更改"混合声道"的设置。

在搜索走带时播放音频:用于控制是否在"时间线"面板或"监视器"面板中搜索走带时播放音频。

时间轴录制期间静音输入:用于在使用"调音台"面板进行录制时关闭音频。当计算机上连接有"扬声器"时,选择此项可以避免音频反馈。

自动关键帧优化:用于防止在"调音台"面板中创建过多的关键帧而降低性能。其中的"减少线性关键帧密度"用于设置仅在直线末端创建关键帧;"最小时间间隔"用于设置控制"关键帧"直接的最小时间。例如,将时间间隔设置为 30 毫秒,则只有在间隔 30 毫秒之后才会创建关键帧。

4．"音频硬件"参数设置

在"首选项"对话框中选择"音频硬件"选项,在"首选项"对话框右面将显示"音频硬件"的设置参数,如图 5.20 所示。

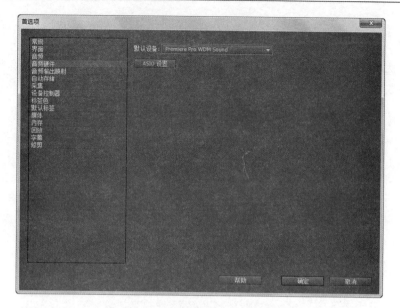

图 5.20　"音频硬件"参数设置

5."音频输出映射"参数设置

在"首选项"对话框中选择"音频输出映射"选项,在"首选项"对话框右面将显示"音频输出映射"的设置参数,如图 5.21 所示。

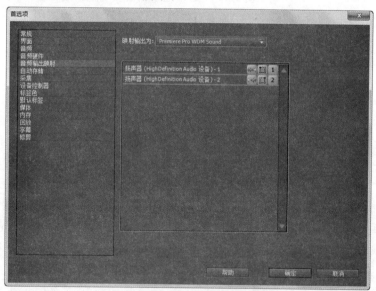

图 5.21　"音频输出映射"参数设置

6."自动存储"参数设置

在"首选项"对话框中选择"自动存储"选项,在"首选项"对话框右面将显示"自动存储"的设置参数,如图 5.22 所示。用于设置"自动存储"项目的"时间间隔",也可以修改

"最多项目保存数目"。

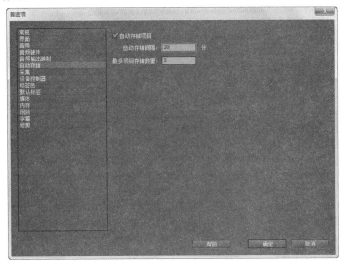

图 5.22　"自动存储"参数设置

7."采集"参数设置

在"首选项"对话框中选择"采集"选项,在"首选项"对话框右面将显示"采集"的设置参数,如图 5.23 所示。

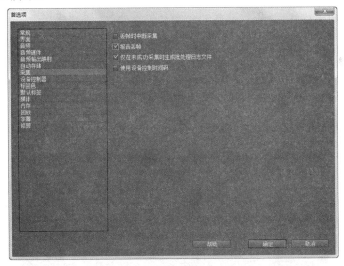

图 5.23　"采集"参数设置

"采集"参数设置中,可以选择在丢帧时中断"采集",也可以选择在屏幕上查看关于"采集"过程和"丢失帧"的报告,选择"仅在未成功采集时生成批处理日志文件"选项,可以在硬盘中保存日志文件,列出未能成功批"采集"时的结果。

8."设备控制器"参数设置

在"首选项"对话框中选择"设备控制器"选项,在"首选项"对话框右面将显示"设备控制器"的设置参数,如图 5.24 所示。

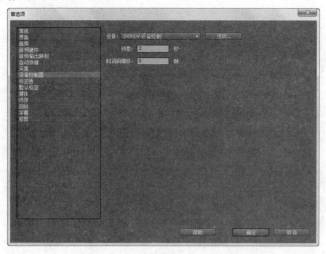

图 5.24　"设备管理器"参数设置

在"设备"下拉列表中选择当前的采集设备。

在"预卷"输入框中设置"磁盘卷动时间"和"采集开始时间"之间的间隔。

在"时间码偏移"选项中制定 1/4 帧的时间间隔,用以补偿采集材料和实际磁带的"时间码"直接的偏差。也即设置采集视频的"时间码"以匹配"录像带"上的帧。

在"选项"按钮单击,可以打开"DV/HDV 设备控制设置"对话框,用于选择采集设备的品牌,设置时间码格式,并检查设备的状态是否在线等。

9. "标签色"参数设置

在"首选项"对话框中选择"标签色"选项,在"首选项"对话框右面将显示"标签色"的设置参数,如图 5.25 所示。可以直接在"标签色"参数中单击颜色色块,选择更改的颜色,也可以在"名称编辑"框中更改颜色名称。

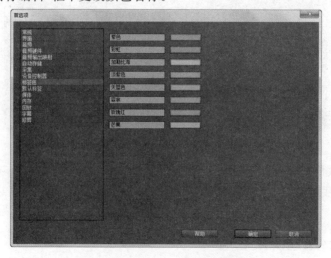

图 5.25　"标签色"参数设置

10. "默认标签"参数设置

在"首选项"对话框中选择"默认标签"选项,在"首选项"对话框右面将显示"默认标签"的设置参数,如图 5.26 所示。"默认标签"参数设置用来更改指定的标签颜色。比如"项目"面板中出现的视频、音频、文件夹和序列标签等的标签颜色。

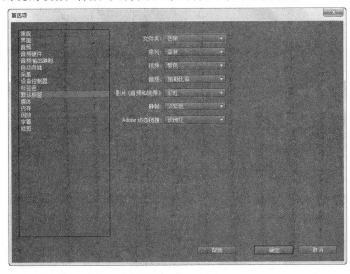

图 5.26　"默认标签"参数设置

11. "媒体"参数设置

在"首选项"对话框中选择"媒体"选项,在"首选项"对话框右面将显示"媒体"的设置参数,如图 5.27 所示。可以在"媒体"参数设置中,选择"媒体高速缓存文件"和"媒体高速缓存数据库"的位置。

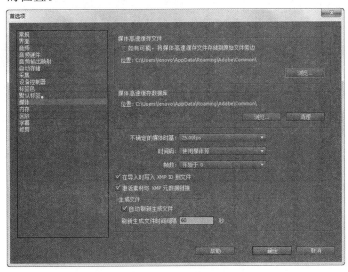

图 5.27　"媒体"参数设置

小贴士

　　媒体高速缓存数据库是用于跟踪作品中所使用的缓存媒体,计算机使用缓存来快速访问最近使用的数据。Premiere Pro 中可以识别的"缓存数据文件"有:".pac"(Peak 音频文件)、".cfa"(统一音频文件)和 MPEG 视频索引文件。单击"清理"按钮后,Premiere Pro 将审查原始文件,将他们与缓存文件比较,然后移除不再需要的文件。

12. "内存"参数设置

　　在"首选项"对话框中选择"内存"选项,在"首选项"对话框右面将显示"内存"的设置参数,如图 5.28 所示。可以在"内存"参数设置中查看计算机中安装的内存信息和可用的内存信息,还可以修改优化渲染的对象。

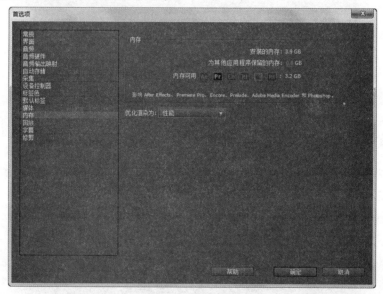

图 5.28　"内存"参数选项

13. "回放"参数设置

　　在"首选项"对话框中选择"回放"选项,在"首选项"对话框右面将显示"回放"的设置参数,如图 5.29 所示。可以在"回放"参数设置中对"预卷"和"过卷"进行设置,在"预卷"和"过卷"字段中以秒为单位设置时间。

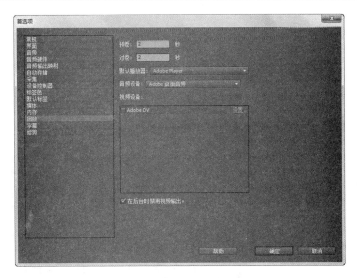

图 5.29　"回放"参数设置

小贴士

　　在单击"监视器"面板中的"循环"播放按钮时,这些设置将控制 Premiere Pro 在当前时间指示(CTI)前后播放的影片。如果在"源监视器"、"节目监视器"或"多机位监视器"面板中单击"循环"播放按钮,则 CTI 将回到预卷位置并播放到后卷位置。

14. "字幕"参数设置

　　在"首选项"对话框中选择"字幕"选项,在"首选项"对话框右面将显示"字幕"的设置参数,如图 5.30 所示。

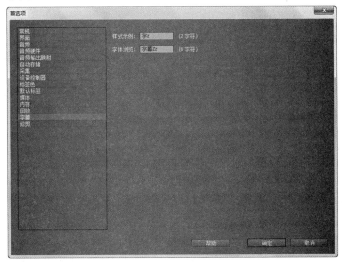

图 5.30　"字幕"参数设置

15. "修剪"参数设置

在"首选项"对话框中选择"修剪"选项,在"首选项"对话框右面将显示"修剪"的设置参数,如图 5.31 所示。在"修剪"参数选项中,可以在对话框中修改最大修整偏移的值和音频时间单位。默认情况下,最大修整偏移设置为 5 帧,如果更改了修整部分的最大修整偏移字段的值,那么下次创建项目时,该值在"监视器"面板中显示为一个按钮。

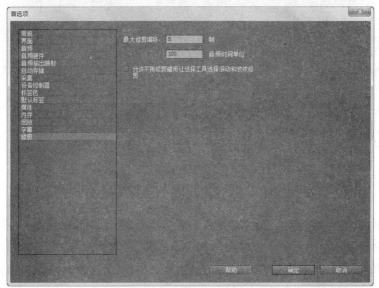

图 5.31　"修剪"参数设置

5.3　使用 Premiere Pro 采集视频

在 Premiere Pro 视频编辑中可以使用的素材有很多种,可以是计算机中多种格式的图像、音频、动画、视频文件,也可以直接从摄像机中采集获取视频信号。Premiere Pro 提供了较为专业的视频捕捉功能,可以高质量地捕捉模拟信号(通过视频采集卡)和数字信号(通过 IEEE 1394)。

小贴士

　　IEEE 1394 接口也即 Firewire 火线接口,是一种数字串联接口,由苹果公司开发的一种串行标准,有 6 针和 4 针两种类型,支持外设热插拔,可以为外设提供电源,同时能连接多种不同的设备,支持同步数据传输。

5.3.1 连接采集卡

1. 连接模拟/数字采集卡

模拟采集卡：通过 AV 或 S 端将模拟视频信号采集到电脑中，将模拟信号转换为数字信号，其视频信号来源于模拟摄像机、电视信号或模拟录像机等。

大多数模拟/数字采集卡使用复式视频或 S 视频系统，其连接方法如下。

复式视频系统：连接复式视频系统将摄像机或录音机的视频和声音输出插孔连接到采集卡的视频和声音输出插孔即可，在这个过程中需要用到 3 个 RCA 插孔的线缆。

S 视频系统：仅需要将一根线缆从摄像机或录音机的 S 视频输出插孔连接到计算机的 S 视频输入插孔即可。

2. 连接 IEEE 1394 采集卡

数字采集卡：通过 IEEE 1394 数字接口，将数字视频信号无损地采集到计算机中，其视频信号源主要来自 DV 及其他一些数字化设备。IEEE 1394 采集卡是用于数字视频采集的主要接口。IEEE 1394 采集卡和连接线如图 5.32 所示。

图 5.32 IEEE 1394 采集卡和连接线

连接 IEEE 1394 采集卡时，只需将 IEEE 1394 线缆插入 DV 或 HDV 摄像机的入/出插孔，然后将另一端插进电脑的 IEEE 1394 插孔即可。确保连接正常后，然后将 DV 打开，模式设置为 Play 或 VCR 档，如果想捕捉正在拍摄的画面，可以将 DV 状态设置为记录。将 DV 打开后，如果连接正常，在【我的电脑】窗口中即可发现该 DV 设备，然后可以进入 Premiere Pro 中进行视频采集了。

 小贴士

在使用视频采集卡捕捉视频素材时，需要在工程设定时选择为该视频采集卡提供硬件支持的视频压缩格式，而通过 IEEE 1394 捕捉视频素材时则不用选择硬件支持的视频。

5.3.2 采集视频

启动 Premiere Pro CS6 后,先设置工程属性(Project Settings),选择 DV-PAL 标准 48kHz,然后设置工作模式、项目保存路径和保存名称。

完成设置后,选择【文件】|【采集】命令或者直接按快捷键 F5 就可以启动 Premiere Pro 的采集窗口。

采集视频时系统会先将视频数据临时存储在硬盘的一个临时文件中,采集完成后, 用户需要将其存储为".avi"视频文件,否则数据将在下一个采集过程中被重写。

5.4　Premiere Pro 编辑影片

5.4.1　素材管理

1. 导入素材

在开始制作一个项目之前,一般先将文件添加到【项目】窗口。依次选择【文件】|【导 入】命令,或者直接在【项目】窗口中双击,都可打开【导入】对话框,如图 5.33 所示。

图 5.33　【导入】素材对话框

选择所需要的文件,单击【打开】按钮,即可将素材导入【项目】窗口中,如图 5.34 所 示。

图 5.34 将文件导入【项目】窗口中(【图标视图】显示方式)

2. 管理素材

把文件导入【项目】窗口后,可以根据需要调整【项目】窗口中的视图显示方式。常用的视图显示方式有列表显示方式和按图形形式显示方式,系统默认的设置是列表模式。可以通过单击【项目】窗口底部的【列表视图】或【图标视图】按钮来改变图标的显示方式。【图标视图】显示方式如图 5.34 所示,【列表视图】显示方式如图 5.35 所示。

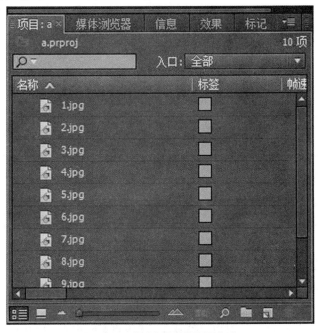

图 5.35 【列表视图】显示方式

在【项目】窗口中,单击下面的【新建文件夹】按钮,可以使用文件夹来组织素材,如图 5.36 所示。一般采用 3 种方式使用文件夹。

(1) 在进行批采集时,可以使用文件夹存储脱机文件。

(2) 可以单独地存储每个剪辑序列和它的源文件。

(3) 可以按类型组织文件,比如图片、视频和音频文件等。

图 5.36　使用【文件夹】管理素材

3. 编辑素材

(1) 设置素材入点和出点。在 Premiere Pro 中,入点和出点是素材的起始位置和结束位置,通过设置入点和出点来决定素材在视频中显示的时间。

【操作案例 5.1】为影片"例 5.1 素材"设置入点和出点。

操作步骤:

① 启动 Premiere Pro CS6,设置项目模式。在 Premiere Pro 欢迎界面上单击【新建项目】按钮,在【新建项目】对话框中,选择项目保存路径,并输入文件名"例 5.1",然后单击【确定】按钮,在【新建序列】对话框中,选择【有效预设】为 DV-PAL 标准 48kHz,输入【序列名称】,单击【确定】按钮。

② 导入素材。在【项目】面板下半部分素材框中双击或选择【文件】|【导入】命令,打开【导入】对话框,选择本例素材"例 5.1 素材",单击【打开】按钮。

③ 播放。在【项目】面板中,双击"例 5.1 素材.mpg"选项,使影片在【监视器】窗口中显示,然后单击【播放-停止切换】按钮进行播放。

④ 设置入点。播放完成后,单击【跳转入点】按钮返回影片的默认播放起始位置,即 00:00:00:00 帧处,然后拖动时间指示器或单击【步进】按钮,将当前时间指示器定位到需要设置入点的位置,如 00:00:05:00 处,然后单击【标记入点】按钮,完成后影片的入点处

会显示入点标记,如图 5.37 所示。

图 5.37　设置【入点】

⑤ 设置出点。使用相同的方法将当前时间指示器定位到影片的出点位置,如 00:
00:06:20 处,然后单击【标记出点】按钮,完成后影片的出点处会显示出点标记。如图
5.38 所示。

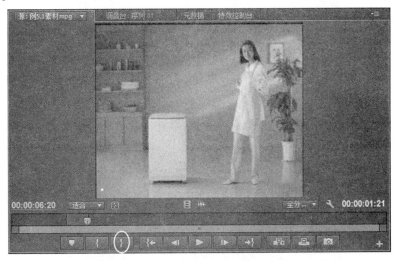

图 5.38　设置【出点】

(2)添加素材标记。在 Premiere Pro 中,为素材添加标记来标示重要的内容或者查
看素材的帧与帧直接是否对齐。

【操作案例 5.2】为影片"例 5.2 素材"添加素材标记。

操作步骤:

① 启动 Premiere Pro CS6,设置项目模式。在 Premiere Pro 欢迎界面上单击【新建
项目】按钮,在【新建项目】对话框中,选择项目保存路径,并输入文件名"例 5.2",然后单
击【确定】按钮,在【新建序列】对话框中,选择【有效预设】为 DV-PAL 标准 48kHz,输入
【序列名称】,单击【确定】按钮。

②　导入素材。在【项目】面板下半部分素材框中双击或选择【文件】|【导入】命令,打开【导入】对话框,选择本例素材"例5.2素材",单击【打开】按钮。

③　播放。将【项目】面板中的"例5.2素材.mpg"拖动到【时间线】窗口中显示,然后单击【播放-停止切换】按钮进行播放。

④　添加第一个素材标记。在时间线面板中将当前时间指示器移动到需要标记的位置,如00:00:14:22,然后单击【时间线】面板左侧的【添加标记】按钮,在时间标记停放处添加标记。

⑤　编辑素材标记。双击【时间线】面板中添加的标记,在打开的【标记】对话框的【名称】框中输入标记的名称为"01",在【持续时间】数值框中输入"00:00:01:59",在【注释】文本框中输入需要注释的内容"此时出现商品",然后在【选项】栏中选中【注释标记】按钮,如图5.39所示。然后单击【确定】按钮。

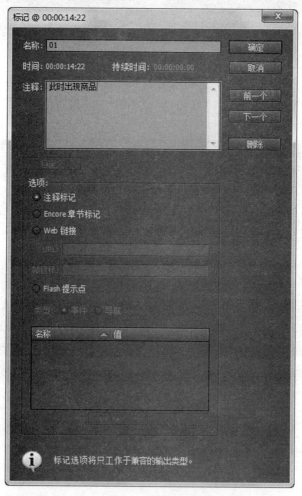

图5.39　编辑标记

⑥　显示标记内容。将鼠标指针放在标记上,将弹出一个提示框显示设置的内容。

⑦　跳转标记。用同样的方法在【时间线】面板中添加多个标记,在某一个标记上单击

右键,在弹出的快捷菜单中选择【到上一标记】命令,将自动跳转到上一个标记;选择【到下一个标记】命令,将跳转到下一个标记。

⑧ 删除标记。在【时间线】面板的标记上单击右键,在弹出的快捷菜单中选择【清除当前标记】命令,将清除所选的标记。如果在快捷菜单中选择【清除全部标记】,则会把所有添加过的标记都删除掉。

(3) 改变素材的速度/持续时间。素材的速度和持续时间决定了影片播放的快慢和显示的时间长短,可以通过选择【素材】|【速度/持续时间】命令,或在需要设置的素材上单击鼠标右键,在弹出的快捷菜单中选择【速度/持续时间】命令,打开【素材速度/持续时间】对话框,在其中重新输入素材显示的时间即可,如图 5.40 所示。

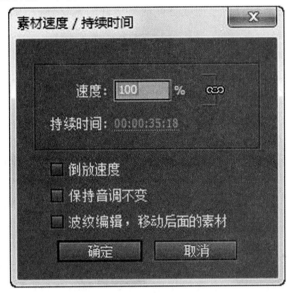

图 5.40　【素材速度/持续时间】

【素材速度/持续时间】对话框中各参数的含义如下。

速度:用于设置影片播放速度的百分比。

持续时间:用于设置素材显示时间的长短。数值越大,播放速度越慢;数值越小,播放速度越快。

倒放速度:选中该复选框,可以反向播放影片。

保存音调不变:选中该复选框,可以使音频的播放速度保持不变。

波纹编辑,移动后面的素材:选中该复选框,可对素材进行波纹编辑。

5.4.2　视频编辑

使用 Premiere Pro 可以方便地编辑视频文件,视频编辑的基本流程如图 5.41 所示。

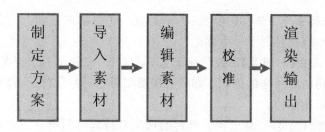

图 5.41　视频的基本编辑流程

制定方案：根据制作意图或制作目的，搜集素材并规划出总体方案，最好制作一个简单的图画方案或者文字方案，或者写成剧本。

导入素材：按照规划好的顺序把准备好或采集好的素材导入 Premiere 的【项目】窗口中。

编辑素材：根据需要，将素材组成一个有序的剪辑序列，并根据需要把不需要的内容删除掉或者裁剪掉。或者根据需要修改素材的属性，如透明度、运动效果等。

校准：对调整好的剪辑序列进行校准，比如校准颜色和时间等。

渲染输出：把调整好的每个剪辑序列组合成最终的剪辑序列，确定没有问题后，对剪辑序列进行渲染并输出。

素材在编辑视频节目过程中使用有不同的概念，例如源剪辑、剪辑实例、子剪辑和复制剪辑。

源剪辑：把导入到【项目】窗口还没有进行编辑的剪辑成为源剪辑。如果从【项目】窗口中删除源剪辑，它所有的剪辑实例都将被删除，包括在【序列】面板和【节目】窗口中的内容。

剪辑实例：它是在剪辑序列中使用的源剪辑的一个单独实例。每次把一个源剪辑拖曳到【序列】面板中，都会创建一个剪辑实例。剪辑实例不被列在【项目】窗口中，如果从【序列】面板中删除剪辑实例，不会影响其他的剪辑实例和【项目】窗口中的源剪辑。

子剪辑：它是源剪辑的一部分。当只需要较长源剪辑章的一部分内容时，也就是子剪辑时，可以把子剪辑组成一个新的项目。

复制剪辑：它是源剪辑的一个独立副本。使用【编辑】|【复制】命令，即可复制一个源剪辑。复制剪辑和子剪辑、剪辑实例不同，它位于【项目】窗口中，并且当删除源剪辑时，复制剪辑不会被删除。

【操作案例 5.3】"校园回忆"小影片的制作。

操作思路：将录制好的介绍 Premiere Pro 的 4 个小视频片段导入、剪辑、拼接合成为一个完整的小影片。

操作步骤：

（1）启动 Premiere Pro CS6，设置项目模式。在 Premiere Pro 欢迎界面上单击【新建项目】按钮，在【新建项目】对话框中，选择项目保存路径，并输入文件名"例 5.3"，然后单击【确定】按钮，在【新建序列】对话框中，选择【有效预设】为 DV-PAL 标准 48kHz，输入【序列名称】，单击【确定】按钮。

（2）导入素材。在【项目】面板下半部分素材框中双击或选择【文件】|【导入】命令，打

开【导入】对话框,如图 5.42 所示,选择本例素材"例 5.3 素材"文件,单击【打开】按钮。

图 5.42　【导入】素材

　　(3) 将素材拖放到时间线上。将素材图片 1 拖放到视频 1 的轨道时间线上,再将视频素材拖放到视频 1 的轨道时间线上,最后将图片素材 2 拖放到视频 1 轨道的最后,作为片尾字幕的背景。这时可以看到,图片素材仅放置在视频 1 轨道上,而视频素材拖放到时间线上时,同时包括视频轨道 1 和音频轨道 1 两部分,编辑时视频、音频可同步编辑,如图 5.43 所示。

图 5.43　时间线上的素材

　　(4) 将视频素材 1 中的部分视频剪切掉。用鼠标拖动"播放"指针预览视频,根据需要选择适当的剪切点,例如选择 00:00:14:00 处,使用剃刀工具在剪切点处单击,然后使用选择工具在欲剪切掉的素材上右击,在快捷菜单中选择【波纹删除】命令。这时,可将选定的视频和音频素材同时删除,其后面的素材会自动前移。

　　(5) 预览影片,保存影片。视频编辑工作一个阶段完成之后,即可以按回车键进行渲染并预览影片。这个过程会依据素材的多少和计算机配置的高低不同需要几分钟甚至更长的时间,用户需要耐心等待。当所有的编辑工作完成后,可以选择【文件】|【保存】命令,将当前的项目文件保存起来,文件的扩展名为".prproj"。此时保存的文件可以再打开并做进一步编辑修改,但它不是可以播放的影片文件。

　　(6) 导出影片。如果需要保存为影片文件,需要选择【文件】|【导出】|【媒体】命令,在打开的对话框中输入保存的位置、名称即可,此时保存为 AVI 视频文件,如图 5.44 所示。

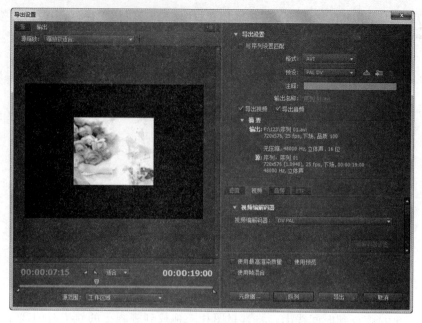

图 5.44　导出影片

如果要保存为其他格式的视频文件,则需要选择【格式】后面的按钮,打开如图 5.45 所示的对话框。在打开的对话框中选择相应的视频格式即可。

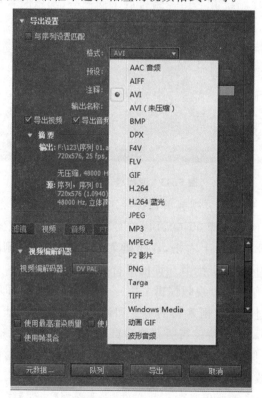

图 5.45　输出格式设置

5.4.3　添加过渡效果

1. 过渡效果简介

过渡效果也称为镜头切换或者转场效果,在电影中经常使用。如果能使过渡衔接自然有趣,则为制作出的电影或者 DV 增强影视作品的艺术感染力。

虽然每个过渡效果切换都是唯一的,但是控制图像过渡效果的方式却有很多。两个素材之间最常用的切换方式是直接切换,即从一个素材到另一个素材的直接变换。要在 Premiere 的两个素材间进行直接切换,只需要在时间标尺面板的同一条轨迹上将两个素材首位相连,当然,要想使两个素材的过渡效果更加自然,需要加入合理的过渡效果。

要运用过渡效果,需要打开【效果】面板。可以通过选择【窗口】|【效果】|【视频切换】来打开过渡效果。如图 5.46 所示。

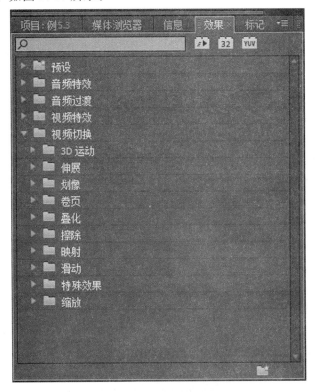

图 5.46　【视频切换】选项

在视频切换面板中,有 10 类过渡效果文件夹,选择任意一个展开,则会显示该组的过渡效果。常用的过渡效果和具体设置如下。

(1) 3D 运动。3D 运动类的过渡是将前后两个镜头进行层次化,实现从二维到三维的视觉效果。3D 运动类中包含 10 中过渡类型。

向上折叠:这种过渡效果中两个相邻剪辑的过渡以图像 A 像纸一样折叠到图像 B 的形式来实现,效果就像两样东西折叠在一起一样。

帘式:这种过渡效果中两个相邻剪辑的过渡以图像 A 呈拉起的形状消失,同时以图像 B 出现的形式来实现,效果就像打开门帘一样。

摆入:这种过渡效果中两个相邻剪辑的过渡以图像 B 像摆锤一样摆入,取代图像 A 的形式来实现。

摆出:这种过渡效果中两个相邻剪辑的过渡以图像 A 像摆锤一样从外面摆出而图像 B 从外面摆入的形式来实现,效果就像摆锤摆出一样。

旋转:这种过渡效果中两个相邻剪辑的过渡以图像 B 旋转出现在图像 A 上的形式来实现。

旋转离开:这种过渡效果中两个相邻剪辑的过渡以图像 A 旋转离开取代图像 B 来代替的形式来实现,该过渡效果类似于旋转过渡效果。

立方体旋转:这种效果中两个相邻剪辑的过渡以立方体旋转的形式来实现。

筋斗过渡:这种过渡效果中两个相邻剪辑的过渡以图像 A 像翻筋斗一样翻出,从而呈现出图像 B 的形式来实现,效果就像翻筋斗一样。

翻转:这种效果中两个相邻剪辑的过渡以图像 A 反转到图像 B 来呈现,效果就像翻转了一样。

门:这种过渡效果中两个相邻剪辑的过渡以图像 A、B 呈关门状转换的形式来实现,效果就像关门一样。

(2)伸展。伸展过渡效果的设置有交叉伸展、伸展等具体如下。

交叉伸展:这种过渡效果中两个相邻剪辑的过渡以图像 B 从一个边伸展进入,同时图像 A 则收缩消失的形式来实现。

伸展:这种过渡效果中两个相邻剪辑的过渡以图像 B 像幻灯一样划入图像 A,并逐渐取得图像 A 的位置的形式来实现。

伸展覆盖:这种过渡效果中两个相邻剪辑的过渡以图像 B 从图像 A 的中心线放大进入,会有一定的变形,并逐渐取代图像 A 的位置的形式来实现。

伸展进入:这种过渡效果中两个相邻剪辑的过渡以图像 B 放大进入,会有一定的变形,同时图像 A 淡出,并逐渐取代图像 A 的位置的形式来实现。

(3)划像。划像过渡效果的设置有划像、划像形状等具体如下。

划像交叉:这种过渡效果中,两个相邻剪辑的过渡以图像 B 呈十字形在图像 A 上展开的形式来实现。

划像形状:这种过渡效果中,两个相邻剪辑的过渡以图像 B 呈锯齿形在图像 A 上展开的形式来实现。

圆划像:在这种过渡效果中,两个相邻剪辑的过渡以图像 B 呈圆形在图像 A 上展开,并最终取代图像 A 的形式来实现。

星状划像:这种过渡效果中,两个相邻剪辑的过渡以图像 B 呈星形在图像 A 上展开的形式来实现。

点划像:这种过渡效果中,两个相邻剪辑的过渡以图像 B 呈斜十字形在图像 A 上展开的形式来实现。

盒形划像:这种过渡效果中,两个相邻剪辑的过渡以图像 B 呈方盒形在图像 A 上展开的形式来实现。

菱形划像:在这种过渡效果中两个相邻的过渡以图像 B 呈菱形在图像 A 上展开,并最终取代图像 A 的形状来实现。

(4) 卷页。卷页过渡效果的设置有中心剥落、剥开背面等,具体如下。

中心剥落:这种过渡效果中两个相邻剪辑的过渡以图像 A 从中心分裂成 4 块卷开,从而显示出图像 B 的形式来实现。

剥开背面:这种过渡效果中两个相邻剪辑的过渡以图像 A 由中央呈 4 块分别卷走,露出图像 B 的形式来实现。

卷走:这种过渡效果中两个相邻剪辑的过渡以图像 A 像一张纸一样卷走露出图像 B 的形式来实现。

翻页:这种过渡效果中两个相邻剪辑的过渡效果类似于页面剥落,但是以图像 A 卷起时背景仍旧是图像 A 的形式来实现。

页面剥落:这种过渡效果中两个相邻剪辑的过渡以图像 A 带着背景色卷走,从而露出图像 B 的形式来显示。

(5) 叠化(渐变)。叠化(渐变)过渡效果的设置有交叉叠化、抖动溶解等,具体如下。

交叉叠化:也称为淡进淡出。在这种过渡效果中,图像 A 淡出,图像 B 淡进,相对于前一种过渡效果而言,在过渡中间没有色彩亮度的变换效果。

抖动溶解:在这种过渡效果中,图像 A 淡出,图像 B 淡进,在过渡中间会有一些方式变换的效果。

白场过渡:在这种过渡效果中,图像 A 淡出,图像 B 淡进,在过渡中间会变成纯白效果。

胶片溶解:这种过渡效果模拟电影中的过渡效果,图像 A 逐渐淡出,图像 B 逐渐淡进。

附加叠化:这种过渡效果中,图像 A 淡出,图像 B 淡进,但是在过渡中间会有一些色彩亮度的变换效果。

随机反相:在这种过渡效果中,图像 A 淡出,图像 B 淡进,但是再过渡中间会以色度变换的方式进行过渡。

非附加叠化:在这种过渡效果中,图像 A 淡出,图像 B 淡进,但是在过渡中间会有一些色斑的变换效果。

黑场过渡:在这种过渡效果中,图像 A 淡出,图像 B 淡进,在过渡中间会变成纯黑效果。

(6) 擦除。擦除过渡效果的设置有带状擦除、径向划变等,具体如下。

双侧平推门:这种过渡效果中两个相邻剪辑的过渡以图像 B 打开、关门方式过渡到图像 A 的形式来实现。

带状擦除:这种过渡效果中两个相邻剪辑的过渡以图像 B 以碎块呈之字形出现在图像 A 上,并逐渐取代图像 A 的位置的形式来实现。

径向划变:这种过渡效果中两个相邻剪辑的过渡以图像 B 呈射线扫描显示,并逐渐取代图像 A 的位置的形式来实现。

插入:这种过渡效果中两个相邻剪辑的过渡以图像 B 呈方形从图像 A 的一角插入,

并逐渐取代图像 A 的位置的形式来实现。

擦除:这种过渡效果中两个相邻剪辑的过渡以图像 B 逐渐扫过图像 A,并逐渐取代图像 A 的位置的形式来实现。

时钟式划变:这种过渡效果中两个相邻剪辑的过渡以图像 B 呈时钟转动方式逐渐擦除图像 A 并取代图像 A 的位置的形式来实现。

棋盘:这种过渡效果中两个相邻剪辑的过渡以图像 B 呈方格棋盘形逐渐显露并逐渐取代图像 A 的位置的形式实现。

棋盘划变:这种过渡效果中两个相邻剪辑的过渡以图像 B 呈棋盘逐渐显露并逐渐取代图像 A 的位置的形式实现。

楔形划变:这种过渡效果中两个相邻剪辑的过渡以图像 B 从图像 A 的中心呈楔形旋转划入,并逐渐取代图像 A 的位置的形式来实现。

水波块:这种过渡效果中两个相邻剪辑的过渡以图像 B 以水平、垂直或者对角线呈带状逐渐擦除图像 A 的形式实现。

油漆飞溅:这种过渡效果中两个相邻剪辑的过渡以图像 B 以泼洒涂料的方式进入并逐渐取代图像 A 的位置的形式来实现。

渐变擦除:这种过渡效果中两个相邻剪辑的过渡以依据所选择的图像做渐变过渡的形式来实现。

百叶窗:这种过渡效果中两个相邻剪辑的过渡以百叶窗式转换,图像 B 逐渐取代图像 A 的位置的形式来实现。

螺旋框:这种过渡效果中两个相邻剪辑的过渡以图像 B 以旋转方形方式显示,并逐渐取代图像 A 的位置的形式来实现。

随机块:这种过渡效果中两个相邻剪辑的过渡以图像 A 以随机块反转消失,图像 B 以随机块反转出现,并逐渐取代图像 A 的位置的形式来实现。

随机擦除:这种过渡效果中两个相邻剪辑的过渡以图像 B 从一个边呈随机块扫走图像 A,并逐渐取代图像 A 的位置的形式来实现。

风车:这种过渡效果中两个相邻剪辑的过渡以图像 A 以风车转动式消失,露出图像 B,并逐渐取代图像 A 的形式来实现。

(7) 映射。映射过渡效果的设置分为明亮度映射、通道映射,具体如下。

明亮度映射:在这种过渡效果中两个相邻剪辑的过渡以图像 A 的亮度值映射到图像 B 的形式来实现。

通道映射:在这种过渡效果中两个相邻剪辑的过渡以从图像 A 和 B 选择通道并映射到输出影像的形式来实现。

(8) 滑动。滑动过渡效果的设置有中心合并、中心拆分等,具体如下。

中心合并:这种过渡效果中两个相邻剪辑的过渡以图像 A 从四周向中心合并,显现出图像 B 的形式来实现。

中心拆分:这种过渡效果中两个相邻剪辑的过渡以图像 A 从中心呈十字向四周裂开,从而显现出图像 B 的形式来实现。

互换:这种过渡效果中两个相邻剪辑的过渡以图像 B 与图像 A 前后交互位置转换,

并逐渐取代图像 A 的位置的形式来实现。

多旋转:这种过渡效果中两个相邻剪辑的过渡以图像 B 以 12 个小的旋转图像呈现出来,并逐渐取代图像 A 的形式来实现。

带状滑动:这种过渡效果中两个相邻剪辑的过渡以图像 B 以带状推入,逐渐覆盖图像 A 的形式来实现。

拆分:这种过渡效果中两个相邻剪辑的过渡以图像 A 被分裂显露出图像 B,并逐渐取代图像 A 的位置的形式来实现。

推开:这种过渡效果中两个相邻剪辑的过渡以图像 B 从左边推动图像 A 向右边运动,并逐渐取代图像 A 的位置的形式来实现。

斜线滑动:这种过渡效果中两个相邻剪辑的过渡以图像 B 以一些自由线条方式划入图像 A,并逐渐取代图像 A 的位置的形式来实现。

滑动:这种过渡效果中两个相邻剪辑的过渡以图像 B 像幻灯片一样划入图像 A,并逐渐取代图像 A 位置的形式来实现。

滑动带:这种过渡效果中两个相邻剪辑的过渡以图像 B 在水平或者垂直方向从小到大的条形中逐渐显露,并逐渐取代图像 A 的位置的形式来实现。

滑动框:这种过渡效果中两个相邻剪辑的过渡以图像 B 在水平方向从小到大的条形中逐渐显露,并逐渐取代图像 A 的位置的形式来实现。类似于划动带,只不过滑条更大。

漩涡:这种过渡效果中两个相邻剪辑的过渡以图像 B 在一些旋转的方块中旋转而出,并逐渐取代图像 A 的位置的形式来实现。

(9) 特殊效果。特殊效果过渡效果的设置有纹理、转换等,具体如下。

映射红蓝通道(3 次元过渡):这种过渡效果中两个相邻剪辑的过渡以把 A 图像映射给输出图像 B 的红和蓝通道的形式来实现。

纹理:这种过渡效果中两个相邻剪辑的过渡以图像 A 被作为纹理贴图映射给图像 B 的形式来实现,类似于淡出淡入的过渡效果。

置换:这种过渡效果中两个相邻剪辑的过渡以图像 A 的 RGB 通道像素被图像 B 的相同像素代替的形式来实现。

(10) 缩放。绽放过渡效果的设置有交叉缩放、缩放等,具体如下。

交叉缩放:这种过渡效果中两个相邻剪辑的过渡以图像 A 放大出去,图像 B 缩小进来,并逐渐取代图像 A 的位置来实现。

缩放:这种过渡效果中两个相邻剪辑的过渡以图像 B 从图像 A 的中心放大出现,并逐渐取代图像 A 的位置的形式来实现。

缩放拖尾:这种过渡效果中两个相邻剪辑的过渡以图像 B 从图像 A 的中心放大且带着拖尾出现,并逐渐取代图像 A 的位置的形式来实现。

缩放框:这种过渡效果中两个相邻剪辑的过渡以图像 B 以 12 个方框从图像 A 上放大出现,并逐渐取代图像 A 的位置的形式来实现。

2. 添加过渡效果

添加过渡效果时,在【时间标尺】面板中,先把至少两端视频素材分别放置于视频 1

轨道中,在过渡面板中将过渡效果拖动到【时间标尺】中的两个剪辑之间,鼠标变形后松开鼠标,Premiere 会自动确定过渡长度来匹配过渡部分。添加过渡效果后,在两个剪辑之间显示出添加的过渡效果,一般会显示出一个方框标志,如果 5.47 所示。

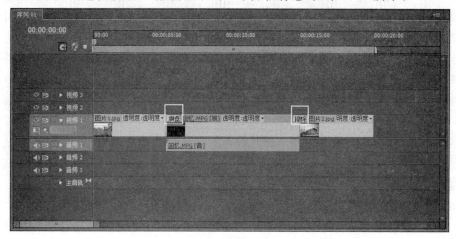

图 5.47　添加【过渡效果】

3. 调整过渡效果

如果要对过渡效果进行具体设置,则在【时间标尺】面板中的过渡效果上双击,即可打开【特效控制台】面板,对过渡效果进行调整设置,如图 5.48 所示。

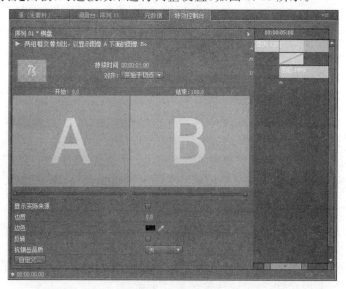

图 5.48　【特效控制台】面板

在该面板中,常用的按钮功能及控制选项如下。

播放转场过渡效果按钮:单击该按钮,可以在【过渡浏览】窗口中预览应用的过渡效果。

持续时间:用于设置过渡效果的持续时间,可以把它设置得长一些,也可以设置的短一些。

对齐方式:用于设置过渡效果放置的位置,也就是设置过渡效果与两个素材之间的位置关系,有 4 种方式。单击它右侧的下拉按钮可以打开一个下拉菜单,可以从"居中与切点"、"开始于切点"、"结束于切点"和"自定开始"中选择一项。

开始和结束滑块:通过调整这两个滑块可以调整过渡效果的开始和结束位置,在预览窗口的上方有时间显示。

显示实际来源:选中该选项后,可以看到实际的剪辑画面。显示实际来源选项下面的选项根据选择的过渡效果不同而不同。

4. 删除过渡效果

如果想删除添加的过渡效果,那么直接使用鼠标在【时间标尺】面板中单击选择过渡,按键盘上的 Delete 键即可将其删除。

【操作案例 5.4】制作有多种转场特效的"校园风光电子相册"。

操作思路:根据提供的图片素材制作一个适合图片大小的带背景音乐的电子相册。在每张图片到下一张图片的转换中添加多种不同形式的转场特效,并为电子相册添加背景音乐。

操作步骤:

(1) 启动 Premiere Pro CS6,新建项目为"校园风光电子相册"。通过查看图片大小可知,各图片一般均为 530×354 像素,为此,选择【新建序列】面板中的【设置】选项卡,在【编辑模式】下拉列表框中选择自定义,【时间基数】设置为 25 帧/秒,【屏幕大小】为 530×350 像素,【屏幕纵横比】为方型像素 1.0,【场】为无场(向前扫描),其他使用默认设置,如图 5.49 所示。

图 5.49　【设置】选项卡

（2）导入素材。在【项目】面板中导入"例5.4素材"全部文件。

（3）将素材拖放至时间线。将各图片依次拖放到视频1的轨道上，将音频文件拖放到音频1的轨道上，如图5.50所示。每幅图片播放时间的长度一般使用默认即可，如果有特殊需要，可使用波纹编辑工具拖动，以将素材适当延长或缩短。

图 5.50　导入素材

（4）添加转场特效。在【项目】对话框中选择【效果】选项卡，再单击【视频切换】前的按钮，将【视频切换】展开，可看到转场特效的各种类型，再根据需要单击类型前的按钮展开，选择合适的转场特效。拖动效果名称前的符号，放在时间线上两个素材之间，这两个素材的转场特效就设置完成。本例中依次添加的切换效果为"擦除/双侧平推门"、"擦除/楔形划变"、"滑动/带状滑动"、"滑动/漩涡"、"缩放/缩放拖尾"、"叠化/抖动溶解"、"卷页/中心剥落"和"划像/星形划像"。这时，如果选择【监视器】窗口中的【特效控制台】选项卡，再双击时间线上放置的转场特效，可在【特效控制台】选项卡中看到转场的效果，并可改变转场效果。

（5）裁切音频素材。选择工具栏中的剃刀工具，在多余的音频素材处单击，将音频素材切割成两段，再用鼠标右击后面多余的音频素材，在快捷菜单中选择【波纹删除】命令。

（6）设置音频淡入、淡出效果。首先，移动指针到音频素材的起始处，单击音频1轨道前的【添加－删除关键帧】按钮添加一个关键帧，然后将指针向后移动一定的距离，再单击【添加－删除关键帧】按钮添加一个关键帧，再用鼠标拖动音频1轨道上的第一个关键帧，向下拖至最低点。此时，音频的淡入效果设置就完成了。用同样的方法在音频素材的最后添加两个关键帧，设置音频的淡出效果，如图5.51所示。

图 5.51　音频的淡入淡出设置

（7）保存、导出影片。首先按回车键对编辑好的视频进行渲染和预演。效果满意后，先选择【文件】|【保存】命令，将文件保存为"校园风光电子相册. prproj"文件。然后选择【文件】|【导出】命令输出某种格式的影片。

【操作案例 5.5】制作有多种转场特效的"可爱宝贝"。

操作思路：根据提供的图片素材制作一个带背景音乐的儿童电子相册。在每张图片到下一张图片的转换中添加不同形式的转场特效，并为电子相册添加背景音乐。

操作步骤：

（1）启动 Premiere Pro CS6，新建项目为"可爱宝贝"。使用默认设置，如图 5.52 所示。

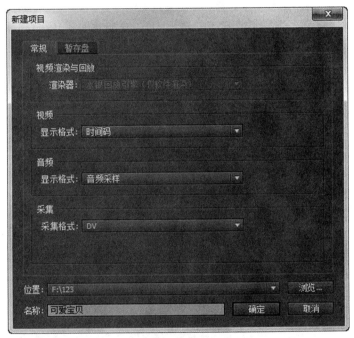

图 5.52　新建项目

（2）导入素材。在【项目】面板中导入"例 5.5 素材"全部文件。

（3）将素材拖放至时间线。将各图片依次拖放到视频 1 的轨道上，将音频文件拖放到音频 1 的轨道上，如图 5.53 所示。每幅图片播放时间的长度一般使用默认即可，如果有特殊需要，可使用波纹编辑工具拖动，以将素材适当延长或缩短。

（4）添加转场特效。在【项目】对话框中选择【效果】选项卡，再单击【视频切换】前的按钮，将【视频切换】展开，可看到转场特效的各种类型，再根据需要单击类型前的按钮展开，选择合适的转场特效。拖动效果名称前的符号，放在时间线上两个素材之间，这两个素材的转场特效就设置完成。本例中依次添加的切换效果为"滑动/多旋转"、"卷页/页面剥落"、"擦除/随机块"、"滑动/互换"、"叠化/胶片溶解"、"擦除/油漆飞溅"、"划像/星点划像"、"伸展/伸展进入"和"3D 运动/筋斗过渡"。这时，如果选择【监视器】窗口中的【特效控制台】选项卡，再双击时间线上放置的转场特效，可在【特效控制台】选项卡中看到转场的效果，并可改变转场效果。

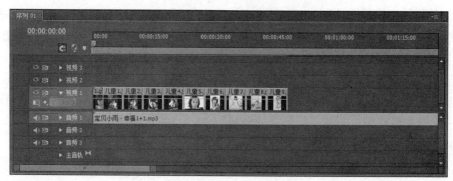

图 5.53　导入素材

（5）裁切音频素材。选择工具栏中的剃刀工具，在多余的音频素材处单击，将音频素材切割成两段，再用鼠标右击后面多余的音频素材，在快捷菜单中选择【波纹删除】命令。

（6）输出影片。首先按回车键对编辑好的视频进行渲染和预演。效果满意后，选择【文件】|【导出】|【媒体】命令输出"可爱宝贝.avi"格式的影片。

5.4.4　视频特效

在 Premiere Pro 中，可以对视频剪辑使用各种视频及音频效果。视频编辑中的视频特效是指对视频素材进行一些特殊处理，使其形成更加艺术化的特殊效果，如对视频的色彩处理、浮雕效果，利用视频特效制作水中倒影、闪电效果、画中画等。视频特效就好像 Photoshop 的滤镜一样，是对视频图像的艺术效果处理。因此，有时人们也把视频特效叫做滤镜。需要注意的是，它不同于转场特效，转场特效是指从一个素材到另一个素材的中间过渡效果。

在 Premiere 中，他们专门为处理视频中的像素，并按照特定的要求实现各种效果。例如图 5.54 所示的扭曲效果。

图 5.54　【扭曲】效果

1. 应用视频特效

使用视频特效时，只需要从【效果】面板|【视频特效】中把需要的效果拖曳到【时间线】面板的剪辑中，并根据需要在【特效控制台】面板中调整参数，就可以在【节目】窗口中

及时地看到所应用的效果了,如图 5.55 所示。

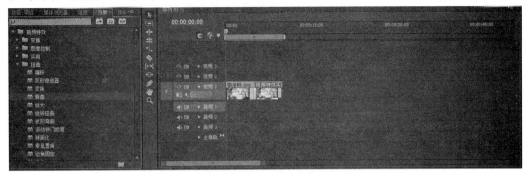

图 5.55　应用【视频特效】

【特效控制台】面板如图 5.56 所示。

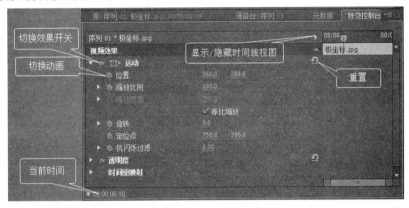

图 5.56　【特效控制台】面板

2. 删除视频特效

如果对应用的视频特效效果不满意,或者不需要视频特效时,可以将其删除。可以用如下方法删除视频特效。

首先在【特效控制台】面板中在需要删除的效果右击,在弹出的快捷菜单中选择"清除"命令;然后在【时间线】面板中需要删除视频特效的素材上右击,在弹出的快捷菜单中选择"移除效果"命令即可将其删除。

3. 临时关闭视频特效

在实际使用视频特效后,有时需要让视频特效不起作用,但又不想删除掉,那么就需要临时把它关闭。临时关闭视频特效的方法如下。

在【时间线】面板中选中应用效果的剪辑,在【特效控制台】面板中选择该效果,单击效果名字左边的"效果开关"按钮即可。

4. 使用多个视频特效

在 Premiere 中,可以对一个剪辑或剪辑序列应用一种或多种视频效果,以此来获得特殊的效果需求。需要注意的是,如果对一个剪辑应用多个效果时,它们的应用次序会影响到最终的结果。如果对一个剪辑应用多个效果,在【特效控制台】面板中可以有序地鉴别。在输出时,列表中的效果会按照次序一次从上到下进行渲染。

【操作案例 5.6】制作有多个视频特效的剪辑。

操作思路:先使用一个弯曲效果,再使用摄像机模糊效果,做后应用垂直翻转效果。

操作步骤:

(1) 启动 Premiere Pro CS6,新建项目为"多个视频特效"。选择【新建序列】面板中的【设置】选项卡,在【编辑模式】下拉列表框中选择自定义,【时间基数】设置为 25 帧/秒,【屏幕大小】为 1500×792 像素,其他使用默认设置。

(2) 导入素材。在【项目】面板中导入"例 5.6 素材"文件。将素材拖放至时间线,选中素材将其处于选择状态。

(3) 添加视频特效。在【效果】面板中,打开【视频特效】选项,首先将【扭曲】|【弯曲】视频效果拖曳到【时间线】面板的剪辑中;然后把【模糊与锐化】|【摄像机模糊】视频效果拖曳到时间线选中的剪辑上;最后将【变换】|【垂直翻转】视频效果拖曳到时间线选中的剪辑上。节目面板中的效果如图 5.57 所示。

图 5.57 添加多个视频特效

(4) 对视频特效进行修改。打开【特效控制台】面板,选中"摄像头模糊",将其中的"模糊百分比"值设为 10,查看【节目】面板中的效果,如图 5.58 所示。

图 5.58 修改【镜头模糊】特效后效果

（5）保存影片。选则【文件】|【存储】命令，将文件保存为"多个视频特效叠加.prproj"文件。

5. 视频特效类型

Premiere ProCS6 提供了 17 种类型的视频特效，下面介绍几种常用的视频特效。

（1）变换。变换特效的制作有垂直保持、垂直翻转等具体如下。

垂直保持：使画面被黑色条带分割，并垂直在屏幕上进行滚动。该效果不包含任何选项，直接拖动到素材上即可使用。

垂直翻转：将原始素材上下翻转，使画面倒立。

摄像机视图：模拟摄像机从不同角度拍摄的效果。

水平保持：模拟水平控制旋钮产生的效果，可在【特效控制台】面板中通过拖动"水平保持"栏中的"偏移"数值框来设置素材的相位差。

水平翻转：对素材画面进行左右翻转。

羽化边缘：对素材的边缘创建三维羽化特效。可在【特效控制台】面板的"羽化边缘"栏中的"数值"数值框中设置羽化的程度，数值越大，羽化效果越明显。

裁剪：对素材的上、下、左、右都进行裁剪。

（2）实用。实用特效中只包含了一种效果，即"Cieon 转换"特效，该特效能转换图像的 Cieon 颜色。"Cieon 转换"特效的"内部黑场"数值框用来设置内部黑场的值，当值为 0 时为黑场，当值为 1 时为白场；另外一个"内部白场"数值框用来设置内部白场的值，当值为 0 时为黑场，当值为 1 时为白场。

（3）扭曲。扭曲特效制作有偏移、变换等具体如下。

偏移：在水平或垂直方向上将素材分割为几个部分，每个部分用于显示同一时间的不同角度的画面。

变换：对素材的位置、尺寸、透明度和倾斜角度等属性进行设置。

弯曲：产生类似于水面波纹的效果。

放大：用于放大素材的某一部分，使其突出显示，不仅能便于内容查看，更能吸引观众的目光。

旋转扭曲：使素材产生沿中心轴旋转的效果。

波形弯曲：产生类似于波纹的效果。

球面化：将平面的画面变为球面图像效果。在【特效控制台】面板的"球面化"栏中设置"半径"的值，可以改变球面的半径，修改"球面中心"的值可以设置产生球面效果的中心位置。

紊乱置换：产生类似于波纹、信号和旗帜飘动等效果。在【特效控制台】面板的"紊乱置换"栏的"置换"下拉列表框中设置置换的类型，在"数量"数值框中设置置换的数量，在"偏移"数值框中设置置换的偏移位置，在"复杂度"数值框中设置置换的程度，在"演化"数值框中设置置换的变换程度。

边角固定：用于改变素材 4 个边角的坐标位置，使图像变形。

镜像：将素材分割为两部分，然后制作出镜像的效果。【特效控制台】面板的"镜像"

栏中,"反射中心"用来设置镜像的坐标位置;"反射角度"用来设置镜像的方向,"0°"表示从左边反射到右边,"90°"表示从上方反射到下方,"180°"表示从右边反射到左边,"270°"表示从下方反射到上方。

镜头扭曲:是素材产生变形透视的效果。

(4)时间。时间特效的制作抽帧、重影等具体如下。

抽帧:主要用于对素材的帧速率进行设置。

重影:对素材中的帧进行重复播放,使素材达到重影的效果。需要注意的是该特效只能在运动的素材中才起作用。

(5)杂波与颗粒。杂波与颗粒特效的制作有中值、杂波等,具体如下。

中值:用来获取邻近像素中的中间像素,以减少图像中的杂波。其"半径"数值设置的较大时,图像的颜色就越趋近于整个画面的色值。

杂波:添加类似噪点的效果。

杂波 Alpha:为素材的通道添加统一或方形的杂波。

杂波 HLS:根据素材的色相、亮度和饱和度来添加噪点。

灰尘与划痕:修改图像中不相似的像素并创建杂波。

自动杂波:为素材添加杂色。

(6)模糊与锐化。模糊与锐化特效的制作有方向模糊、残像等,具体如下。

摄像机模糊:产生离开摄像机焦点的效果。其"模糊百分比"数值框中的值用来设置模糊的程度,其百分比越大,画面就越模糊。

方向模糊:沿指定的方向进行模糊。

残像:显示移动对象的路径,使影片中运动的物体后面产生一串阴影并一起移动,该特效没有参数,只需直接添加即可应用。需要注意的是该特效必须添加到运动的画面中才能显示效果。

消除锯齿:通过混合对比度的颜色来减少图像边缘的锯齿,产生平滑、柔化的边缘,该特效没有任何参数。

混合模糊:对项目文件中不同轨道中的素材进行模糊处理。

通道模糊:对素材的红、蓝、绿和 Alpha 通道进行模糊。

锐化:增加相邻像素间的对比度使图像变得清晰。

非锐化遮罩:通过增加颜色间的锐化程度来增加图像的细节,使图像变得更加清晰。其"数量"框中的值用来设置颜色边缘的差别值大小;"半径"数值框中的值用来设置颜色边缘产生差别的范围;"阈值"框中的值用来设置颜色边缘之间允许的差别范围,其值越小,效果越明显。

高斯模糊:对素材进行更大程度的模糊,使素材产生虚化的效果。

(7)生成。生成特效的制作有书写、吸色管等,具体如下。

书写:在素材中添加颜色笔触,通过结合关键帧的使用可以创建出笔触动画。

吸色管:通过从素材中选取一种颜色来填充画面。

四色渐变:在素材上创建一个 4 颜色的渐变效果。其"位置 1"选项用来设置第一个颜色的位置,在"颜色 1"色块中设置第一个颜色的值,依次类推,设置其他的颜色位置和颜色值。

圆：在素材中创建　个黑底白色填充的正圆。

棋盘：在画面中创建一个黑白的棋盘背景。

椭圆：在画面中创建圆、圆环或椭圆。

油漆桶：为图像的某个区域进行着色或应用纯色。

渐变：在素材中创建线性渐变和放射渐变。

网格：在素材中创建网格，以作为蒙版来使用。

蜂巢图案：在蒙版、黑场视频中作为一种特殊的背景使用。

镜头光晕：在画面中产生闪光灯的效果。

闪电：在画面中产生闪电效果。

（8）过渡。过渡特效的制作有块溶解、径向擦除等，具体如下。

块溶解：通过随机产生的像素块对图像进行溶解。

径向擦除：在指定的位置以顺时针或逆时针的方向来擦除素材，以显示其下方的场景。

渐变擦除：通过指定的层（渐变效果层）与原图层（渐变下面的图层）之间的亮度值来进行过渡。

百叶窗：以条纹的形式显示素材。

线性擦除：从画面左侧逐渐擦除素材，以显示下方的画面。

（9）透视。透视特效的制作有基本 3D、径向阴影等，具体如下。

基本 3D：对素材进行旋转和倾斜操作，模拟图像在三维空间中的效果。

径向阴影：在带 Alpha 通道的素材上创建一个阴影。

投影：在带 Alpha 通道的素材上添加投影效果。

斜角边：在素材边缘产生一个高亮的三维效果。

斜面 Alpha：为素材创建插角的边，使图像的 Alpha 通道变亮，以使素材产生三维效果。

（10）通道。通道特效的制作有反转、固态合成等，具体如下。

反转：用来反转图像的颜色，使图像中的颜色都变为对应的互补色。

固态合成：在基于选择的混合模式的基础上，将固态颜色覆盖在素材上。

复合算法：将两个重叠的素材颜色混合在一起。

混合：通过不同的模式来混合视频轨道中的素材。

算法：通过不同的数学运算修改素材的红、绿、蓝色值。

计算：通过不同的混合模式将不同轨道上的素材重叠在一起。

设置遮罩：用当前素材的 Alpha 通道替代指定层的 Alpha 通道，使其产生移动蒙版的效果。

（11）风格化。风格化特效的制作有复制、彩色浮雕等，具体如下。

Alpha 辉光：在带 Alpha 通道的素材边缘添加辉光。在【特效控制台】面板中可以设置辉光从 Alpha 通道向外扩散的距离；辉光的强度，其值越大，辉光越强。

复制：将素材复制为指定的数量，在【特效控制台】面板的"计数"数值框中输入计数的个数后，可以在画面中划分出水平计数×垂直计数的网格。例如设置计数值为 3，则画面中会划分出 3×3＝9 个网格，将图像复制为 9 个。

彩色浮雕：使素材的轮廓锐化，产生彩色的浮雕。

曝光过度：产生图像边缘变暗的亮化现象。其"阈值"数值框中可设置曝光的强度。

材质：在一个素材上显示另一个素材的纹理。

查找边缘：强化素材中物体的边缘，使素材产生类似于底片或铅笔素描的效果。

浮雕：与【彩色浮雕】的效果类似，都是通过锐化物体轮廓来产生浮雕的效果，不同的是，【浮雕】特效没有彩色。

笔触：模拟美术画笔绘画的效果。

色调分离：能减少红、绿、蓝通道中的色阶，使图像按照多色调进行显示。

边缘粗糙：使素材的 Alpha 通道边缘粗糙化。

闪光灯：在一定周期或随机地创建闪光灯效果。

阈值：将素材变为灰度模式，在【特效控制台】面板中的"色阶"数值框中可以对图像的黑、白颜色进行调节，其值越大，黑色越多；其值越小，白色越多。

马赛克：在素材中产生马赛克，以遮盖素材。

【操作案例 5.7】为视频素材"例 5.7 素材.mpg"添加闪电特效。

操作思路：通过查看视频属性了解视频素材的尺寸，并在 Premiere Pro 中建立与素材尺寸相同的工程项目，在视频的适当位置添加闪电视频特效。

操作步骤：

（1）查看视频素材尺寸。打开"例 5.7 素材.mpg"文件所在的文件夹，选中该文件后单击右键，在弹出的快捷菜单中，选择【属性】，在【详细信息】选项卡中可看到包括视频分辨率在内的相关属性，如图 5.59 所示。

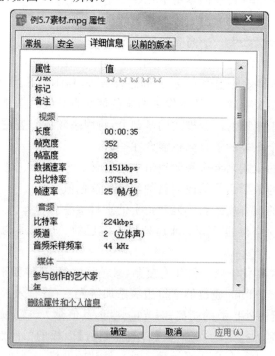

图 5.59　使用暴风影音查看视频素材属性

（2）新建工程项目。启动 Premiere Pro CS6，新建工程，选择【新建序列】面板中的【设置】选项卡，在【编辑模式】下拉列表框中选择自定义，【时间基数】设置为 25 帧/秒，【屏幕大小】为 352×288 像素，其他使用默认设置。

（3）导入素材。在【项目】面板中双击打开【导入】对话框，选择"例 5.7 素材.mpg"文件导入。

（4）浏览素材，选择插入效果的位置。在【监视器】窗口中可浏览素材，选择插入点位置。

（5）在素材的某一段视频上应用闪电视频特效。由于视频特效是应用于整段视频上的，而这里只需将视频特效应用于其中的某一小片段。因此，先使用剃刀工具切割视频素材，将准备使用闪电特效的素材分割成独立的一段。在此实例中选择剃刀工具分别在 00:00:12:18 和 00:00:13:16 两处进行分割。

（6）给视频素材添加闪电特效，并设置效果。在【项目】面板中选择【效果】选项卡，在打开的【视频特效】目录中选择【生成】|【闪电】选项，将闪电效果前的图标拖放至分割好的素材上。这时在【监视器】窗口中可以看到，闪电的效果是水平方向的，如图 5.60 所示。

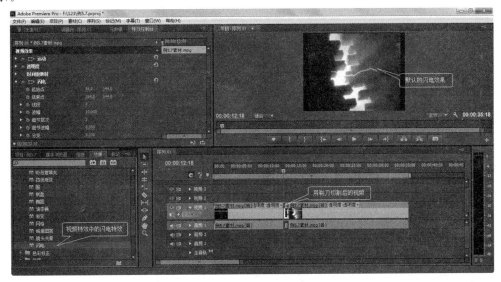

图 5.60　添加【闪电】效果

在【监视器】窗口中选择【特效控制】选项卡，在下面展开的目录中，可以通过输入数值或拖动鼠标设置闪电的起始点、结束点、闪电振幅、数量、闪电光芒效果、方向等。

调整闪电效果时，也可以在【特效控制】窗口中单击闪电名称，这时在【监视器】窗口中的闪电起点和终点会分别出现一个⊕，用鼠标拖动这两点，将闪电的效果调整为垂直方向，如图 5.61 所示。

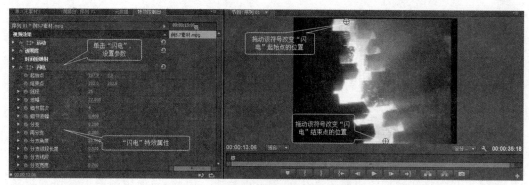

图 5.61　在特效控制窗口中设置闪电效果

（7）输出影片。首先按回车键对编辑好的视频进行渲染和预演。效果满意后，选择【文件】|【导出】|【影片】命令输出某种格式的影片。

【操作案例 5.8】为"素材 5.8"添加镜头光晕效果。

操作思路：通过设置【镜头光晕】效果的"光晕中心"值，让光晕移动。

操作步骤：

（1）启动 Premiere Pro CS6，新建项目为"多个视频特效"。选择【新建序列】面板中的【设置】选项卡，在【编辑模式】下拉列表框中选择自定义，【时间基数】设置为 25 帧/秒，【屏幕大小】为 1024×688 像素，其他使用默认设置。

（2）导入素材。在【项目】面板中导入"例 5.8 素材"文件。将素材拖放至时间线，选中素材将其处于选择状态。

（3）添加视频特效。在【效果】面板中，打开【视频特效】选项，选择【生成】|【镜头光晕】效果，将其拖曳到时间线面板中选中的素材上。

（4）对【镜头光晕】的效果进行设置。打开【特效控制台】面板，先选中【镜头光晕】中的"光晕中心"选项，在播放时间指向 00:00:00:00 的位置时，单击"添加/移除关键帧"按钮，添加一个关键帧，并将光晕中心的值设置为 35.8 和 467.3，如图 5.62 所示的位置；然后继续调整播放时间，当时间为 00:00:02:13 的位置时，再次单击"添加/移除关键帧"按钮，添加第二个关键帧，并将光晕中心设置为 365.4 和 105.5，如图 5.63 所示的位置；最后将播放时间调整到 00:00:03:24 位置，单击"添加/移除关键帧"按钮，添加第三个关键帧，并将光晕中心设置为 590.7 和 68.8，如图 5.64 所示的位置。

图 5.62　为【镜头光晕】添加第一个关键帧

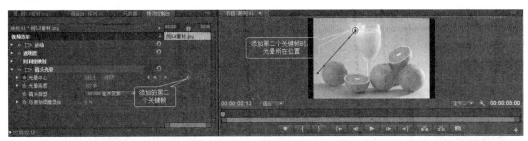

图 5.63　为【镜头光晕】添加第二个关键帧

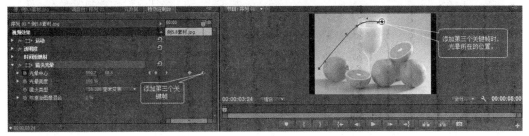

图 5.64　为【镜头光晕】添加第三个关键帧

（5）观看影片。在【节目】窗口中单击【播放】按钮，观察镜头光晕的效果。

（6）保存项目，输出影片。这时按回车键对编辑好的视频进行渲染和预演，对效果做进一步的修改和调整，满意后先选择【文件】|【保存】命令将工程项目保存，以便于今后的编辑。最后，选择【文件】|【导出】|【媒体】命令输出某种格式的影片。

5.4.5　字幕的应用

字幕是视频中不可缺少的视觉元素，也是给观众传递相关文字信息的方式。一般包括文字和图形两个部分。好的字幕效果能为影视作品增色，通常可以作为视频作品的相关信息，比如视频名称、简介、故事背景、导演、制片人等方面的信息。

1. 字幕面板

Premiere 专门提供了一个【字幕编辑器】面板。通过【文件】|【新建】|【字幕】命令，即可打开【字幕编辑器】窗口，如图 5.65 所示。

直接选择【字幕】|【新建】，选择字幕类型，也可打开【字幕编辑器】窗口。在 Premiere 中有几种常用的字幕类型。第一种是静止类型，第二种是纵向滚动类型，第三种是横向滚动类型。还可以基于当前字幕或者基于 Premiere 提供的字幕模板来创建字幕。

2. 工具栏

在【字幕编辑器】的左边是工具箱和各种编辑控制工具，用来进行编辑文字和各种图形的制作，工具箱如图 5.66 所示。

图 5.65 【字幕编辑器】窗口

图 5.66 【工具箱】

3. 字幕样式

Premiere 内置了很多字幕样式。在【字幕编辑器】窗口的底部是字幕样式栏,在输入文本后,在字幕样式栏中单击一种样式即可应用该样式。

4. 字幕属性

在制作字幕时,可以结合【字幕编辑器】右侧属性栏中的选项来编辑字体或图形。

 小贴士

在默认设置下,在字幕属性栏中的属性内容显示得不全面,可以通过把鼠标指针移动到属性栏与显示窗口的边界处,当鼠标指针改变了形状后,通过拖动即可调整属性栏显示的大小。

5. 将字幕导出为独立的文件

首先在【项目】面板中选择需要的文件,然后选择【文件】|【导出】|【字幕】命令打开【保存字幕】对话框,最后设置保存路径并在"文件名"栏中设置一个保存名称,单击【保存】按钮即可将选择的字幕导出为一个独立的文件,默认的扩展名为".prtl"。

6. 导入字幕文件

选择【文件】|【导入】命令,打开【导入】对话框,在【导入】对话框中选择一个字幕,单击【打开】按钮即可。

 小贴士

除了能够导入文件扩展名为".prtl"的字幕文件外,还可以导入扩展名为".ptl"的字幕文件。并且导入的字幕成为当前项目文件的一部分。

【操作案例 5.9】为"素材 5.9"添加字幕。

操作思路:添加字幕,并设置成特殊效果的字幕。

操作步骤:

(1) 启动 Premiere Pro CS6,新建项目为"字幕"。选择【新建序列】面板中的【设置】选项卡,在【编辑模式】下拉列表框中选择自定义,【时间基数】设置为 25 帧/秒,【屏幕大小】为 6840×5080 像素,其他使用默认设置。

(2) 导入素材。在【项目】面板中导入"例 5.9 素材"文件。将素材拖放至时间线视频 1 轨道上。

(3) 新建字幕。选择【文件】|【新建】|【字幕】选项,打开【新建字幕】对话框,在名称中输入"字幕 01",大小默认为 6840×5080 像素,如图 5.67 所示。

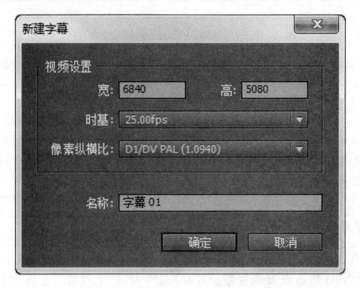

图 5.67 新建【字幕】

（4）打开【字幕编辑器】面板。利用"垂直文字"工具，在"字幕编辑区"输入文字"扬帆起航"。在【字幕样式】中选择文字样式为"方正隶变金属"，将文字大小设置为 500，纵横比设置为 100％，效果如图 5.68 所示。

图 5.68 【字幕】效果

（5）应用字幕。将【字幕编辑器窗口】关掉，从【项目】面板中将"字幕 01"拖曳到【时间线】面板的视频轨道 2 上，调整位置，使其正处于"例 5.9 素材"上方。

（6）观看效果。在【节目】窗口观看添加过字幕效果的视频。

（7）导出【字幕】。在【项目】面板中选择需要的文件，然后选择【文件】|【导出】|【字幕】命令打开【保存字幕】对话框，最后设置保存路径并在"文件名"栏中设置名称为"字幕 01"，单击【保存】按钮即可将选择的字幕导出为一个独立的文件，名称为"字幕 01.prtl"。

（8）保存项目，输出影片。先选择【文件】|【保存】命令将工程项目保存，以便于今后的编辑。最后，选择【文件】|【导出】|【媒体】命令输出某种格式的影片。

【操作案例 5.10】为例 5.4"校园风光电子相册"制作片头字幕。

操作思路:打开"校园风光电子相册. prproj"文件,在导入到时间线上的第一张图片上添加片头字幕。

操作步骤:

(1) 打开项目。启动 Premiere Pro CS6,选择【打开文件】选项,在弹出的【打开】对话框中将"校园风光电子相册. prproj"文件打开。

(2) 制作片头字幕。选择【文件】|【新建】|【字幕】命令,打开【新建字幕】对话框,在名称中输入"字幕 02",打开【字幕编辑器】,在屏幕保护区内输入文字"校园风光电子相册",选择文字风格,使用选择工具调整文字的大小,在右边【填充】中设置红黄渐变填充色。在上方单击【滚动/游动选项】按钮,在【字幕类型】中选择【滚动】选项,并选中"开始于屏幕外"和"结束于屏幕外"选项,如图 5.69 所示,然后单击【确定】按钮。制作好后,输入文件名保存,关闭字幕编辑器。

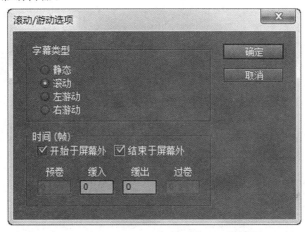

图 5.69　【滚动/游动选项】

(3) 将字幕应用到视频。将【字幕编辑器窗口】关掉,从【项目】面板中将"字幕 02"拖曳到【时间线】面板的视频轨道 2 上,调整位置,使其正处于第一幅图片正上方。

(4) 观看效果。在【节目】窗口观看添加过字幕效果的视频。

(5) 导出【字幕】。在【项目】面板中选择需要的文件,然后选择【文件】|【导出】|【字幕】命令打开【保存字幕】对话框,最后设置保存路径并在"文件名"栏中设置名称为"字幕 02",单击【保存】按钮即可将选择的字幕导出为一个独立的文件,名称为"字幕 02. prtl"。

(6) 保存项目,输出影片。先选择【文件】|【保存】命令将工程项目保存,以便于今后的编辑。最后,选择【文件】|【导出】|【媒体】命令输出某种格式的影片。

5.5　视频格式的转换方法

要把一部 VCD(也就是 MPEG-1 编码的视频文件)制作成可以在线观看的影片,就需要将视频转化成符合互联网视频播放规范的流媒体格式,如 RM、WMV 或 ASF 格式,另外,我们也常常需要将 AVI 格式的视频文件转换为 RM 或 MPEG-1 格式。

实际上,在使用 Premiere Pro 进行视频编辑时就会发现,当用户在 Premiere Pro 中导入某种格式的素材,然后从中导出影片时,就可以选择另一种视频的格式甚至是动画,这已经实现了视频格式的转换。但是,如果有批量的视频文件需要转换格式,最好还是采用视频转换的专用工具,会更加方便、快捷。

常用的视频格式转换软件有 WinAVI Video Converter、超级转换秀、TMPGEnc PLUS、豪杰视频通和转换工厂等。这里以转换工厂为例介绍这类软件的使用方法。

【操作案例 5.11】将前期制作的 AVI 文件,转换为 RM 格式。

操作思路:使用转换工厂软件将选定的多个 AVI 文件一次性转换为格式统一的 MPG 格式。

操作步骤:

(1) 打开转换工厂软件,其工作界面如图 5.70 所示。

图 5.70　格式工厂的工作界面

(2) 单击【所有转为 MPG】按钮,打开【转换】对话框,单击【添加文件】按钮,选择欲转换的多个 AVI 文件,再单击【打开】按钮。

(3) 在转换对话框下面单击【浏览】按钮,设置文件输出的位置。

(4) 返回到【格式工厂】后,单击【开始】按钮即可开始转换。

5.6　综合案例

【操作案例 5.12】制作一个包含视频、动画、图像等多种素材,以及具有图像遮罩效果、前景动画效果、多种转场特效的"同学录"电子相册。

操作思路:使用一个视频片段作为片头,使用图片制作图像的遮罩效果,在各个图像之间使用转场特效,在图像最上层添加动画蝴蝶加强视频的特殊效果,在片尾使用字幕模板添加字幕。

操作步骤：

（1）准备各种素材。

① 片头视频使用"同学录.mpg"，查看视频属性可知其分辨率为 352×288 像素。

② 使用 Photoshop 制作遮罩用的图像文件，图像大小统一为略大于 352×288 像素，保存文件格式为 PSD，图像效果如图 5.71 所示。

　　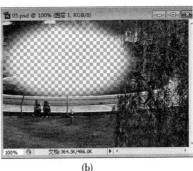

(a)　　　　　　　　　　　　　　　　　(b)

图 5.71　用于遮罩的图像效果

③ 将人像素材图片的大小调整为不超过 352×288 像素，保存为 JPG 格式。

④ 在 Flash 中制作蝴蝶舞动翅膀的逐帧动画，保存为 GIF 格式（设置透明背景）。

⑤ 准备"友谊地久天长.mp3"音乐文件，作为电子相册的背景音乐。

（2）启动软件，导入素材。启动 Premiere Pro CS6，选择【新建序列】面板中的【设置】选项卡，在【编辑模式】下拉列表框中选择自定义，【时间基数】设置为 25 帧/秒，【屏幕大小】为 352×288，【屏幕纵横比】为 Square Pixels(1.0)，【场】为无场（向前扫描），其他使用默认设置。导入准备好的视频、图像、动画等素材。

（3）在时间线上导入素材。依次将片头视频和多张人像图片拖放至视频 1 的轨道上，并分别添加视频切换特效【叠化】|【抖动溶解】。

（4）将用于遮罩的图像依次拖放至视频 2 的轨道上，单击选定视频 1 轨道上的第一幅人像图像，并将时间线指针拖至第一幅人像的位置，然后打开【监视器】窗口中的【特效控制台】选项卡，在【特效控制台】窗口中选择【运动】选项，这时在【节目】窗口中可以看到用以调整图像位置、大小的标志，拖动调整为如图 5.72 所示的效果。

图 5.72　人像图片的遮罩效果

（5）用同样的方法将其他几幅人像图像的遮罩效果进行调整。所有图像调整完毕后，在各图像之间添加转场特效。

（6）设置前景动画效果。在视频 3 的轨道上拖入"蝴蝶.gif"动画。使用选择工具选择该动画，并将时间线上的播放指针拖到该动画素材上，然后打开【监视器】窗口中的【特效控制台】选项卡，选择【视频效果】|【运动】选项。此时可在右边的【监视器】窗口中看到蝴蝶的四周出现可以调整其大小和位置的句柄，将蝴蝶拖至花朵上并调整好大小，如图5.73 所示。

图 5.73　在【特效控制】窗口中调整蝴蝶的运动效果

这时蝴蝶动画的播放时间还不够长，使用轨道选择工具选定视频 3 轨道，再右击蝴蝶素材，在弹出的快捷菜单中选择【复制】命令，将该素材多次粘贴并调整位置，如图 5.74所示。

图 5.74　同学录时间线上的素材

（7）制作片尾字幕。选择【字幕】|【新建字幕】|【基于模板】，打开【模板】对话框。再选择【字幕设计器预置】|企业|公司|公司（列表）选项，然后单击【确定】按钮。在模板下输入文字内容，如图 5.75 所示。在上方单击【滚动/游动选项】按钮，在【字幕类型】中选择【滚动】选项，并选中"开始于屏幕外"和"结束于屏幕外"选项，然后单击【确定】按钮。设置字幕向上滚动的效果。

图 5.75　片尾字幕的文字设置

（8）将音频素材"友谊地久天长"拖放至音频 1 的轨道上"同学录"片头音频素材的后面，将超出片尾字幕部分的音乐剪切掉，并对音乐的末尾进行淡出效果处理。

（9）保存项目，输出影片。这时按回车键对编辑好的视频进行渲染和预演，对效果做进一步的修改和调整，满意后先选择【文件】|【保存】命令将工程项目保存，以便于今后的编辑。最后，选择【文件】|【导出】|【媒体】命令输出某种格式的影片。

小　　结

本章主要介绍了视频的基本知识以及使用 Premiere Pro CS6 进行视频的采集和编辑的基本方法。

目前，由于世界上很多国家已经停播模拟电视信号，实现全面数字电视化。数字视频、数字电视正在迅速发展并逐渐普及。传统的模拟彩色电视制式 NTSC 制式、PAL 制式和 SECAM 制式也逐渐被 ATSC、DVB-T、ISDB-T 和 DTMB 标准所替代。在 Premiere Pro CS6 中，用户可以很方便地采集来自外围设备的视频信号，并可以对导入的图像、动画、音频和视频素材进行非线性编辑，为影片制作字幕，添加转场特效和视频特效，最终发布成多种常见的视频格式及流媒体视频。

习　　题

1. 填空题

（1）目前世界上常用的电视制式主要有 4 种，即 _____、_____ 和 _____。

（2）常见的视频文件格式主要有_____、_____、_____、_____、_____等。

（3）与线性编辑相比,非线性编辑的特点是_____。

（4）目前网络上较为流行的流媒体视频格式有_____、_____、_____、_____和_____等。

（5）在 Premiere Pro 中,工程项目文件的扩展名是_____,字幕文件的扩展名是_____。

（6）通常,使用_____接口可以将 DV 摄像机中的视频信号采集到计算机中。

2. 简答题

（1）Premiere Pro CS6 的工作界面主要由哪几个窗口组成？简述其功能。

（2）视频编辑中转场特效指的是什么？其主要作用是什么？

（3）什么是视频特效？它的作用是什么？

3. 操作题

（1）在 Premiere Pro CS6 中导入两幅图片及两个以上的视频片段,进行编辑合成。以两幅图片为背景制作片头和片尾字幕,并给各片段的过渡添加转场效果。

（2）使用多幅图片素材制作有多种转场效果的电子相册,并为其添加背景音乐,设置淡入淡出效果,保存为 RM 或 WMV 格式。

（3）在 Premiere Pro CS6 中导入一段视频素材,对其中的一部分视频片段设置倒放效果。

（4）在 Premiere Pro CS6 中导入一段视频素材,对其中的一部分视频片段设置慢放效果。

（5）在 Premiere Pro CS6 中导入一段视频素材,对其中的一部分视频片段添加某种视频特效。

（6）围绕一个主题,收集整理各种素材,制作一个体裁完整的小影片,保存为 RM 或 WMV 格式。

实验　视频的编辑与处理

【实验目的】

了解视频文件的特点;

了解 Premiere Pro CS6 非线性视频编辑软件的界面基本操作;

掌握视频的导入编辑与处理的主要手段;

掌握字幕文字的制作方法。

【实验内容】

制作一个汽车展览的视频文件,包括影片开头和结尾部分;通过对各个图片添加不同的转场方式来实现个性的展示效果;在展示汽车过程中选择合适的背景音乐;最后添加主办方信息的字幕结尾。

【实验步骤】

1. 准备工作。查看视频和图片的属性,确定视频文件的画面大小。

2. 新建一个项目。设置项目的名称"车展"和保存路径,在【新建序列】的【设置】面板中,设定视频文件画面大小。其他使用默认设置。

3. 执行【文件】|【导入】命令,将素材导入【项目】面板窗口中。

4. 按照自己制定的顺序,直接从【项目】面板中将照片拖曳到【时间线】面板的视频轨道中,并排列好照片的属性。

5. 确定每张照片的开始时间和接受时间。(提示:显示时间不要太长也不要太短,一般 10 秒左右即可。)选中照片,单击右键,选则【剪辑速度/持续时间】打开【素材/持续时间】对话框,根据需要修改持续时间即可。

6. 导入一段自己喜欢的音频素材,将其添加到【时间线】面板的【音频 1】轨道上。将超出片尾字幕部分的音乐剪切掉。

7. 给音频素材添加淡入淡出效果。在音频 1 的不同位置,利用【添加-删除关键帧】按钮添加 4 个关键帧,分别用鼠标拖动音频 1 轨道上的第一个和第四个关键帧,向下拖至最低点,这样即可设置音频的淡入效果和淡出效果。

8. 添加过渡效果。在视频轨道上的各个素材之间添加过渡效果。打开【效果】面板,展开【视频切换】,直接将选中过渡效果拖曳到视频轨道的剪辑之间。

9. 调整过渡效果。选择【监视器】窗口中的【特效控制台】选项卡,再双击时间线上放置的转场特效,在【特效控制台】选项卡中看到转场的效果,根据需要改变转场效果。例如可以改变持续时间、对齐方式、开始和结束滑块以及显示实际来源。

10. 创建字幕。执行【文件】|【新建】|【字幕】命令,新建名称为"字幕 01"的字幕文件。在【字幕编辑器】面板中,选择合适的文字工具和文字样式,将主办方的信息添加为字幕。

11. 导出字幕。执行【文件】|【导出】|【字幕】命令打开【保存字幕】对话框,设置保存路径并在"文件名"栏中设置一个保存名称,单击【保存】按钮即将选择的字幕导出为一个独立的文件,默认的扩展名为". prtl"。

12. 应用字幕。将【字幕编辑器窗口】关掉,从【项目】面板中将"字幕 01"拖曳到【时间线】面板的视频轨道 2 上,调整位置。

13. 观看效果。

14. 保存项目,输出影片。先选择【文件】|【保存】命令将工程项目保存,以便于今后的编辑。最后,选择【文件】|【导出】|【媒体】命令输出某种格式的影片。

【实验作业】

1. 制作一个花卉展览的视频文件,要求有开头和结尾部分,通过添加不同的转场方式来实现个性的展示效果,并为展示效果添加背景音乐。

2. 制作电子相册。要求有转场和视频特效;版面和色彩要美观;加入合适的背景音乐。

第 6 章　Flash 二维动画的制作

教学目标

- 了解动画的基本概念、制作原理及制作过程
- 熟练掌握 Flash 逐帧动画、补间动画的制作
- 掌握 Flash 引导动画、遮罩动画及骨骼动画的制作
- 学会做简单的 Flash 交互式动画
- 掌握动画的输出与发布

本章知识结构图

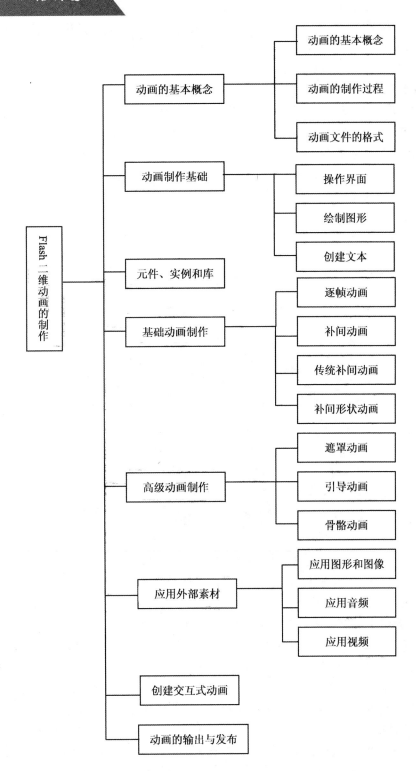

导入案例

动画片最早诞生于法国。1877年,巴黎的光学家兼画家E·雷诺根据"视觉暂留"的原理,制成一种新的玩具活动视镜,1878年在巴黎世界博览会中获奖。1879年,他对活动视镜又做了改进,根据动画片的基本原理,利用一只饼干筒,发明了活动视镜影戏机,可以使连续图画的画带无限地延长,能够表现更长的活动图画。雷诺绘制了《喂小鸡》、《游泳女郎》、《猴子音乐家》等20多个动画小节目,是世界上最早的原始动画片。随着幻灯放映机的发明,1888年10月,雷诺运用幻灯机的技术,制成了光学影戏机。他绘制的动画片《一杯可口的啤酒》,成为在电影发明以前世界上第一部比较完整的动画片。

传统的动画片是用画笔画出一张张不动的但又是逐渐变化的连续画面,经过摄影机、摄像机的逐格拍摄,然后以每秒钟24格或25格的速度连续放映,这时所画的不动的画面就在银幕上或荧屏里活动起来,这就是传统的动画片。如图6.1所示的多帧连续画面实现了人跑步的动画。动画片由于是用绘画方法来表现角色的每个动作,因而是一项十分艰巨的工作。一般来说,一部10分钟的短片,片长900英尺,等于1.44万格画面。以每张动画拍摄2格计算,大约要绘制7000多幅图画。一部90分钟的长片,就要绘制6万多张图画,需几十个画家工作近两年的时间。

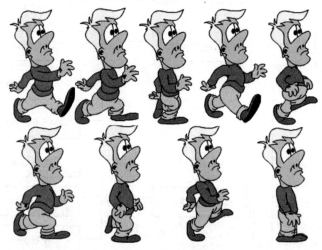

图6.1　动画片中的多幅连续画面

20世纪80年代初,美国、日本、英国等国家开始运用电子计算机来完成动画的中间过程,初步获得成功,大大提高了动画片的制作能力。1995年,加拿大人乔纳森·盖伊(Jonathan Gay)凭借着敏锐的市场观察力,设计出了Future Splash Animator矢量动画软件,并成立了Future Wave软件公司,致力于图像方面的研究工作。1996年11月,被Macromedia公司收购以后,软件正式改名为Flash。Flash动画采用的是矢量绘图技术,大大减小了动画所占的空间,一个几分钟长度的Flash动画片也许只有1~2MB大小,在网络带宽局限的情况下,提升了网络传输的效率,所以一经推出,就风靡了网络世界。1999年6月,Macromedia公司发布了Flash 4.0版本,其丰富的交互性技术,使其动画作品开始在网上大量传播,在网页制作中逐渐成为交互式媒体动画设计软件的标准。2000

年 7 月,Flash 5.0 发布,其特有的 ActionScript 脚本既保持了开发交互性的友好易用的界面,又大大扩展了网络应用程序开发工具的功能,使得用 Flash 5.0 创建复杂的交互性网络应用(如电子商务)成为可能。2002 年 3 月 15 日,Macromedia 公司发布了 Flash MX 版本,它增强了 Flash 5 的核心功能,同时还加强了 ActionScript 的编程功能,使它可以创建完整的交互式动画及动态站点。2003 年 8 月 25 日,Macromedia 推出了 Flash MX 2004,增加了许多新的功能,同时开始了对 Flash 本身制作软件的控制和插件开放 JSFL。后来陆续出现了 Adobe Flash CS3、Adobe Flash CS4、Adobe Flash CS5 等版本, Adobe Flash CS6 是目前较高的版本。

6.1　动画的基本概念

6.1.1　动画原理及其分类

动画是将静止的画面变为动态的艺术,实现由静止到动态,主要靠人眼的视觉暂留效应,利用人的这种视觉生理性可制作出具有高度想象力和表现力的动画影片。

从动画的视觉空间上划分,动画可分为二维动画(平面动画)和三维动画(空间动画)。二维动画是指平面的动画表现形式,它运用传统动画的概念,通过平面上物体的运动或变形来实现动画的过程,具有强烈的表现力和灵活的表现手段。创作二维动画的软件有 Flash、GIF Animator 等。三维动画是指模拟三维立体场景中的动画效果,虽然它也是由一帧帧的画面组成的,但它表现了一个完整的立体世界。通过计算机可以塑造一个三维的模型和场景,而不需要为了表现立体效果而单独设置每一帧画面。目前创作三维动画的软件有 3DS MAX、Maya 等。本章主要学习二维动画的制作。

6.1.2　动画的制作过程

动画作品的诞生需要经历很多制作环节,其中的每一个环节都相当重要,直接影响到作品的最终品质。在 Flash 中制作动画主要包括以下几个过程。

1. 策划动画

在制作动画之前,首先要做策划工作,也就是要确定动画的剧情、动画的表现手法及对动画中出现的人物、背景、音乐等进行构思。

2. 收集素材

在对动画进行了初步策划之后,就可以收集动画中可能要用到的素材。将各种素材收集好以后再制作动画,不但可以节约精力和时间,而且便于根据策划统一素材的风格,避免边制作边收集时不能统一风格的问题。

3. 制作动画

经过精心的策划,收集好素材后就可以制作 Flash 动画了。制作动画是 Flash 动画制作过程中比较关键的一步,它是利用所收集的动画素材来表现动画策划中各个画面的具体实现手段。动画的好坏很大程度就取决于动画的制作过程,这需要用户具备熟练的操作技能。

4. 调试动画

动画初步制作完成后,并不一定就能达到预想的效果,这时需要对动画进行调试。调试动画主要是针对动画片段的衔接、动画的各个细节、声音与动画之间的协调等进行局部的调整,使整个动画看起来更加和谐自然,以保证动画作品的最终品质。

5. 测试动画

动画制作完成后发布之前,还需要对动画的效果、品质等进行最后检测。动画播放的效果很大程度上取决于计算机的具体配置,所以在测试动画时应尽可能多地在不同档次、不同配置的计算机上测试动画,然后根据测试结果对动画进行调整和修改,使得动画无论在哪种操作平台上都可以得到相同的播放效果。

6. 发布动画

发布动画是 Flash 动画制作的最后一步,在这一步中,用户可以对动画的输出格式、画面品质和声音效果等进行设置。

6.1.3　动画的格式

动画的应用比较广泛,由于应用领域不同,其动画文件也存在着不同类型的存储格式。目前应用最广泛的动画格式主要包括以下几种。

1. GIF 动画格式

大家都知道,GIF 图像由于采用了无损数据压缩方法中压缩率较高的 LZW 算法,文件尺寸较小,因此被广泛采用。GIF 动画格式可以同时存储若干幅静止图像并形成连续的动画。目前 Internet 上大量采用的彩色动画文件多为这种格式的 GIF 文件,很多图像浏览器都可以直接观看此类动画文件。

2. FLIC(FLI/FLC)格式

FLIC 是 Autodesk 公司在其出品的 Autodesk Animator/Animator Pro/3D Studio 等 2D/3D 动画制作软件中采用的彩色动画文件格式,FLIC 是 FLC 和 FLI 的统称,其中,FLI 是最初的基于 320×200 像素的动画文件格式,而 FLC 则是 FLI 的扩展格式,采用了更高效的数据压缩技术,其分辨率也不再局限于 320×200 像素。FLIC 文件采用行程编码(RLE)算法和 Delta 算法进行无损数据压缩,首先压缩并保存整个动画序列中的第一幅图像,然后逐帧计算前后两幅相邻图像的差异或改变部分,并对这部分数据进行 RLE 压缩,由于动画序列中前后相邻图像的差别通常不大,因此可以得到相当高的数据压缩率。它被广泛用于动画图形中的动画序列、计算机辅助设计和计算机游戏应用程序。

3. SWF 格式

SWF 是 Adobe 公司的产品 Flash 的矢量动画格式,它采用曲线方程描述其内容,不是由点阵组成内容,因此这种格式的动画在缩放时不会失真,非常适合描述由几何图形组成的动画,如教学演示等。由于这种格式的动画可以与 HTML 文件充分结合,并能添加 MP3 音乐,因此被广泛地应用于网页上,成为一种"准"流式媒体文件。

6.2　Flash CS6 动画制作基础

Flash 是一款优秀的交互式矢量动画制作软件,利用它能够制作声色俱全且交互式性强的动画影片。Flash 具有强大的矢量图形绘制能力和优秀的互动编辑能力,已经广泛应用于网页制作、多媒体设计和移动数码终端等领域。

6.2.1　Flash CS6 的操作界面

启动 Adobe Flash CS6 以后,Flash 会创建一个空白的 Flash 文档。Flash CS6 的操作界面主要包括菜单栏、工具栏、绘图工具栏、舞台、时间轴和面板等。Flash CS6 工作界面如图 6.2 所示。

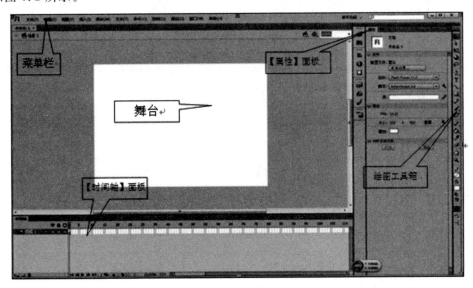

图 6.2　Adobe Flash CS6 的工作界面

1. 菜单栏

菜单栏包含了 Flash 的操作命令,包含了【文件】、【编辑】、【视图】等共 11 个菜单项,单击每一个菜单项都可以弹出一个下拉菜单,使用菜单中的命令将能够实现各种操作。

2. 工具面板

【工具】面板包含了用于图形绘制和编辑的各种工具,利用这些工具可以绘制图形、创建文字、选择对象、填充颜色等。单击【工具】面板上的 ▥▥ 按钮,可以将面板折叠为图标。

 小贴士

　　按 F4 键将能够显示或隐藏【工具】面板和所有的面板。

3. 舞台和场景

在 Flash CS6 窗口中,对动画内容进行编辑的整个区域称为场景。在场景中,舞台位于工作界面的正中间位置,用于显示动画文件的内容,在默认情况下,舞台显示为白色。

4. 时间轴面板

【时间轴】面板是一个显示图层和帧的面板,用于控制和组织文档内容在一定时间内播放的帧数,同时可以控制影片的播放和停止。【时间轴】面板主要包括图层、帧和播放头等,如图 6.3 所示。

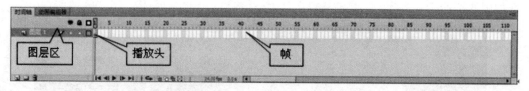

图 6.3　【时间轴】面板

 小贴士

　　在【时间轴】面板上双击【时间轴】标签,可以隐藏面板。隐藏后再次双击该标签将能取消面板的隐藏。

5. 面板组

Flash CS6 加强了对面板的管理,常用的面板可以嵌入面板组中,使用面板组可以对面板的布局进行排列,这包括对面板进行折叠、移动和任意组合等操作。在默认情况下,Flash CS6 的面板组以组的形式停放在操作界面的右侧。

6.2.2　绘制图形

一个优秀的 Flash 动画是由图形、图像、文字及声音等多种素材有机组合而成的。Flash 提供了丰富的矢量绘图功能和图形编辑功能,利用它们可以很方便地绘制出栩栩如生的矢量图。

Flash 所绘制的图形是矢量图形,由线条和填充区域两部分组成。绘制基本矢量图形由绘图工具栏中的工具来完成。绘图工具栏中各个工具的功能见表 6.1。

表 6.1　绘图工具栏中各个工具的功能

图标	图标名称	作　　　用
	选择工具	选择舞台中的对象,然后可以移动、改变对象的大小和形状,按住 Ctrl 键可实现复制操作
	部分选取工具	选择矢量图形(不包含实例对象),增加和删除矢量曲线的节点,改变矢量图形的形状等
	任意变形工具组	任意变形工具用来改变对象的位置、大小、旋转角度和倾斜角度等;渐变变形工具用于改变填充物的位置、大小、旋转角度和倾斜角度等
	套索工具	用于在舞台中选择不规则区域或多个对象
	钢笔工具组	绘制矢量曲线图形
	文本工具	输入及编辑字符和文字对象
	线条工具	绘制各种形状、粗细、长度、颜色和角度的矢量直线
	矩形工具组	绘制椭圆、矩形、多边形,也可以采用图元对象模式来绘制椭圆和矩形,按住 Ctrl 键可绘制正圆和正方形
	铅笔工具	绘制任意形状的矢量曲线图形
	刷子工具	可像画笔一样绘制任意形状和粗细的矢量曲线图形
	墨水瓶工具	改变线条的颜色、形状和粗细等属性
	颜料桶工具	给矢量线围成的区域(填充物)填充颜色或图像内容
	吸管工具	将舞台中选择的对象的一些属性赋予相应的对话框
	橡皮擦工具	擦除舞台上的图形和图像对象等
	手形工具	在舞台上通过鼠标拖曳来移动编辑画面的观察位置
	3D 旋转工具	在 3D 空间旋转影片剪辑
	骨骼工具	向图形或元件实例添加 1K 骨骼
	缩放工具	改变舞台工作区和其内对象的显示比例

【操作案例 6.1】绘制田园农舍

操作思路:使用【椭圆工具】、【矩形工具】和【多角星形工具】等工具绘制图形,通过【属性】面板对图形的大小和位置等属性进行设置。

操作步骤:

(1) 启动 Flash CS6,在开始页的【新建】栏中单击 ActionScript 2.0 选项创建一个新文档,如图 6.4 所示。

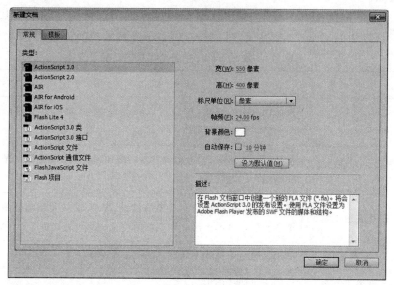

图 6.4　创建新文档

(2) 选择【矩形工具】,在【属性】面板中笔触为无颜色,填充色为绿色(颜色值为♯339900),完成设置后在舞台的下方绘制一个矩形,如图 6.5 所示。

图 6.5　在舞台下方绘制的矩形

(3) 选择【多角星形工具】,在【属性】面板中设置笔触为无色,填充色设置为绿色(颜色值为♯339900),单击【选项】设置为多边形,边数为"3",完成设置后绘制三角形,如图6.6 所示。

图 6.6　绘制的三角形

(4) 选择【矩形工具】,使用相同的设置在三角形的下方绘制矩形,其位置、大小如图6.7 所示。

图 6.7　绘制的矩形及其位置、大小

(5) 选择【基本矩形工具】绘制一个矩形,并填充为白色如图 6.8 所示。调整矩形边上的控制点改变矩形的形状,如图 6.9 所示,调整的属性值如图 6.10 所示。

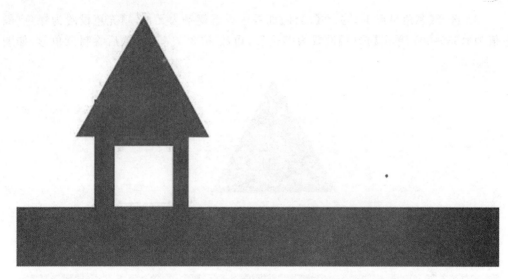

图 6.8　绘制的白色矩形

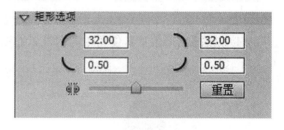

图 6.9　绘制的白色矩形图　　　　　　　　　　图 6.10　绘制的白色矩形

（6）选择【基本矩形工具】绘制窗户，并调整位置、宽度、高度，放在合适的位置，在屋顶处绘制烟囱，并在烟囱上方绘制几个椭圆形，如图 6.11 所示。

图 6.11　绘制的窗户、烟囱及烟雾

（7）选择【基本矩形工具】绘制篱笆，选择绘制的篱笆按【Ctrl＋C】、【Ctrl＋V】，调整至合适的位置，如图 6.12 所示。

图 6.12　绘制的篱笆

（8）选择【基本矩形工具】和【多角星形工具】绘制一个矩形和一个三角形，并将其调整至合适的大小、位置，制作完成后的效果如图 6.13 所示。

图 6.13　制作完成后的效果

【操作案例 6.2】绘制热带鱼

操作思路：绘制热带鱼时，首先使用【线条工具】和【选择工具】绘制热带鱼的身体和鱼鳍的轮廓，然后进行细部刻画，最后使用【颜料桶工具】为热带鱼填充颜色。

操作步骤：

（1）新建一文档，使用【线条工具】和【选择工具】绘制热带鱼身体、背鳍、侧鳍和尾鳍的轮廓，如图 6.14 所示。

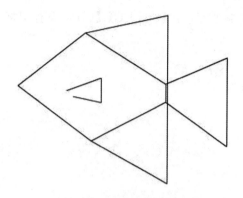

图 6.14　绘制的热带鱼轮廓　　　　　　　图 6.15　调整热带鱼细节

（2）使用【线条工具】、【椭圆工具】和【选择工具】绘制热带鱼的身体细节，并调整鱼鳍的形状，如图 6.15 所示。

（3）打开【颜色】面板，将【填充类型】设为"线性渐变"，然后将左侧色标设为橙黄色（＃FF9900），右侧设为黄色（＃FFFF00），如图 6.16 所示。

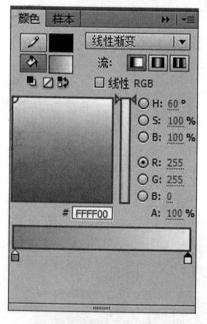

图 6.16　设置线性渐变填充

图 6.17　部分填充热带鱼

（4）选择【颜料桶工具】分别在热带鱼的身体和头部处由下向上拖动进行填充，在侧鳍处由左向右填充，在下方的鱼鳍处由上向下填充，然后删除左侧的边线，效果如图 6.17 所示。

（5）在【颜色】面板中添加一个色标，由左向右颜色依次为黄色（＃FFFF00）、绿色（＃99FF00）和黑色，如图 6.18 所示。

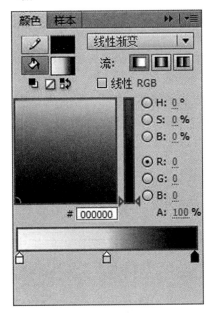

图 6.18 设置线性渐变填充

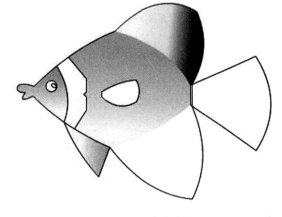

图 6.19　填充背鳍

（6）选择【颜料桶工具】在热带鱼的背鳍上由左向右拖动填充，如图 6.19 所示。

（7）在【颜色】面板中将渐变色最左侧的颜色设为橙黄色（♯FF9900），然后在肚鳍和尾鳍处由左向右拖动进行填充，如图 6.20 所示。

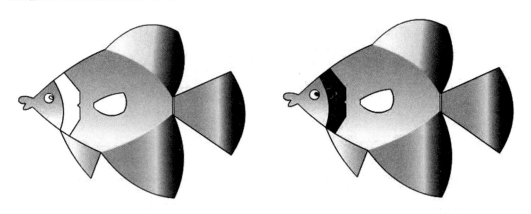

图 6.20　填充肚鳍和尾鳍　　　　　　　　　**图 6.21　填充眼睛和鱼鳃**

（8）选择【颜料桶工具】为热带鱼的眼白填充白色，为眼珠和鱼鳃填充黑色，如图6.21 所示。

6.2.3　创建文本

一个优秀的 Flash 动画是由图形、图像、文字及声音等多种素材有机组合而成的，利用【文本工具】可以创建多种风格的文字。

在 Flash CS6 中利用【文本工具】可以创建"TLF 文本"和"传统文本"两种类型的文

本,在制作动画时我们常使用"传统文本",而"传统文本"又可以分为静态文本、动态文本和输入文本三种类型。

- 静态文本:静态文本是在制作动画时确定文本的内容和外观,最终出现在动画中的文本效果取决于制作动画时进行的文本属性设置。
- 动态文本:动态文本是在动画播放时可以动态更新的文本,常用在游戏或课件等作品中,它可以根据情况动态改变文本的显示内容及样式等。
- 输入文本:输入文本是在动画播放时可以接受用户输入的文本。

【操作案例6.3】制作空心字。

操作思路:空心字是一种应用广泛的文字特效,它没有填充,只显示轮廓,所以在制作过程中要先把文字打散,再进行描边处理,最后删除填充区域。

操作步骤:

(1) 新建一影片,设置舞台大小为550×300像素,背景颜色为黑色。

(2) 使用【文本】工具在舞台上输入"制作空心字",文本【属性】面板设置如图6.22所示。

图6.22　空心字【属性】面板设置

(3) 选中文字,按两次【Ctrl+B】组合键,将文字打散成分离的图形,如图6.23所示。

图6.23　打散后的文字

(4) 选择【墨水瓶】工具,在【属性】面板中设置线条颜色、粗细及线型,如图6.24所示。

图6.24　设置线条属性

也可以自己定义线型,单击【属性】面板上的【自定义】按钮,可打开【笔触样式】对话框,在此可以设置各种线型,以及对线型的细节进行设置,如图6.25所示。

设置完毕后,用【墨水瓶】工具勾边,效果如图6.26所示。

(5) 选取文字的填充区域,按Delete键将其删除,空心字制作完成,效果如图6.27所示。

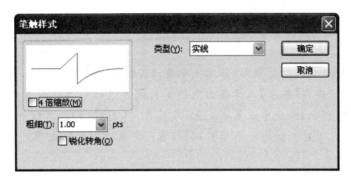

图 6.25　【笔触样式】对话框

图 6.26　用【墨水瓶】工具勾边　　　　　　图 6.27　空心字

【操作案例 6.4】制作七彩文字。

操作思路:七彩文字是一种非常漂亮的文字,先将文字进行打散,再填充为渐变颜色,从而制作出七彩文字效果。

操作步骤:

(1) 新建一影片,设置舞台大小为 550×300 像素,背景颜色为白色。

(2) 设置文本属性如图 6.28 所示,在舞台上输入文本"七彩文字"。

图 6.28　设置文本属性

(3) 选择【绘图】工具栏中的【选择工具】,选中文本并按两次【Ctrl＋B】组合键,将文字打散。

(4) 在【颜色】面板中将填充颜色设置为渐变色,用颜料桶工具单击文字,即可得到七彩文字,效果如图 6.29 所示。

图 6.29　七彩文字

小贴士

在文本特效制作的过程中，基本上都要涉及到打散文字的操作，如果打散时出现连笔现象，可以用【线条】工具在出现连笔的地方进行修改。在制作七彩文字过程中，如果在【颜色】面板中设置渐变色，然后再用【颜料桶】工具进行填充，得到的颜色更丰富；也可以用位图进行填充，制作填充背景为图像的文字。

6.3　元件、实例和库

元件是 Flash 动画制作的一个重要概念，在 Flash 影片中，元件是整个影片的灵魂，是 Flash 中一类特殊而重要的对象。当元件被应用时，就可以得到元件的一个实例，而库则是元件存放的场所。

6.3.1　元件

在 Flash 中，元件只需创建一次就可以在整个文档或其他文档中被反复使用。使用元件不仅能够缩小文档的大小，还可以对修改和更新带来方便。

1. 元件的类型

Flash 的元件有 3 种类型，它们是图形、按钮和影片剪辑。

（1）图形。图形是元件的一种最原始的形式，可以放置其它元件和各种素材。图形元件有自己独立的时间轴，可以创建动画，但不具备交互性。

（2）按钮。按钮用于在动画中实现交互，有时也可以使用它来实现某些特殊的动画效果。一个按钮有四种状态，它们是弹起、指针经过、按下和单击，如图 6.30 所示。每种状态可以通过图形或影片剪辑来定义，同时也可以为其添加声音。

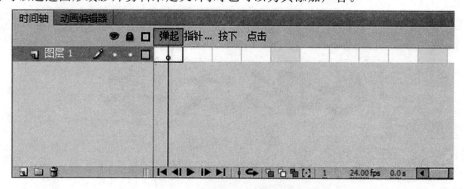

图 6.30　创建按钮时的状态

按钮时间轴各个帧的作用如下：

· 【弹起】：按钮的初始状态，即当鼠标指针不在按钮上时按钮的状态。

· 【指针经过】：鼠标指针经过按钮或停留在按钮上时按钮的状态。

· 【按下】：鼠标指针单击该按钮时的状态。

· 【点击】：按钮响应鼠标动作的热区，帧中的对象在影片播放时不可见，如果该帧未定义，则【弹起】帧中的对象为鼠标响应的热区。

（3）影片剪辑。影片剪辑是可重复使用的动画片段，其拥有相对于主时间轴独立的时间轴，也拥有相对于舞台的主坐标系独立的坐标系。它可以包含一切素材，如按钮、声音、图片和图形等，甚至可以是其它的影片剪辑。在影片剪辑中也可以添加动作脚本来实现交互和复杂的动画操作，在影片剪辑中，动画是可以自动循环播放的，也可以用脚本来控制。

2. 创建元件

在 Flash 中，创建元件实际上是利用元件自身的时间轴进行动画创作的过程。要创建元件，一般有两种方法，一种方法是创建一个空元件，然后绘制或者导入需要的对象；另一种方法是将舞台上选定的对象转换为元件。

（1）新建元件。选择【插入】|【新建元件】命令或按【Ctrl＋F8】打开【创建新元件】对话框，如图6.31所示。

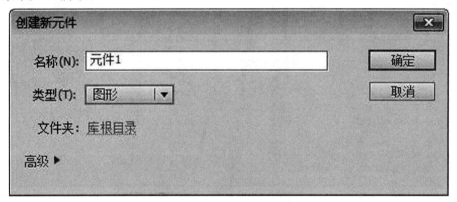

图 6.31　【创建新元件】对话框

在对话框中设置元件名称和与元件类型后，单击【确定】按钮，Flash 会将元件放置在【库】面板中，同时打开该元件的编辑窗口，在该窗口中即可直接创建需要的元件内容，如果你 6.32 所示。

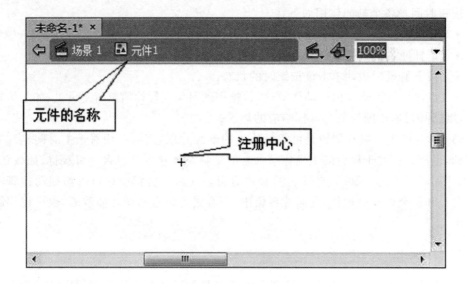

图 6.32　　元件编辑窗口

（2）转换为元件。在舞台上绘制或导入对象后，可以将其转换为元件。在舞台上选中对象，选择【修改】|【转换为元件】命令或按【F8】键，打开【转换为元件】对话框，输入名称、选择类型后，点击【确定】即可转换为元件，如图 6.33 所示。

图 6.33　　元件编辑窗口

　　在【转换为元件】对话框中，【对齐】用于指定元件对齐的注册点。一般情况下在转换元件的过程中最好让注册点与舞台的中心相对齐。

3. 编辑元件

对于创建完成的元件，用户可以很方便地进行编辑和修改。在对元件进行编辑时，Flash 会实时修改文档中该元件的所有实例。

（1）在新窗口编辑元件。在新窗口编辑元件是指在一个单独的窗口中对元件进行编

辑。在舞台上右击需要编辑的元件,选择【在新窗口中编辑】命令或在【库】面板中双击需
要编辑的元件,即可进入元件编辑状态。完成编辑后,关闭该窗口即可。

（2）在当前位置编辑元件。在舞台上双击元件实例即可进入元件的编辑模式,编辑
完成后,单击窗口上的【返回】按钮或在窗口的空白处双击,即可退出当前元件编辑状态。

6.3.2　实例

在创建元件后,将可以在 Flash 文档的任何地方使用,这就是该元件的实例。对于文
档中的实例,使用【属性】面板可以对实例的类型和颜色修改,同时还可以应用滤镜并设
置混合模式,影片剪辑的属性面板如图 6.34 所示。

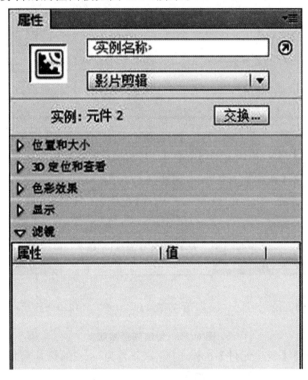

图 6.34　元件编辑窗口

6.3.3　库

在 Flash 中,库的作用是存放和组织可重复使用的元件、位图、声音和视频文件等,它
可以有效地提高工作效率,元件制作完毕后都会自动地保存到库中。将元件拖放到场景
后,其元件本身还位于库中。若要改变场景中实例的属性,库中元件的属性不会改变,但
如果改变元件的属性,该元件的所有实例的属性都将随之变化。

要打开【库】面板,选择【窗口】|【库】命令,也可以按【F11】键或按【Ctrl＋L】组合键。
关于新建元件、更改元件属性、删除元件等操作都可以用【库】面板中的按钮来实现。

另外,Flash CS6 自带了几个公用库,其中收集了许多按钮、交互等元件,用户可以从中直接调用元件,而不必自己创建,这样可以大大提高工作效率。

　　【操作案例 6.5】模拟酷眩鼠标。

　　操作思路:本例模仿在网上流行的酷眩鼠标效果的制作,当鼠标在舞台上移动时,移动过的地方都会出现相同的图案,并且出现下落并慢慢消失的效果。

　　操作步骤:

　　(1)新建一影片,设置影片的播放频率为每秒 20fps。

　　(2)选择【插入】|【新建元件】命令,打开【创建新元件】对话框,设置元件的名称为"ball",类型为【图形】,如图 6.35 所示。

图 6.35 【创建新元件】对话框

　　(3)选择【绘图】工具栏中【椭圆】工具在舞台的中央绘制一个没有边线的黄色圆形。

　　(4)选择【插入】|【新建元件】命令,创建一个名为"button"的按钮元件。选中【点击】帧,按 F6 键插入关键帧,如图 6.36 所示。选择【绘图】工具栏中的【椭圆】工具,在舞台上绘制一个圆形作为反应区。

图 6.36 创建隐形按钮

　　(5)选择【插入】|【新建元件】命令,创建一个名为"mc"的影片剪辑元件。

　　(6)选中第 1 帧,从【库】面板中将元件"button"拖到舞台中央。

　　在【动作－帧】面板中为第 1 帧添加动作:

```
stop();      //停止动画的播放
```

　　选中按钮元件"button",在【动作-按钮】面板中添加如下动作,如图 6.37 所示。

```
On(rollover)
{    gotoAndPlay(2);
}
```

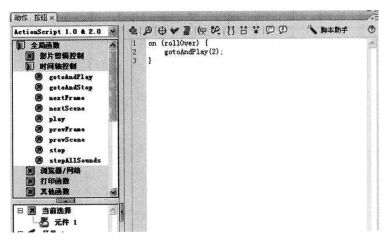

图 6.37　【动作-按钮】面板

（7）选中第 2 帧，按 F7 键插入空白关键帧，从【库】面板中将元件"ball"拖到舞台中央。选中第 30 帧，按 F6 键插入关键帧，将舞台上的图形移到舞台的下方，在【属性】面板中将"ball"的 Alpha 值调整为 0％，并在【动作-帧】面板中为第 30 帧添加动作：

gotoAndStop(1)；　　　//转到第 1 帧停止

（8）选中第 2 帧，右击并选择【创建补间动画】命令。

（9）返回到场景中，从【库】面板中将影片剪辑元件"mc"拖到舞台中，按住【Ctrl】键的同时，拖动鼠标移动可以不断复制，使其充满整个画面。

（10）按【Ctrl＋Enter】组合键测试影片，即可看到当鼠标滑过时会出现小球下落并淡出舞台的动画。

　小贴士

　　将影片剪辑从【库】面板中拖出来后，在按住 Ctrl 键进行复制的过程中，可以将影片剪辑元件做缩放、颜色等变化，使得鼠标经过时产生许多大小不同的小圆球效果。

6.4　Flash 基础动画制作

在 Flash 中，合成动画的场所称为时间轴，时间轴上的每一个影格称为帧，帧是最小的时间单位。Flash 中的动画分为逐帧动画和补间动画，补间动画又通常包括形状补间动画、补间动画和传统补间动画。

6.4.1　逐帧动画

在 Flash 动画的制作中，逐帧动画是一种最基础的动画类型，也是较常用的动画制作方法,逐帧动画适合表现细腻的动画细节。逐帧动画的制作是基于对 Flash CS6 中帧和图层的操作,所以在开始逐帧动画制作之前,需要先对 Flash CS6 中帧和图层进行讲解。

1. 帧

在 Flash CS6 中,对帧的分类可以分为普通帧和关键帧,时间轴中不同帧的标志如图6.38 所示。

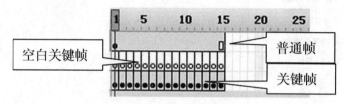

图 6.38　帧的类型

（1）关键帧。关键帧用来存储用户对动画的对象属性所做的更改或者 ActionScript代码 。关键帧之间可以创建补间动画,从而生成流畅的动画。空白关键帧则是指关键帧中不包含任何对象的关键帧。

（2）普通帧。普通帧是指内容没有变化的帧,通常用来延长动画的播放时间。空白关键帧后面的普通帧显示为白色,关键帧后面的普通帧显示为浅灰色,普通帧最后一帧中显示为一个中空矩形

在 Flash CS6 中,对帧的操作有 3 种方式,用【插入】菜单命令操作如图 6.39 所示;单击鼠标右键选择关联菜单如图 6.40 所示;键盘快捷键。

- 【F5】:插入普通帧。
- 【F6】:插入关键帧。
- 【F7】:插入空白关键帧。

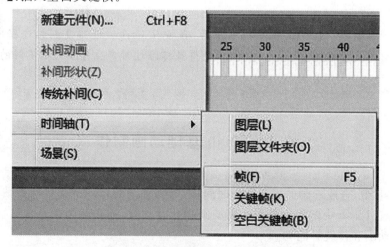

图 6.39　使用【插入】菜单命令

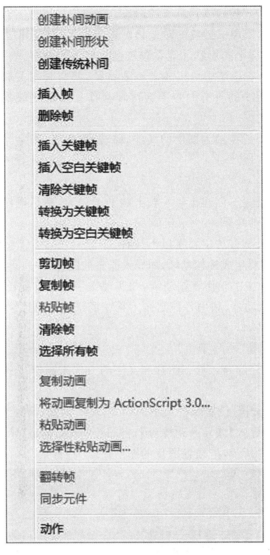

图 6.40　鼠标右键关联菜单

2. 图层

Flash 动画通常有很多图层,时间轴左边的图层控制区显示的 ▮图层1 ◢ • • ▮ 就表示图层。Flash 的图层有普通层、遮罩层、运动引导层 3 种类型,如图 6.41 所示。

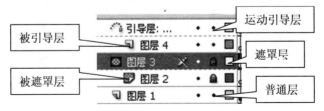

图 6.41　图层的类型

（1）普通层。就是一般的放置对象的图层。

（2）遮罩层。在遮罩层中创建的对象具有透明效果，与普通层不同，在具有遮罩层的图层中，只能透过遮罩层上的形状才能看到被遮罩层上的内容。

（3）运动引导层。在该层中可以建立一条路径，使与其相关联的图层中的对象可沿着该路径运动。引导层中的所有内容不会出现在作品的最终效果中。引导层和被引导层用于制作引导动画。

图层的基本操作一般涉及到图层的新建、移动、重命名、删除等。

3．逐帧动画

逐帧动画的原理是逐一创建出每一帧上的动画内容，然后顺序播放各动画帧上的内容，从而实现连续的动画效果。

创建逐帧动画的典型方法主要有以下 3 种。

（1）从外部导入素材生成逐帧动画，如导入静态的图片、序列图像和 Gif 动态图像等。

（2）使用数字或者文字制作逐帧动画，如实现文字跳跃或旋转等特效动画。

（3）绘制矢量逐帧动画，利用各种制作工具在场景中绘制连续变化的矢量图形，从而形成逐帧动画。

【操作案例 6.6】制作"一马平川"

操作思路：利用从外部导入静态图片和文字的方式来制作"一马平川"的动画效果。

操作步骤：

(1)新建一 Flash 文档，设置舞台大小为 550×248 像素，帧频为 6fps。

(2)执行【文件】|【导入】|【导入到舞台】，将图片"背景. png"导入到舞台中，并相对舞台居中对齐，如图 6.42 所示，把放置图片的图层命名为"背景"。

图 6.42　导入背景图片

（3）新建一图层命名为"骏马"，选中"背景"图层和"骏马"图层的第 8 帧，按【F5】插入帧，此时时间轴状态如图 6.43 所示。

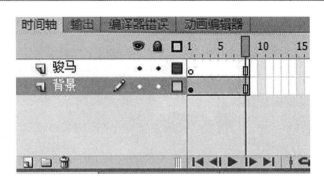

图 6.43　时间轴状态

（4）执行【插入】|【新建元件】，创建一个名为"骏马"的影片剪辑，进入到影片剪辑的编辑状态，将素材"马 1. png"图像文件导入到舞台中，此时弹出提示框，如图 6.44 所示，单击【是】，将序列图片导入到时间轴上，时间轴效果如图 6.45 所示。

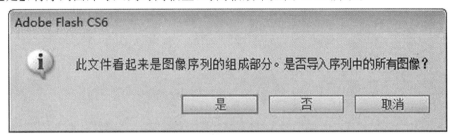

图 6.44　导入序列图片

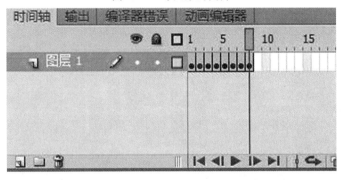

图 6.45　时间轴状态

（5）单击 场景1 按钮返回到主场景，将创建好的"骏马"影片剪辑元件拖放到"骏马"图层，并相对舞台居中对齐。

（6）在"骏马"图层上新建一图层命名为"文字"，选中"文字"图层的第 2 帧，按【F6】插入关键帧。选择【文本工具】在【属性】面板中设置文本属性，【系列】为"黑体"，颜色为"♯FFFFFF"，【大小】为"80"，在舞台上输入"一"字，并移动文字到舞台的上边，如图6.46所示。

（7）选中"文字"图层的第 3 帧，按【F6】插入关键帧，在该帧输入"马"字，并移动"马"字的位置到"一"字的右方，如图 6.47 所示。

图 6.46　第 2 帧添加的"一"字

图 6.47　第 3 帧添加的"马"字

（8）利用相同的方法，分别在第 4 帧、第 5 帧输入"平"和"川"字，最终效果如图 6.48
所示。

图 6.48　制作的最终效果

（9）保存测试影片。

【操作案例 6.7】朵朵梅花开。

操作步骤：

（1）创建一新文档，执行【修改】|【文档】命令打开【文档属性】对话框，在对话框中设

置文档背景颜色(颜色值为♯00CCFF),如图 6.49 所示。

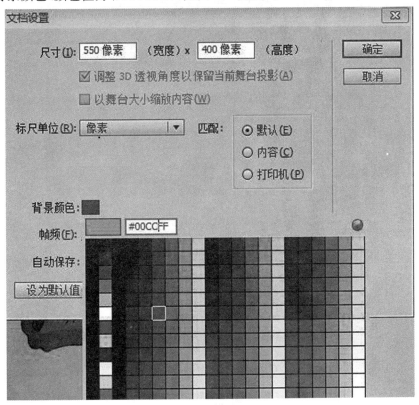

图 6.49 设置文档背景颜色

(2) 执行【文件】|【导入】|【作为库打开】对话框,在对话框中选择要作为库打开的文件,如图 6.50 所示。将该文件【库】面板中的"梅花树"影片剪辑拖放到当前文档的【库】面板中,如图 6.51 所示。

图 6.50 选择文件

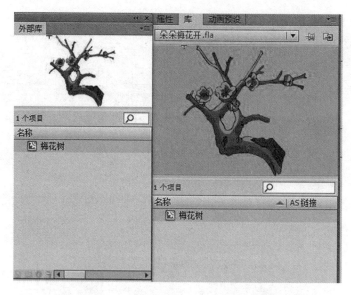

图 6.51　将素材文件的影片剪辑拖放到当前文档的【库】面板中

（3）执行【插入】|【新建元件】命令打开【新建元件】对话框，创建一个名为"梅花开"的影片剪辑元件，如图 6.52 所示。

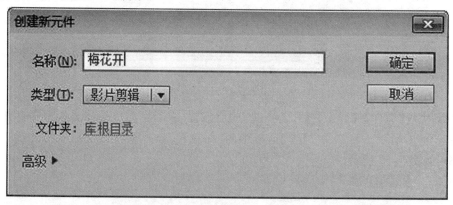

图 6.52　新建元件

（4）从【库】面板中将"梅花树"影片剪辑拖放到当前的舞台上，如图 6.53 所示。

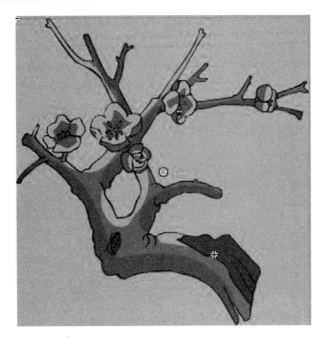

图 6.53　放置影片剪辑

（5）新建一图层，选择【铅笔工具】画一个花苞，填充合适的颜色，再绘制几个花苞，如图 6.54 所示。

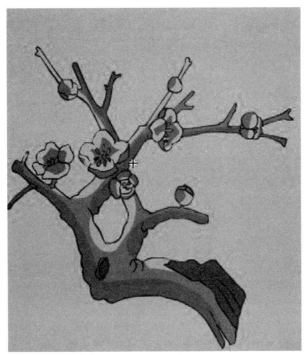

图 6.54　绘制的花苞

（6）在第 30 帧处按【F5】插入延长帧，在第 11 帧处按【F7】插入空白关键帧，使用绘图工具绘制 3 朵形态不同的半开梅花，如图 6.55 所示。

图 6.55　绘制的几朵半开梅花

（7）在图层的第 21 帧按【F7】插入关键帧，使用绘图工具绘制几朵绽开的梅花，如图 6.56 所示。

图 6.56　绘制的几朵绽开的梅花

（8）保存文件，按【Ctrl＋Enter】键测试动画，即可看到梅花朵朵开的动画效果。

6.4.2　补间动画

逐帧动画需要一帧一帧地绘制场景,制作过程复杂且难度较大。Flash 为动画的创作提供了一个便捷的操作方法,就是补间。补间就是在动画制作时,只需要制作动画开始和结束这两帧的内容,计算机根据这两个关键帧自动计算出中间的过渡部分并添加到中间帧中。

补间动画是 Flash CS6 中的一种动画类型,是从 Flash CS4 开始引入的。相对于以前版本的补间动画,这种补间动画类型具有功能强大且操作简单的特点,用户可以对动画中的补间进行最大程度的控制。

Flash CS6 中补间动画是基于对象的,将动画中的补间直接应用到对象,而不是像传统补间动画那样应用到关键帧,Flash 能够自动记录运动路径并生成有关的属性关键帧。创建补间动画可以采用下面的步骤来完成。

(1) 在动画开始帧创建关键帧,在时间轴上选择动画结束帧所在的帧,按【F5】键将帧延伸到该处。在这些帧的任意位置右键单击,选择关联菜单中的【创建补间动画】命令创建补间动画,如图 6.57 所示。

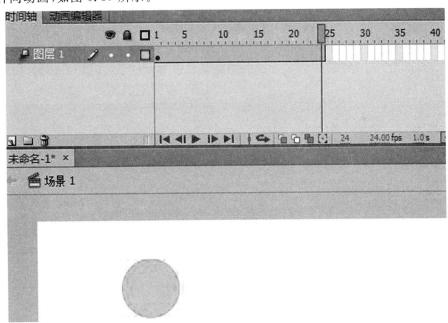

图 6.57　创建补间动画

(2) 在时间轴上选择动画的最后一帧,在此帧中改变对象的属性。此时对象在舞台一个点移动到另一个点的补间动画即创作完成,如图 6.58 所示。

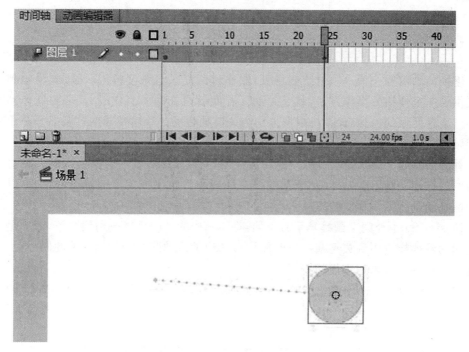

图 6.58　移动对象的位置

　　补间动画只能应用于元件,如果所选的对象不是元件,则 Flash 会给出提示对话框,提示将其转换为元件,如图 6.59 所示。只有将其转换为元件后,才能对该对象创建补间动画。

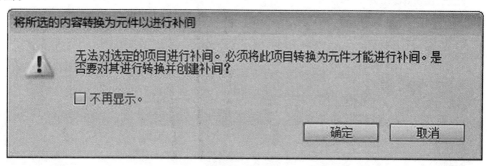

图 6.59　提示对话框

6.4.3　传统补间动画

　　Flash CS4 之前的版本创建的补间动画都称为传统补间动画,在 Flash CS6 中,同样可以创建传统补间动画。要创建传统补间动画,可以使用下面步骤来完成。

　　(1) 在动画开始帧创建关键帧,在时间轴上选择动画结束帧,按【F6】键在该处创建关键帧,此时 Flash 将帧延伸到该处,如图 6.60 所示。

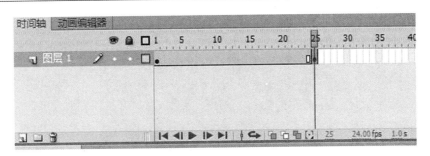

图 6.60　创建关键帧

（2）在时间轴上选择动画的结束帧，改变对象的属性，如改变对象的位置等。右键单击时间轴上的任意一帧，选择关联菜单中的【创建传统补间】命令即可创建两个关键帧间的补间动画，如图 6.61 所示。

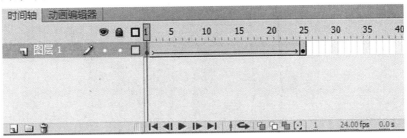

图 6.61　创建传统补间动画

6.4.4　补间形状动画

补间形状动画是形状之间的切换画面，是从一个形状逐渐过渡到另一个形状。Flash在创建补间形状的时候，补间的内容是依靠关键帧上的形状进行计算所得的。补间形状与补间动画是有所区别的，形状补间是矢量图形间的补间动画，这种补间动画改变了图形本身的属性。补间动画并不改变图形本身的属性，其改变的是图形的外部属性，如位置、颜色和大小等。

补间形状动画的创建方式与传统补间动画的创建方式类似，在一个关键帧中绘制图形。按【F6】键创建结束帧，在该帧对图形形状进行修改。修改完成后，选择这两个关键帧间的任意一个帧右键单击，选择关联菜单中的【创建补间形状】命令即可。完成补间形状创建后的时间轴如图 6.62 所示。

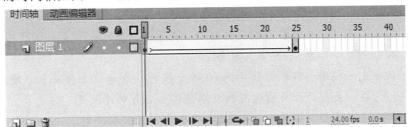

图 6.62　创建补间形状动画

完成补间形状创建后，选择时间轴上的任意一个补间帧，在【属性】面板上可以对动画进行设置，如图 6.63 所示。

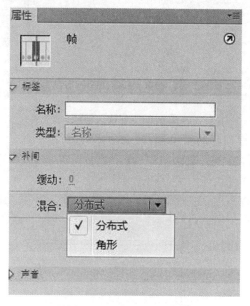

图 6.63 补间属性的设置

在创建补间形状时，为了能够对变形进行控制，可以为补间添加控制点。在创建补间形状后，选择关键帧后选择【修改】|【形状】|【添加形状提示】命令。此时关键帧中的图形上会出现一个带字母的红色圆圈，结束帧上也会出现这样的一个提示点，如图 6.64 所示。分别在两个帧中拖动图形上的提示点，将它们放置到适当的位置，此时开始帧图形上的提示点变成黄色，结束帧上的提示点变为绿色，如图 6.65 所示。

图 6.64 开始帧和结束帧图形上的提示点　　**图 6.65 更改提示点位置后提示点改变颜色**

 小贴士

添加形状提示的过程中应该注意以下几点。

1. 增加控制点只能在补间形状动画的开始帧进行。

2. 控制点用字母表示，最多只有 26 个。

3. 控制点的顺序要符合逻辑，例如在开始帧的一条直线上按 a、b、c 顺序放置 3 个控制点，在结束帧的相应帧的直线就不能按 a、c、b 顺序放置。

4. 控制点并非设置得越多越好，应该根据实际情况来决定。

5. 各形状控制点最好沿逆时针方向排列，并且从图形的左上角开始。

【操作案例 6.8】旋转的三角锥。

操作思路：

本例主要利用形状提示点动画来制作完成一个旋转的三棱锥。

操作步骤：

（1）新建一个 Flash 文件。

（2）执行菜单中的【修改】|【文档】，在弹出的【文档属性】对话框中将背景色设置为白色，文档大小为 300×300 像素，单击【确定】。

（3）执行菜单中的【视图】|【网格】|【显示网格】命令；选择【直线工具】，在舞台上绘制三角锥，如图 6.66 所示。

（4）选择【颜料桶】工具，将三角锥的正面填充为由浅黄色到深黄色的线性渐变色，其中浅黄色的 RGB 值为（240,160,10），深黄色的 RGB 值为（120,60,20），结果如图 6.67 所示。

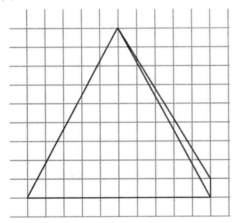

图 6.66　绘制三角锥

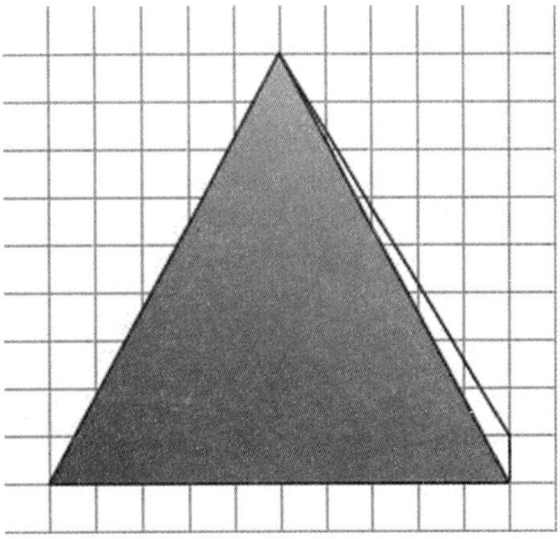

图 6.67　填充三角锥正面

（5）将三角锥的侧面设置为由深黄色到暗黄色的线性渐变，其中深黄色的 RGB 值为（240,160,10），暗黄色的 RGB 值为（120,70,20），如图 6.68 所示。

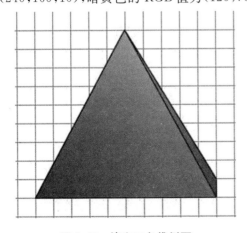

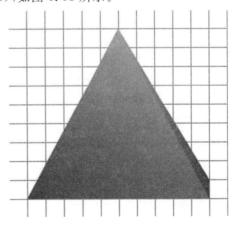

图 6.68　填充三角锥侧面

图 6.69　删除轮廓线

（6）选择【选择工具】，选择三角锥的轮廓线，按【Delete】键删除，如图 6.69 所示。

（7）选择【渐变变形工具】，调节三角锥正面和侧面的渐变方向。

（8）选择"图层 1"的第 20 帧，按【F6】插入关键帧，选择三角锥的侧面，执行【修改】|
【变形】|【水平翻转】命令，并调整三角锥至左侧，位置如图 6.70 所示。

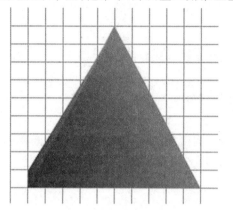

图 6.70　翻转并调整后的图形

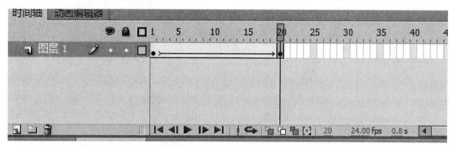

图 6.72　错误效果的动画

图 6.71　时间轴显示

（9）在 1－20 帧之间创建补间形状动画，时间轴如图 6.71 所示，并按【Enter】键测试
动画，可以看到三角锥的变形不正确，如图 6.72 所示。

（10）选择"图层 1"的第 1 帧，执行【修改】|【形状】|【添加形状提示】命令，执行 6 次，
将添加 a、b、c、d、e、f 6 个形状提示点，并调整位置如图 6.73 所示。

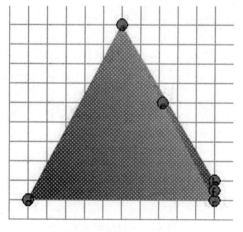

图 6.73　调整起始帧的形状提示点

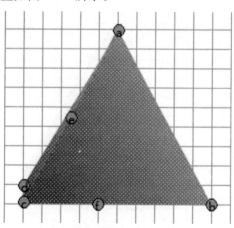

图 6.74　跳帧结束帧形状提示点

(11) 按【Enter】键测试动画,此时三角锥转动正确。

(12) 为了使三角锥产生连续转动的效果,在第 21 帧按【F6】插入关键帧,在舞台上单击三角锥的左侧面,然后按【Delete】键删除,如图 6.74 所示;选择第 22 帧,按【F5】插入延长帧。

(13) 按【Ctrl+Enter】键测试影片,即可看到三角锥的旋转动画。

6.5 Flash 高级动画制作

Flash 是一款功能强大的矢量动画制作软件,除了具有制作各种常见的补间动画功能之外,还可以实现各种特殊的补间效果,如通过遮罩动画来创建各种特效,使用引导层来获得复杂的运动路径,使用【骨骼工具】创建骨骼动画等。本节主要介绍遮罩动画、引导动画和骨骼动画的制作。

6.5.1 遮罩动画

遮罩动画是通过遮罩层来完成的,遮罩动画的原理就是将某层作为遮罩,遮罩层下的一层是被遮罩层,而只有遮罩层上的填充色块下面的内容可见,色块本身是不可见的,作为遮罩层的对象可以是填充的形状、文字对象、图形元件和影片剪辑元件。

【操作案例 6.9】百叶窗效果

操作思路:百叶窗效果也是利用遮罩动画实现的,本案例通过制作一个小的"影片剪辑"元件作为一个叶片,利用此叶片的多次应用来实现从完全显示到完全遮挡的过程。

操作步骤:

(1) 新建一影片,设置舞台大小为 400×300 像素,导入图片"风景 1.jpg",调整其大小和位置,使其刚好能覆盖舞台。

(2) 新建一个图层,导入图片"风景 2.jpg",将其缩至适当大小,使其刚好能覆盖舞台。选中图层 2,新建一个图层 3,在图片的下方绘制一个无边框的矩形,选中该矩形,按【F8】键将其转换为名为"叶片"的图形元件。

(3) 按【Ctrl+F8】组合键,打开"创建新元件"对话框,创建一个名为"百叶窗"的影片剪辑元件,并将元件"叶片"拖放到元件编辑区中。

(4) 选择【任意变形】工具选中矩形,将中心控制点移动到矩形下方的中点上,如图 6.75 所示。

图 6.75 移动中心控制点

(5) 在元件编辑区的第 42 帧按 F6 插入关键帧,选择【任意变形】工具,将鼠标光标移到矩形上方的中点,当其变为双向箭头时按住鼠标左键向下拖动,使其变为一条直线。

(6) 在第 47 帧和第 97 帧插入关键帧,再将第 1 帧复制到第 97 帧,然后依次在第 1 帧和第 42 帧、第 47 帧和第 97 帧之间创建传统补间动画,最后在第 100 帧按 F5 键插入普通帧,时间轴显示如图 6.76 所示。

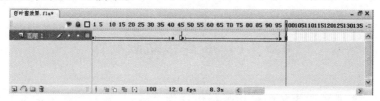

图 6.76　时间轴显示

(7) 返回到场景中,将场景中的矩形删除,选中图层 3,将元件"百叶窗"拖放到图片下方,如图 6.77 所示。

图 6.77　"百叶窗"在图片中位置

(8) 用鼠标右键单击图层 3,在弹出的快捷菜单中选择【遮罩层】命令,将图层 3 变为遮罩层。

(9) 在图层 3 上方新建一个图层 4,选中图层 3 和图层 2 中的所有帧,用鼠标右键单击,在弹出的快捷菜单中选择【复制帧】命令。选中图层 4 的第 1 帧,在弹出的快捷菜单中选择【粘贴帧】命令,这时图层 4 下方出现了图层 5,而图层 4 自动变为遮罩层,图层 5 成为被遮罩层。如图 6.78 所示。

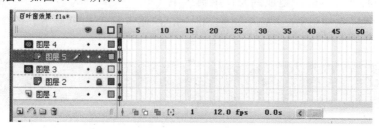

图 6.78　时间轴显示

（10）选中图层 4 中的"百叶窗"元件，用选择工具将其向上移动，使其下方刚好与图层 3 的"百叶窗"元件上方相连接。在图层 4 上方新建一个图层，同样将图层 3 和图层 2 中的帧复制到该层中，并将该图层中的"百叶窗"元件向上移动到与图层 4 中的"百叶窗"相连，用同样的方法依次添加遮罩图层，并将复制的"百叶窗"元件依次向上移动到相互连接，直到"百叶窗"元件到达图片顶部为止。

（11）按【Ctrl＋Enter】组合键即可看到百叶窗效果。

6.5.2　引导层动画

从 Flash CS4 开始，由于补间动画也能够对运动路径进行编辑，引导层动画似乎显得不是那么重要了，实际上对于 Flash 来说，引导层动画在制作具有特定运动轨迹且轨迹无规律的动画中，具有非常重要的意义，掌握和灵活应用引导层动画是学习制作 Flash 动画的催化剂。

引导层动画是由"引导层"和"被引导层"组成，如图 6.79 所示。制作引导层动画时，需要在"引导层"上绘制引导对象运动的引导线，然后将"被引导层"上的对象吸附到引导线上，播放动画时，"引导层"上的内容不会被显示。

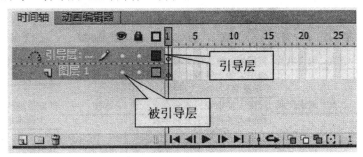

图 6.79　引导层和被引导层

【操作案例 6.10】制作雪花飘飘的效果。

操作思路：此动画是一个引导动画，通过制作雪花沿着不同的路径运动来实现雪花飘飘的效果。

操作步骤：

（1）新建一影片，设置背景为黑色。

（2）按【Ctrl＋F8】组合键创建一个名为"snow"的影片剪辑元件，在舞台的中央用【铅笔】工具绘制一个不规则的多边形，然后用【颜料桶】工具将它填上白色，如图 6.80 所示。

（3）再按【Ctrl＋F8】组合键创建一个名为"up"的影片剪辑元件，将元件"snow"拖到舞台上，用【任意变形】工具把它缩小，选中第 80 帧，按【F6】键插入关键帧，在图层 1 上单击鼠标右键并选择【添加引导层】命令。

（4）在引导层上，用【铅笔】工具画一条弯曲的曲线，分别选中图层 1 的第 1 帧、第 80 帧，将"snow"实例拖放在曲线的起点和终点，选中图层 1 的第 1 帧，创建传统补间动画。

（5）重复第（4）步，多重复几次，做好后的效果如图 6.81 所示。

（6）把第（3）～（5）步重复做两次，不同之处是元件的命名分别为"mid"和"down"，

"snow"的大小和"引导线"的路径不要一样。

图 6.80　"snow"影片剪辑元件

图 6.81　"up"影片剪辑的最终效果

（7）返回到场景中，插入 7 个图层，分别命名为"up"、"up"、"down"、"down"、"mid"、"mid"、"up"。在对应的图层上拖入对应的元件，并适当地调整时间轴，让雪花飘得连贯起来，如图 6.82 所示。

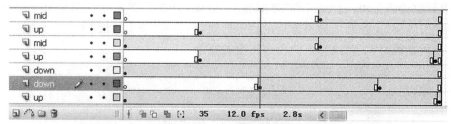

图 6.82　"雪花飘飘"的最终效果

6.5.3　骨骼动画

骨骼动画是利用反向运动工具模拟人体或动物骨骼关节的运动。Flash CS6 提供的反向运动工具包括【骨骼工具】和【绑定工具】。

利用【骨骼工具】可以在分离的对象内，或者在多个元件实例间添加骨骼，并利用添加的骨骼创建骨骼动画。在为分离的对象添加 1K 骨骼后会发现，在移动 1K 骨骼时，有时分离对象的变形方式并不令人满意。这是因为默认情况下，分离对象的形状控制点会连接到离它最近的骨骼。此时可利用【绑定工具】编辑骨骼和形状控制点之间的连接，从而获得满意的变形效果。

【操作案例 6.11】制作心随我动

操作思路：利用【骨骼工具】在箭和心之间添加 1K 骨骼，然后再不同的关键帧移动至不同的位置，从而来显示不同的位置心随箭移动的状态。

操作步骤：

（1）打开"心随我动.fla 文档。

（2）新建图层 2，并把图层 2 重命名为"箭"，打开【库】面板，把【库】面板中的影片剪辑元件"箭"和"心"拖到舞台，并放置在合适的地方，如图 6.83 所示。

图 6.83　拖到舞台上的"箭"与"心"元件　　　　　　　　　图 6.84　生成的 1K 骨骼

（3）选择【骨骼工具】，从"箭"生成的实例低端向上至心的中间生成 1K 骨骼，如图 6.84 所示，同时生成一个"骨架－1"图层，如图 6.85 所示。

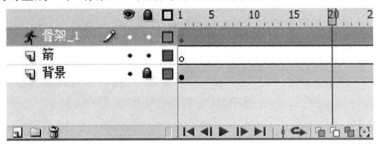

图 6.85　自动生成的"骨架－1"图层

（4）选择【选择工具】在第 20 帧、40 帧、60 帧、80 帧处分别将生成的骨架拖至舞台适当位置，分别如图 6.86、6.87、6.88、6.89 所示。

图 6.86　第 20 帧处的位置

图 6.87　第 40 帧处的位置

图 6.88　第 60 帧处的位置　　　　　**图 6.89　第 80 帧处的位置**

（5）按【Ctrl＋Enter】即可看到动画的效果。

6.6　Flash 外部素材的应用

除了直接在 Flash CS6 中绘制动画所需的图形外，我们还可以将外部图形、图像、视频和音频文件等导入到 Flash 文档中，从而制作出更加精彩的动画。

6.6.1　应用外部图形与图像

要在动画中应用外部图形与图像，需要先将其导入到 Flash 文档中，并进行适当的编辑，下面我们便来学习这些方法。

1. Flash CS6 支持的图形与图像文件格式

（1）支持的矢量图形：".wmf"、"emf"、".dxf"、".ai"等格式的矢量图形。

（2）支持的位图图像：".bmp"、".jpg"、".gif"、".png"、".psd"等格式的图像文件。

2.导入图形或图像

（1）导入到当前帧。选择【文件】|【导入】|【导入到舞台】菜单项，打开"导入"对话框，然后选择要导入的图形或图像，单击"打开"按钮，即可将所选图形或图像导入到当前图层的当前帧上，如图 6.90 所示。

图 6.90　导入"对话框

（2）导入到库。选择【文件】|【导入】|【导入到库】菜单项，可将矢量图形或位图图像导入到【库】面板中。

小贴士

　　　　使用前一种方式导入的矢量图不会出现在【库】面板中，导入的位图则会出现在【库】面板中；使用后一种方式导入的矢量图和位图仅放置在【库】面板中。

3. 将位图转换为矢量图

　　将位图转换为矢量图形后，可以像编辑矢量图形一样进行编辑。选择要转换为矢量图的位图后，选择【修改】|【位图】|【转换位图为矢量图】菜单，在打开的"转换位图为矢量图"对话框中设置参数，单击确定按钮，即可将位图转换为矢量图，如图 6.91 所示。

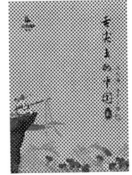

图 6.91　将位图转换为矢量图

6.6.2　应用视频

制作 Flash 动画时可以将外部视频导入到动画中,从而使动画的内容更加丰富,播放演示效果更好。

1. Flash CS6 支持的视频类型

Flash 支持很多的视频文件格式,同时也提供了多种在 Flash 中加入视频的方法,可以将 AVI、MOV、MPEG 等格式的视频文件嵌入到动画中。

　　　　　小贴士

　　Flash 支持的视频类型会因为所安装的软件不同而不同,如在计算机上安装了 QuickTime 和 DirectX 以上版本,那么就可以导入扩展名为".avi"、".mp4"、".flv"、".mov"、".wmv"、".asf"等的视频格式。

2. 导入视频

导入视频的具体步骤如下:

(1) 执行【文件】|【导入视频】命令,在弹出的"导入视频"对话框中单击"浏览"按钮,选择要导入的视频"老鼠爱大米.flv"文件,如图 6.92 所示。

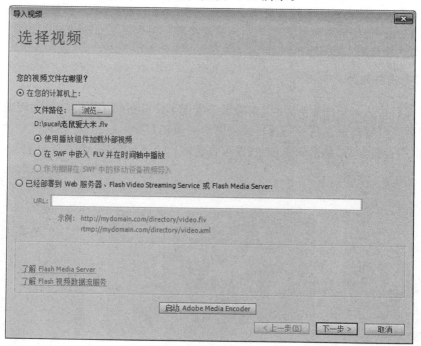

图 6.92　"导入视频"对话框

（2）单击"下一步"，弹出图 6.93 所示的对话框，然后从"外观"下拉列表中选择一种样式。

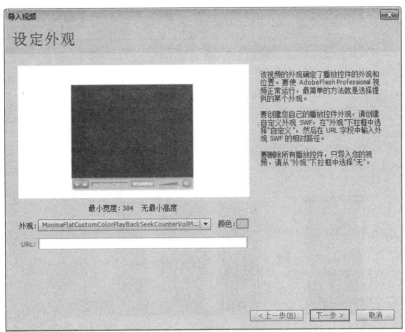

图 6.93　选择"外观"对话框

（3）单击"下一步"按钮，此时会显示要导入的视频文件的相关信息，如图 6.94 所示。

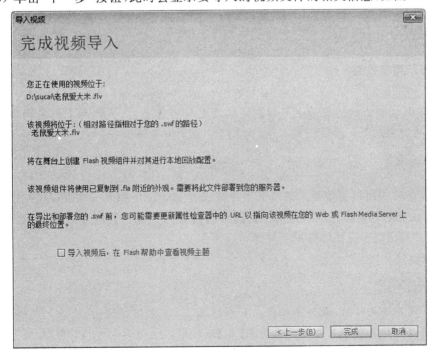

图 6.94　要导入的视频文件的相关信息

（4）单击"完成"按钮，即可获取元数据，如图 6.95 所示，元数据获取完成后，会显示出播放界面，如图 6.96 所示。

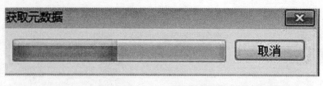

图 6.95　获取元数据

图 6.96　播放界面

　　（5）按【Ctrl＋Enter】键即可看到视频动画效果。

6.6.3　应用声音效果

　　在 Flash 动画中恰当地加上声音能使动画更具有感染力，例如为下雨的场景添加雨声、风声，为贺卡加上一段优美的音乐，为 MTV 加上声音等。

　　1. 导入声音

　　Flash CS6 中可以直接导入的声音文件格式有 wav、aiff 和 mp3 三种，其中最常用的是 mp3 格式，导入声音可以执行【文件】|【导入】|【导入到舞台】或【导入到库】菜单，在打开的"导入"对话框中选择需要的文件即可。

 小贴士

　　　导入声音文件时，最好单独放在一个图层上，以方便编辑；对于导入的声音文件无论以何种方式导入都只会出现在【库】面板中。

2. 编辑声音

将声音添加到关键帧后,往往需要处理,如设置动画与声音的同步、压缩声音等。

要将声音添加至时间轴上,需在【属性】面板【名称】下拉列表框中选择声音文件,如图 6.97 所示。此时选择的声音文件将添加到图层中。

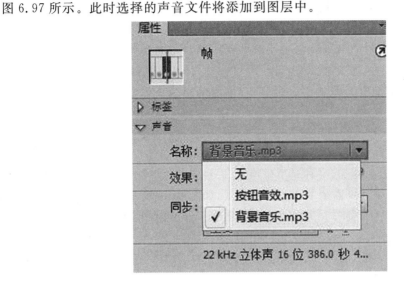

图 6.97　选择声音文件

要编辑声音,只需在时间轴上选择声音所在图层,在【属性】面板中单击【效果】下拉列表框右侧的【编辑声音封套】按钮将打开【编辑封套】对话框,如图 6.98 所示,使用该对话框能够对声音的起始点、终止点和播放时的音量进行设置。

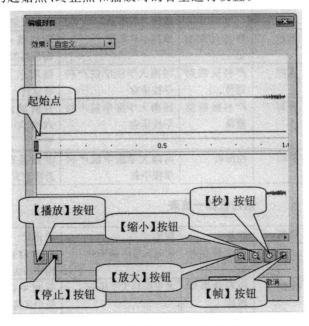

图 6.98　【编辑声音封套】对话框

下面介绍【编辑声音封套】对话框中各个按钮的功能。

【起始点】:声音播放时开始的地方;

【播放】按钮:单击此按钮将播放声音;

【停止】按钮:单击此按钮将停止播放声音;

【放大】按钮:单击此按钮将放大声音波形图样;

【缩小】按钮:单击此按钮将缩小声音波形图样;

【秒】和【帧】按钮:这两个按钮可以转换对话框中标尺的显示模式,以秒或以帧为单位显示声音波形。

在【编辑封套】对话框中的两个声道窗口中,单击编辑线可以添加控制点,拖动控制点可以改变编辑线的形状等。

3. 同步声音

Flash 的声音可以分为两类,一种是事件声音,一种是流式声音。用户可以在【属性】面板的【同步】下拉列表中选择需要的声音同步模式,如图 6.99 所示。

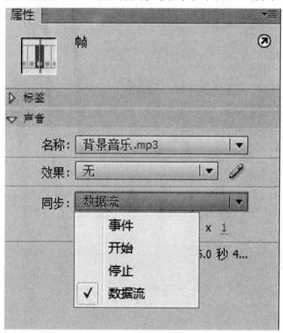

图 6.99 设置同步模式

事件:选中该项后,会将声音与一个事件的发生过程同步起来。事件声音独立于时间轴播放完整声音,即使动画文件停止也继续播放。

开始:该选项与"事件"选项的功能相近,但如果声音正在播放,使用"开始"选项则不会播放新的声音。

停止:选中该项后,将使指定的声音静音。

数据流:选中该项后,将同步声音、强制动画和音频流同步,因音频动画的停止而停止。

【操作案例 6.12】制作带声音的导航按钮。

操作步骤：

（1）新建一文件，按【Ctrl＋J】键，在【文档设置】对话框中设置大小为 580×180 像素。

（2）选择【文件】|【导入】|【导入到库】，导入背景图片和声音文件，并从【库】面板中将背景图片拖放至舞台并占满整个舞台，将放置图片的图层命名为"背景"，如图 6.100 所示。

图 6.100　放置背景图片

（3）新建一新图层并命名为"分割线"。使用【线条工具】在该图层中绘制分割线，如图 6.101 所示。

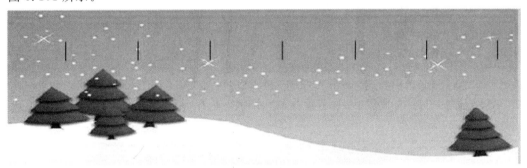

图 6.101　添加分割线

（4）选择【插入】|【新建元件】，打开【创建新元件】对话框，创建一个名为"标签"的影片剪辑，并使用【基本矩形工具】在舞台的中心绘制一个标签，如图 6.102 所示。

图 6.102　绘制的标签

（5）再创建一个名为"标签变化"的影片剪辑，在该影片剪辑中放入"标签"影片剪辑，并制作标签图形宽度增大再复原的补间动画，如图 6.103 所示。

（6）新建一图层，在动画的最后一帧添加一个关键帧，按【F9】键打开【动作】面板，在面板中添加"stop()；"。

（7）创建一个名为"文字 1"的影片剪辑，在该影片剪辑中输入文字"首页"，在【时间轴】面板中将帧延长至第 10 帧，创建文字宽度增大到缩小的补间动画。与步骤（5）（6）的

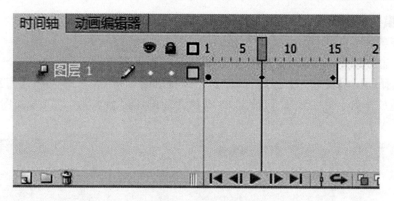

图 6.103　创建补间动画

制作步骤一样,此时时间轴如图 6.104 所示。

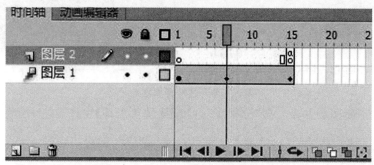

图 6.104　"文字 1"影片剪辑的时间轴

(8) 创建一个名为"按钮 1"的按钮元件,选择"指针经过"帧按【F6】键创建关键帧,选择该帧后从【库】面板中将"标签变化"拖放到舞台,选择"按下"帧按【F7】创建空白关键帧,从【库】面板中将"标签"的影片剪辑拖放到该帧。选择"单击"帧按【F5】键将帧延长到此处,如图 6.105 所示。

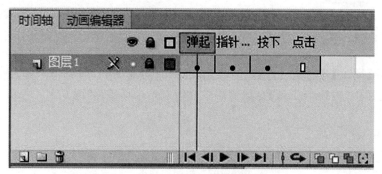

图 6.105　向帧添加实例

(9) 添加一新图层,使用与第(8)步类似的方法向"弹起"、"按下"和"单击"帧添加文字"首页"。这里,文字应该具有与"文字 1"影片剪辑中的文字相同的属性,在"指针经过"帧添加空白关键帧,将"文字 1"影片剪辑拖放至该帧,调整这些帧中文字的位置,使它们的中心点与舞台的中心对齐。各帧添加了实例后的效果如图 6.106 所示。

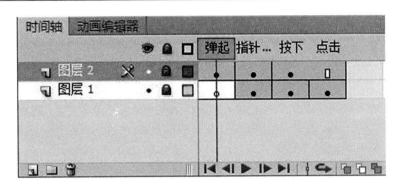

图 6.106　各帧添加文字实例后的效果

（10）再新建一图层，在"指针经过"帧和"按下"帧添加空白关键帧，将声音文件拖放至"指针经过"帧，并将【同步】设置为【事件】，如图 6.107 所示。

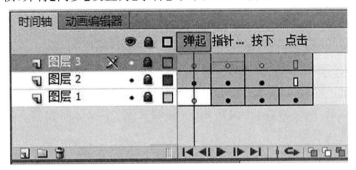

图 6.107　添加声音

（11）新建名为"文字 2"的影片剪辑元件，将"文字 1"影片剪辑中的图层复制到该影片剪辑中，将原来的"图层 1"删除，同时将文字改为"新闻"，创建一个新按钮元件"按钮2"，将"按钮 1"的图层复制到该按钮中，将"弹起"帧、"按下"帧和"单击"帧的文字改为"新闻"，删除"指针经过"帧中的影片剪辑，将"文字 2"影片剪辑放置到该帧中。

（12）使用相同的方法依次制作本例的其它按钮。按钮完成后回到"场景 1"。在【时间轴】面板中新建一个名为"按钮"的图层，选择该图层，将制作的按钮拖放到舞台上，调整这些按钮的位置，如图 6.108 所示。

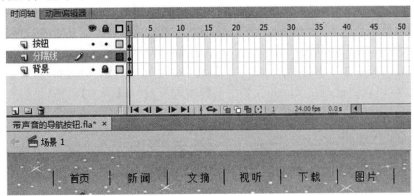

图 6.108　放置影片剪辑

（13）按【Ctrl＋Enter】键测试影片。影片播放效果如图 6.109 所示。

图 6.109　制作完成后的动画效果

6.7　创建交互式动画

与传统动画不同，Flash 动画具有很强的交互性，用户可以利用 ActionScript 语句创建复杂的交互动画、网络游戏、在线购物、卡通聊天室、多媒体制作等。具有交互式的动画可以使用户参与控制动画。

6.7.1　ActionScript 和【动作】面板

（1）ActionScript 是 Flash 中使用的脚本语言。它的结构与流行的 JavaScript 脚本编程语言类似。Flash 中的 ActionScript 采用面向对象的编程思想，采用事件驱动，以关键帧、按钮、影片剪辑实例甚至自定义的类为对象，来编写 ActionScript 脚本程序。

就像许多其他的编程语言一样，ActionScript 脚本编程语言拥有自己的语法、变量、函数等。

（2）添加 ActionScript 语句是通过【动作】面板来完成的。【动作】面板有 3 种：帧的【动作-帧】面板、按钮的【动作-按钮】面板和影片剪辑实例的【动作-影片剪辑】面板。以后称【动作】面板就是指这 3 种面板。所有的 ActionScript 脚本程序变成语句都可以在【动作】面板中编辑，也可以利用外部的"＊.as"文件编辑脚本程序。

【动作】面板由 3 个窗格构成：动作工具箱（按类别对 ActionScript 元素进行分组）、脚本导航器（可以快速地在 Flash 文档中的脚本间导航）和【脚本】窗格（可以在其中输入 ActionScript 代码），如图 6.110 所示。

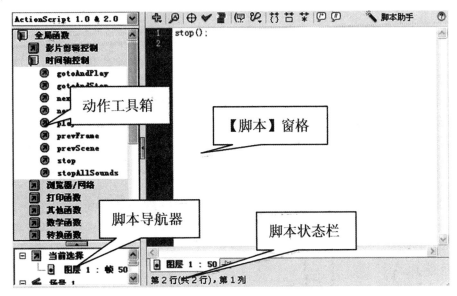

图 6.110　【动作】面板的组成

6.7.2　常用的 ActionScript 语句

1. 时间轴控制语句

（1）Play 和 Stop 语句。Play 和 Stop 语句在 Flash 中用于控制动画的播放和停止，是 Flash 中控制动画的最基本的语句。其语法格式如下：

Play()；

Stop()；

Play 动作使影片从当前位置开始播放，Stop 动作使影片停止播放，该语句都没有参数。

通常，Play、Stop 动作可用来创建开始、停止按钮，这种效果如同影片中的播放器一样，观众可以通过单击播放器播放、暂停和停止等按钮控制影片的播放过程。

（2）gotoAndPlay 和 gotoAndStop 语句。gotoAndPlay 动作可以控制影片剪辑跳转到某一指定位置继续播放，gotoAndStop 动作可以让影片剪辑跳转到某一指定位置并停止播放。其语法格式如下：

gotoAndPlay（场景，帧）；

gotoAndStop（场景，帧）；

其中，参数"场景"决定目标场景的名称，当"场景"参数省略时，表示目标场景为当前场景；参数"帧"决定要跳转播放帧的序号或标签，该参数设定为数字值时，表示要跳转播放的帧的帧序号，为字符串时，表示要跳转播放的帧的帧标签。

（3）stopAllSounds 语句。stopAllSounds 语句用于停止所有声音的播放，一般与按钮配合使用。当执行此脚本后，影片中所有正在播放的声音都将停止，但动画的播放不受影响。其语法格式如下：

stopAllSounds(); //没有参数

(4) nextFrame 与 preFrame。nextFrame 用于指定时间轴上的播放头跳转至下一帧，并停止在该帧；preFrame 用于指定时间轴上的播放头跳转到前一帧，并停止在该帧。其语法格式如下：

nextFrame();//括号里的参数可以输入数值

preFrame();//括号里的参数可以输入数值

2. 影片剪辑控制语句

影片剪辑控制语句较多，在此主要讲述以下几个比较常用的语句。

(1) On 与 onClipEvent。On 语句可以捕获当前按钮中的指定事件，并执行相应的程序块。其语法格式如下：

On(鼠标事件){

statements;

}

其中，"鼠标事件"为触发事件的关键字，表示要捕获的事件，具体如下：

- press：当按钮被按下时触发该事件。
- release：当按钮被释放时触发该事件。
- releaseOutside：当按钮被按住后鼠标移动到按钮以外并释放时触发该事件。
- rollOver：当鼠标滑入按钮范围时触发该事件。
- rollOut：当鼠标滑出按钮范围时触发该事件。
- dragOut：当按钮被鼠标按下并拖曳出按钮范围时触发该事件。
- dragOver：当按钮被鼠标按下并拖曳入按钮范围时触发该事件。
- keyPress("key")：当参数"key"指定的键盘按键被按下时触发该事件。

statements 为具体行为动作执行的程序代码。

onClipEvent 语句可以捕获当前影片剪辑中的指定事件，并执行相应的程序块。其语法格式如下：

onClipEvent(事件){

statements;

}

当"事件"发生时，执行该事件后面大括号中的语句，通常情况下可被触发的事件如下：

- load：影片剪辑一旦被实例化并被加载时，即启动此动作。
- unload：在从播放时间轴中删除影片剪辑之后，此动作在第一帧中启动，处理与unload 影片剪辑事件关联的动作之前，不向受影响的帧附加任何动作。
- enterFrame：以影片帧频不断地触发此动作。
- mouseMove：每次移动鼠标时启动此动作。
- mouseDown：当按下鼠标左键时启动此动作。

- mouseUp：当释放鼠标左键时启动此动作。
- keyDown：当按卜某个键时启动此动作。
- keyUp：当释放某个键时启动此动作。
- data：当在 loadVaribles 或 loadMovie 动作中接收数据时启动此动作。

（2） duplicateMovieClip 与 removeMovieClip。两者经常配合使用。duplicateMovieClip 用于复制影片剪辑对象，并给复制出来的影片剪辑新的名称和深度值。removeMovieClip 用于删除 duplicateMovieClip 创建的影片剪辑。其语法格式如下：

duplicateMovieClip(target,newname,depth);

removeMovieClip(目标)

其中，target 表示要复制的影片剪辑所在的目标路径；newname 表示已重制的影片剪辑的唯一标识符；depth 表示制定新影片对象的深度级别；"目标"为用 duplicateMovieClip() 创建的影片剪辑实例的目标路径。

（3）startDrag 与 stopDrag。startDrag 用来拖曳场景上的影片剪辑。执行时，被拖曳的影片剪辑会跟着鼠标光标的位置移动。stopDrag 用来停止拖动影片剪辑。其语法格式如下：

startDrag(target,\[lock\],\[left,top,right,down\]);

stopDrag();

其中，target 表示要设置其属性的影片剪辑实例名称的路径；lock 表示以布尔值（true、false）判断对象是否锁定鼠标光标中心点；left、top、right、down 表示对象在场景上拖曳的上下左右边界，当 lock 为 true 时，才能设置边界的参数。

（4） setProperty 与 getProperty。setProperty 用于设置影片剪辑的属性，getProperty 用于返回指定影片剪辑的属性。其语法格式如下：

setProperty(target,property,value/expression);

getProperty(my_mc, property)

其中：target 表示到要设置其属性的影片剪辑实例名称的路径；property 表示要设置的属性；value 表示属性的新文本值；expression 表示计算结果为属性新值的公式。

my_mc 表示要获取其属性的影片剪辑的实例名称；property 表示影片剪辑的属性。

3. 浏览器/网络控制语句

（1）getURL。getURL 语句将来自特定 URL 的文档加载到 Web 浏览器窗口中，或将变量传递到位于所定义 URL 的另一个应用程序。若要测试此动作，须确保要加载的文件位于指定的位置。若要使用绝对路径，则需要网络连接。其语法格式如下：

getURL("URL","窗口","变量");

其中，URL 是定义 getURL 动作的 URL，可以是一个相对路径，也可以是一个绝对路径；"窗口"用于设置加载 URL 的浏览器窗口；"变量"用于选择发送变量的方法。

（2）loadMovie 与 unloadMovie。loadMovie 用于加载外部的 SWF 影片剪辑到当前正在播放的 SWF 影片中；unloadMovie 语句用于卸载外部加载的影片剪辑。其语法格式如下：

loadMovie("URL",级别/"目标"[,变量]);

unloadMovie(级别/"目标");

其中,URL 指定要加载的 SWF 文件或 JPEG 文件的相对或绝对 URL;"目标"表示指向目标影片剪辑的路径;"级别"是一个整数,指定影片将被加载到的级别;"变量"是一个可选参数,指定发送变量所使用的 HTTP 方法,该参数须是 GET 或 POST,该选项也可以为空。

4. 条件/循环控制语句

条件/循环语句在 Flash 中是实用性很强,使用也很频繁的语句。条件语句有 if 和 switch 两种,循环语句有 for、do…while 和 while 等。

(1) if 语句。if 语句是 ActionScript 中用来处理根据条件有选择地执行程序代码的语句,通常情况下与 else 配合使用。当程序执行到 if 语句时,先判断参数"条件"中逻辑表达式的计算结果。如果结果为 true,则执行当前 if 语句内的程序代码,如果结果为 false,则查看当前 if 语句中是否有 else 或 else if 子句,如果有,则继续进行判断,如果没有,则跳过当前 if 语句内的所有程序代码,继续执行下面的程序。

其语法格式有 3 种形式。

格式一:

if(条件){///小括号里的条件是一个计算结果为 true 或 false 的表达式//这里是当条件计算为 true 时执行的指令

         }

格式二:

if(条件){//这里是当条件计算为 true 时执行的指令

      }else { //这里是当条件计算为 false 时执行的指令

        }

格式三:

if(条件表达式 1){ //这里是当条件表达式 1 计算为 true 时执行的指令,当计算机为 fasle 时,则判断条件表达式 2 的值}

else if(条件表达式 2){ //这里是当条件表达式 2 计算为 true 时执行的指令

        }

(2) for 语句。与条件判断语句一样,循环语句也是最具有实用性的语句,在满足条件时,程序会不断重复执行,直到设置的条件不成立才结束循环,继续执行下面的语句。其语法格式如下:

for(初始值;条件;下一步){

      statement(s);

    }

其中:"初始值"为赋值表达式,它表示一个在开始循环序列前要执行的表达式,此参数还允许使用 var 语句;"条件"是指计算结果为 true 或 false 的表达式,在每次循环迭代前计算该条件,当条件的计算结果为 false 时退出循环;"下一步"是在每次循环迭代后要计算的表达式,通常为使用 ++(递增)或--(递减)运算符的赋值表达式。statement(s)是指要在循环体内执行的指令。

整个语句是一种循环结构,它首先计算一次"初始值"表达式,然后按照以下顺序开始循环序列:只要条件的计算结果为 true,就执行 statement,然后计算下一个表达式。

(3) while 语句。使用 while 语句可以构建程序按条件循环执行的效果。在具体的代码执行过程中,每当看到 while 语句,就计算并判断参数"条件"中的逻辑表达式结果,如果结果为 true,就继续执行该循环体,直至计算结果为 false 时跳出当前循环体,继续执行后面的语句。其语法格式如下:

while(条件){

statement(s);

}

其中:"条件"指每次执行 while 动作时都要重新计算的表达式;statement(s)是条件计算结果为 true 时要执行的指令。

(4) do…while 语句。do…while 语句可以创建与 while 语句相同的循环,不同的是,do…while 语句对表达式的判定是在其循环结束处,使用 while 语句至少会执行一次循环。其语法格式如下:

do{

statement(s);

}

while(条件)

其中:"条件"指要计算的条件;statement(s)是指只要"条件"参数的计算结果为 true 就会执行循环的语句。

6.7.3　ActionScript 语句应用举例

【操作案例 6.13】制作鼠标跟随效果。

操作思路:鼠标跟随属于交互式动画的一种,本例制作的彩色星星就是较有代表性的一种鼠标跟随动画。画面上一串彩色星星随着鼠标的移动而翻卷摆动,当单击右下角的按钮时,星星就不再跟随着鼠标移动,而定位在了刚才单击鼠标的位置,当鼠标滑过按钮时,星星又处于被拖曳状态了。本实例主要掌握 startDrag、stopDrag 的应用和 with 语句的应用。

操作步骤:

1. 制作影片剪辑元件"xing"

(1) 选择【插入】|【新建元件】命令,创建一个名为"xing"影片剪辑元件。

(2) 根据前面章节中的内容绘制星星,填充为红色,高与宽都为 10。

(3) 在第 30 帧处按 F6 键插入关键帧,把星星向上移动,设置颜色为黑色。

(4) 选择第 1 帧,创建形变动画。

（5）选择第 30 帧，打开【动作-帧】面板，添加语句"stop();"。

2．制作影片剪辑"xing1"

（1）选择【插入】|【新建元件】命令，创建一个名为"xing1"的影片剪辑元件。

（2）按【F11】键打开【库】面板，将"xing"从【库】面板中拖到舞台上，并复制 7 个"xing"，设置不同的颜色，排列如图 6.111 所示。

图 6.111　"xing"的排列

3．按钮的制作

（1）选择【插入】|【新建元件】命令，创建一个名为"anniu"的按钮元件。

（2）在【弹起】帧画一个圆，颜色设置为由黄到红的放射状，在【指针经过】帧画一个与【弹起】帧的同心圆，颜色设为红色。

4．主场景的制作

（1）返回到场景中，将影片剪辑元件"xing1"拖放到舞台上，将实例命名为"xing_mc"，选中第 3 帧，按 F5 键插入普通帧。

（2）新建一个图层，将按钮元件"anniu"拖放到舞台上。

（3）新建一个图层，命名为"action"，选中第 2 帧、第 3 帧，按【F6】键插入关键帧。

（4）选中 action 图层的第 1 帧，添加如下语句：

```
i = 0;
xing_mc. _visible = 0;
xing_mc. startDrag(true,0,0,550,400);
```

（5）选中 action 图层的第 2 帧，添加如下语句：

```
i = i+1;
if (i<=36) {
    xing_mc. duplicateMovieClip("xing_mc"+i, i);
    with (_root\["xing_mc"+i\]) {
        _rotation = i * 20;
        _xscale = xing_mc. _xscale+i * 5;
        _yscale = xing_mc. _yscale+i * 5;
    }
} else {
    i = 0;
```

}

（6）选中 action 图层的第 3 帧，添加如下语句：

gotoAndPlay(2)；

（7）选中按钮元件实例，添加如下语句：

on (rollOver) {

　　　xing_mc. startDrag(true,0,0,550,400)；

}

on (release) {

　　　stopDrag()；

}

按【Ctrl+Enter】组合键，当鼠标划过时即可看到一串彩色星星随着鼠标的移动而翻卷摆动，当单击按钮时，星星就不再跟随着鼠标移动，而定位在刚才单击鼠标的位置。

【操作案例 6.14】制作线条特效。

操作思路：本实例中的线条特效看起来较为复杂，制作该动画的过程中主要是制作一个线条变化的简单动画，由于循环语句在满足条件的情况下重复执行 duplicateMovieClip()命令，从而复制出很多的线条，形成比较漂亮的线条特效。

操作步骤：

1．制作影片剪辑元件"line"

（1）选择【插入】|【新建元件】命令，创建名为"line"的影片剪辑元件。

（2）选中第 1 帧，单击【绘图】工具栏中的【铅笔】工具，绘制一条绿色曲线，如图6.112所示。

（3）选中第 20 帧、40 帧，按【F7】键插入空白关键帧，分别绘制如图 6.113、图 6.114 所示的曲线，且中心点在同一位置。

（4）选中第 1 帧、20 帧、40 帧，创建形状补间动画。

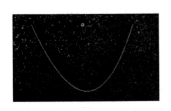  

图 6.112　第 1 帧的图形　　　　图 6.113　第 20 帧的图形　　　　图 6.114　第 40 帧的图形

2．制作按钮

（1）选择【插入】|【新建元件】命令，创建一个名为"play"的按钮元件，如图 6.115 所示。

（2）选择【插入】|【新建元件】命令，创建一个名为"删除"的按钮元件，如图 6.116 所示。

图 6.115　play 按钮元件　　　　图 6.116　删除按钮元件

3. 制主场景

（1）返回主场景，按【F11】键打开【库】面板，将影片剪辑元件"line"拖放到舞台上，命名为"line_mc"，选中第 2 帧，按【F5】键插入普通帧。

（2）新建一图层，将按钮元件"play"与"删除"拖放到舞台上，如图 6.117 所示。

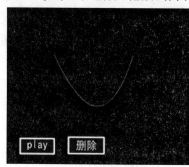

图 6.117　按钮元件与影片剪辑元件的排列

（3）新建一图层，选中第 1 帧，打开【动作－帧】面板，添加如下语句：

```
stop();
line_mc._x=120;
line_mc._y=200;
line_mc._visible=0;
for (i=1; i<100; i++) {
    line_mc.duplicateMovieClip("line_mc"+i, i);
    _root\["line_mc"+i\]._x = line_mc._x+3*i;
    _root\["line_mc"+i\]._rotation = 3.6*i;
```

（4）选中第 2 帧，按 F6 键插入关键帧，添加如下语句：

```
for (i=2; i<100; i=i+2) {
    line_mc.duplicateMovieClip("line_mc"+i, i);
    _root\["line_mc"+i\]._x = line_mc._x+3*i;
}
```

（5）单击【play】按钮，添加如下语句：

```
on (release) {
    nextFrame();
    stop();
        }
```

（6）单击【删除】按钮，添加如下语句：

```
on (release) {
    for (i=1; i<100; i++) {
        removeMovieClip("line_mc"+i);
    }
}
```

按【Ctrl＋Enter】组合键，即可看到线条特效。

 小贴士

　　由于课时的要求，本章节使用的 ActionScript 为 2.0 版本，针对本章节中的骨骼动画、TLF 文本不兼容，如果要创建骨骼动画或者创建 TlF 文本必须在 ActionScript3.0 版本下来创建。

　　针对 ActionScript3.0 学习，本章节不再论述，有兴趣的同学可参照课外资料或网络进行学习。

6.8　作品的输出与发布

6.8.1　测试 Flash 作品

　　在制作动画中，需要测试动画作品的效果，还需要了解作品在网络传输中传输的性能。具体操作如下：

　　（1）打开制作好的影片文件，执行菜单【控制】|【测试影片】|【在 Flash Professonal 中】命令或按【Ctrl＋Enter】键，打开测试窗口，如图 6.118 所示。

图 6.118　测试影片窗口

　　按【Ctrl＋Enter】键也可以打开测试窗口；

　　测试影片时，将在影片文档所在的文件夹创建 swf 格式的影片文件。

　　（2）在测试窗口执行菜单【视图】|【下载设置】命令，设置下载的速度，如图 6.119 所示。

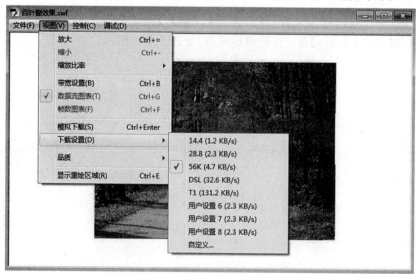

图 6.119　【下载设置】命令菜单

小贴士

　　执行菜单【视图】|【下载设置】|【自定义】命令,将打开【自定义下载设置】对话框,在对话框中可以自定义下载的设置。

　　测试影片时,将在影片文档所在的文件夹创建".swf"格式的影片文件。

　　(3)执行菜单【视图】|【带宽设置】命令,将显示下载性能图表,用于查看动画的下载性能,如图 6.120 所示。

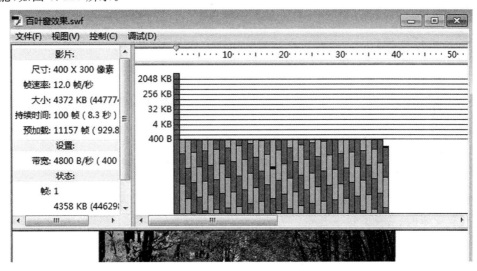

图 6.120　下载性能图表

　　在下载性能图表的左侧窗口,显示以下影片文件的相关信息。

　　• 影片:用于显示动画的总体属性,包括动画的尺寸、帧频、文件大小、持续时间和预加载时间。

　　• 设置:用于显示当前使用的带宽。

　　• 状态:用于显示当前帧号、数据大小及已经载入的帧数和数据量。

　　在下载性能图表的右侧窗口,显示时间轴标题和图表。在图表中,每个条形代表影片文档的一个单独帧。条形的大小对应于帧的字节大小。下面的红线表示在当前的调制调解器速度下,指定的帧能否实时流动。如果某个条形伸出到红线之上,则影片文件必须等待加载该帧。

6.8.2　优化 Flash 作品

　　为了减小影片文件的大小,加快动画的下载速度,在导出动画之前,还需要对动画文件进行优化。优化动画主要包括以下几个方面。

1. 优化动画

优化动画时,应注意以下几点。

- 调用素材时,位图比矢量图的容量大,很容易加大 Flash 动画所占的空间,所以调用素材时尽量多使用矢量图 ,少用或不用位图。
- 制作相同的动画效果,逐帧动画所占的空间要比补间动画大的多,所以在制作动画时尽量多使用补间动画,少用逐帧动画。
- 对于动画中多次出现的元素,应尽量将其转换为元件,这样可以使多个相同内容的对象只保存一次,从而有效地减少作品的数据量。

2. 优化动画元素

优化动画元素时,应注意以下几点。

- 动画中的各元素最好进行系统的分层管理。
- 导入音频文件时,最好使用容量较小的声音格式,如 mp3 格式的声音。
- 尽量少导入外部素材,特别是位图,以减少作品的数据量。
- 尽量使用矢量线条代替矢量色块,并且减少矢量图形的形状复杂程度。

3. 优化文本

优化文本时,应注意以下几点。

- 应尽量减少使用字体和样式,以便减小作品的数据量,并统一风格。
- 文字尽量不要分离为形状使用。

4. 优化色彩

优化色彩时,应注意以下几点。

- 尽量减少渐变色的使用。
- 在使用色彩时尽量使用单色。

6.8.3 导出 Flash 作品

对动画进行测试后,可以导出动画。在 Flash 中既可以导出整个影片的内容,也可以导出图像和声音文件。

1. 导出图像

(1) 选择一帧或场景中要导出的图像。

(2) 执行菜单【文件】|【导出】|【导出图像】命令,打开【导出图像】对话框,如图 6.121 所示。

图 6.121　【导出图像】对话框

　　（3）在对话框中选择要导出的路径，输入文件的名称，选择保存的类型后，点击【保存】。

 小贴士

　　将 Flash 图像导出为矢量图形文件（Ai 格式）时，可以保存其矢量信息，可以在其他基于矢量的绘画程序中编辑文件。

　　将 Flash 图像保存为位图图像文件时，将丢失其矢量信息，仅以像素信息保存，可以在图像编辑器中编辑导出为位图的图像。

2. 导出声音

　　（1）打开带有声音的 Flash 文件。

　　（2）执行【文件】|【导出】|【导出影片】命令，打开【导出影片】对话框，如图 6.122 所示。

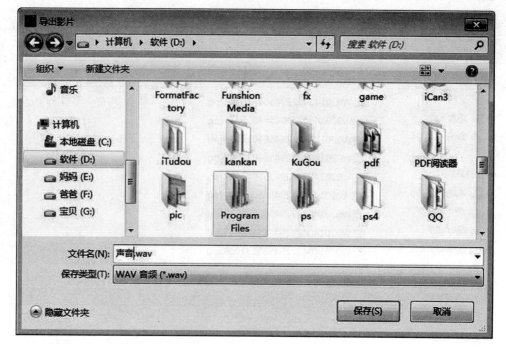

图 6.122 【导出影片】对话框

（3）在对话框中选择要导出的路径，输入文件的名称，在【保存类型】下拉列表中选择 wav 音频（＊.wav），点击【保存】，保存为声音文件。

3. 导出影片

（1）打开 Flash 文件。

（2）执行【文件】|【导出】|【导出影片】命令，打开【导出影片】对话框。

（3）在对话框中选择要导出的路径，输入文件的名称，在【保存类型】下拉列表中选择 swf 影片（＊.swf），点击【保存】，保存为影片文件。

小贴士

导出影片时，可将 Flash 文件导出为静止的序列图像格式。

6.8.4　发布 Flash 作品

Flash 作品制作完成后，为了作品更好地推广和传播，还需要对 Flash 动画文件进行发布。

1. 发布格式设置

要发布 Flash 动画文件，可执行【文件】|【发布设置】命令，打开【发布设置】对话框，在【格式】选项卡中可以设置发布文件的格式及位置等，如图 6.123 所示。

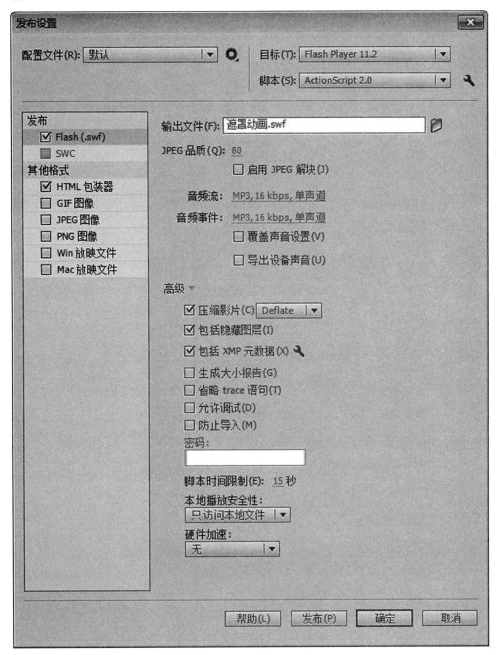

图 6.123　【发布设置】对话框

（2）在对话框中选择发布的格式，可以设置相应格式文件的相关信息。

（3）设置完成后，单击【确定】按钮，完成设置。

2. 发布预览

设置动画影片的发布格式后，还可以预览动画影片格式的发布效果。

（1）执行菜单【文件】|【发布预览】命令，打开子菜单，如图 6.124 所示。

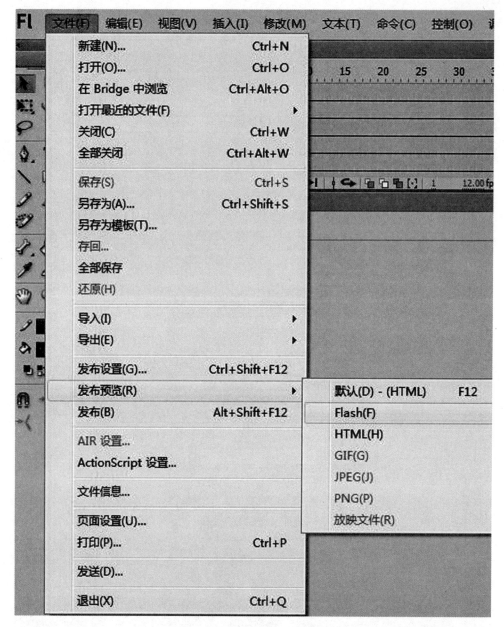

图 6.124 【发布预览】对话框

（2）在子菜单中,选择一种要预览的文件格式,可以预览该动画影片发布后的效果。

小贴士

按【F12】键,可采用系统默认的发布预览方式对动画进行预览,发布预览时,Flash 将在当前文件所在的文件夹中创建【发布设置】中指定格式的文件。

3. 发布 Flash 作品

在 Flash 中,发布动画的方法有以下几种。
(1) 执行【文件】|【发布】命令,按照发布设置发布。
(2) 按【Shift+F12】,按照发布设置发布。
(3) 在【发布设置】对话框中,单击【发布】按钮进行发布。

小　　结

本章简单介绍了动画的基本知识及动画制作的基本过程;重点介绍了使用 Flash CS6 制作 Flash 动画的方法。

通过本章的学习,读者应该掌握使用 Flash CS6 制作逐帧动画、补间动画的方法;掌握引导动画、遮罩动画的制作;掌握按钮的制作以及使用按钮控制动画播放的方法;初步掌握 Flash 中 ActionScript 语句的使用,学会交互式动画的制作方法。通过学习和实践,读者应能制作出具有两个以上场景,使用按钮控制动画播放,具有背景音乐的较为综合的 Flash 动画。

习　　题

1. 填空题
(1) 用 Flash CS6 绘制的图形是_____。
(2) 在绘图工具栏中,_____工具能选择和移动舞台中的对象,能对对象的形状和大小进行改变。
(3) 在 Flash CS6 中,系统预设的动画播放速度是_____。
(4) 为了制作动画的需要,可以选择_____命令或按快捷键_____将组合对象中的元素打散。
(5) 在铅笔模式中,选择_____选项时,适宜绘制接近徒手画出的线条。
(6) Flash CS6 中,文本分为_____、_____和_____ 3 种类型。
(7) Flash CS6 中支持的“文本方向”有_____、_____和_____ 3 种。
(8) 添加图层时,新增加的图层将建立在当前编辑层的_____,常见的图层类型有_____、_____、_____和_____等几种。
(9) 在制作 Flash 动画时,探照灯效果采用_____来制作。当创建遮罩层后,默认状态下,遮罩层与被遮罩层处于_____状态。
(10) 元件主要有_____、_____和_____ 3 种类型。
(11) 一个按钮包含_____、_____、_____和_____ 4 帧。
(12) Flash CS6 系统自带了很多元件成品,分别存放在【公用库】的_____、

_____和_____ 3 个不同的【库】面板中,可供用户直接使用。

(13) 创建新元件可以执行_____命令,也可以按快捷键_____,若要将舞台中的某个图形转换为元件,可以执行_____命令,也可以按快捷键_____。

(14) Flash CS6 可以创建_____和_____两种形式的补间动画效果。

(15) 单击选中某一帧,执行_____命令或按_____键可以在该帧位置插入一个关键帧,执行_____命令或按_____键可以在该帧位置插入一个空白关键帧。

(16) 在【动作】动画中,如果使用了运动路径,可以选中_____复选框来保证元件实例按照注册点将补间元素吸附到运动路径上。

(17) Flash CS6 中主要支持_____和_____两种音频格式的声音文件。

(18) Flash 脚本程序文件的后缀名是_____。

(19) 对按钮实例编写的脚本程序必须嵌入到_____语句中,对影片剪辑实例编写的脚本程序必须嵌入到_____语句中。

(20) 要访问一个名为"mymovie"的影片剪辑中的一个名为"movie"的对象的"_x"属性,在脚本中应写成_____。

(21) 在 ActionScript 脚本编写过程中,通常以_____作为一句话的结束标志。

(22) 在 Flash CS6 中脚本的编写中,For 与 for 是_____(等价/不等价)的。

(23) 已知 $i=10$,则表达式 $i++>10$ 和 $++i>10$ 中成立的是_____。

2. 选择题

(1) 在使用钢笔工具绘图时,要将笔尖的运动轨迹预先显示出来,应在【首选参数】对话框中选中_____复选框。

    A. 显示钢笔预览   B. 显示精确光标   C. 显示实心点

(2) 选择_____命令,将打开【场景】面板。

    A.【窗口】|【设计面板】|【场景】   B.【窗口】|【开发面板】|【场景】

    C.【窗口】|【其他面板】|【场景】   D.【窗口】|【面板设置】|【场景】

(3) 在框选以下_____对象时,只有框选了图形的全部,才能选中该对象,如果只框选了该对象的某一部分,则不能选中该图像。

    A. 位图   B. 打散的文字

    C. 矢量图形   D. 元件

(4) 要从一个比较复杂的图像中"挖"出不规则的一小部分图形,应该使用_____工具。

    A. 选择   B. 套索   C. 滴管   D. 颜料桶

(5) 使用滴管工具可以获取以下_____几种属性。

    A. 矢量填充色块的属性   B. 文字属性

    C. 矢量线条的属性   D. 位图

(6) 选择工具有_____功能。

    A. 选择图形   B. 移动并复制图形

    C. 改变物体的形状   D. 旋转图形

(7) 以下_____工具都可以对图形进行变形操作。

A. 选择工具　　　　　　　　　　　　B. 部分选取工具

　　　　C. 橡皮擦工具　　　　　　　　　　　D. 任意变形工具

(8) 普通图层的图标标记为＿＿＿＿。遮罩层的图标标记为＿＿＿＿，建立了链接的遮罩层的图标标记为＿＿＿＿。未建立链接的引导层的图标标记为＿＿＿＿，建立了链接的引导层的图标标记为＿＿＿＿。

　　　　A. ☐　　　B. ☐　　　C. ☐　　　　D. ☐　　　　E. ☐

(9) 函数 on 的作用是＿＿＿＿＿。

　　　　A. 引出触发事件　　　　　　　　　　B. 播放动画

　　　　C. 停止动画　　　　　　　　　　　　D. 跳转到另一帧

(10) 在设置按钮动作的过程中,函数 on 的参数面板中,＿＿＿＿＿选项表示按下鼠标还未松开时发生指定的事件,＿＿＿＿＿选项表示鼠标光标移到按钮所在热区时会发生指定的事件。

　　　　A. press　　　　　B. release　　　　C. rollOver　　　　D. rollOut

3．简答题

(1) 简述动画制作的基本过程。

(2) 简述静态文本、动态文本和输入文本的功能特点。

(3) 简述引导动画和遮罩动画的制作原理及制作方法。

(4) 简述 Flash CS6 中传统补间动画、补间动画和补间形状动画在创建过程中的使用对象及创建方法的区别和联系?

(5) 简述在动画制作中使用元件的优点。

(6) 什么是 ActionScript? 它有哪些基本要素? 主要有哪些类型?

(7) 优化 Flash 作品主要从哪几个方面入手?

4．操作题

(1) 用绘图工具栏中的工具绘制常见的水果图像,如苹果、菠萝、香蕉等,并运用颜色选项中的填充工具将其着色。

(2) 用【线条工具】、【颜料桶工具】和【选择工具】绘制一把雨伞。

(3) 绘制树叶元件,并画出一棵树,制作树叶逐渐变为黄色并落下的动画。

(4) 制作文字闪光效果,要求文字的边缘颜色不断变化,形成闪光效果。

(5) 制作一个水泡上升的动画。

(6) 制作一个由奥运五环到火炬的形状补间动画,奥运五环图形由大变小,而火炬图形有一个淡入的变化效果。

(7) 制作沿椭圆分布的一圈文字"全国各族人民团结一致,抗震救灾,众志成城,一方有难,八方支援!",使文字能够不断地围绕着这个椭圆转圈移动的动画。

(8) 制作一个看图识字的动画。屏幕显示 4 种动物,当鼠标指针移到一个动物图像上时,会在该图像上动态地显示出该动物的名称,当鼠标单击该动物图像时,会播放该动物的英语单词。

(9) 制作一个祝贺新年的 Flash 电子音乐贺卡。

(10) 制作一个具有两个以上场景、有播放控制按钮、有背景音乐的 Flash 动画。

第 7 章　多媒体实用软件简介

教学目标

- 了解三维动态文字制作工具的使用方法
- 理解 GIF 动画的特点并掌握其制作方法
- 了解数码照片处理软件 iSee 的特点及使用方法
- 了解 3D 电子相册的特点及制作方法
- 了解录屏软件 BB Flash 的特点及使用方法

本章知识结构图

导入案例

　　在多媒体作品的设计制作过程中,有许多实用的多媒体工具软件可以帮助我们。

案例一:三维动态文字

　　在图像与文字融合的片头动画中,文字是首要的设计对象,尤其是添加了特效的动态文字能产生较强的冲击力,使节目在较短的时间内给观众留下深刻印象。Cool 3D 是专门制作中英文三维立体文字的软件,能方便快捷地制作出符合设计要求的静态或动态的三维文字,如图 7.1 所示。

图 7.1　三维动态文字

案例二:GIF 动画

　　GIF(Graphics Interchange Format)是 CompuServe 公司在 1987 年开发的图像文件格式。GIF 动画文件体积小,制作简单,适用于多种操作系统,其应用较广。Easy GIF Animator 软件是一款专业制作 GIF 动画的软件,它能够简单快速地建立 GIF 动画,如图 7.2 所示。

图 7.2　GIF 动画(海绵宝宝)

案例三:数码照片处理

　　随着数码技术的迅猛发展,数码照片逐渐取代了传统的胶片,数码摄影的拍摄效果可以立即观察,并可在计算机上直接进行修改和艺术处理。iSee 图片专家就是一款功能全面的数字图像浏览与处理软件,照片处理速度快,诸如人像美容、照片修复等功能都可一键完成,图 7.3 左图为处理前照片,右图为处理后照片。

图 7.3　数码照片处理

　　除了我们前面学习过的多媒体音频、视频、图像及动画制作工具外,还有很多较常用的实用软件。例如制作三维文字的 Cool 3D 软件,可用它方便地生成具有各种特殊效果的 3D 动画文字;制作 GIF 动画的 Easy GIF Animator 软件,其使用简单方便,并且内建的 Plug-in 有许多现成的特效可以立即套用;处理数码照片的 iSee 软件,它具有专业的图片浏览功能,还可对图片进行编辑及批量处理。

　　制作 3D 电子相册的软件主要有 After Effcets、Photo! 3D Album 等,其中 Photo! 3D Album 既可制作出逼真的 3D 动画相册,使用也较简单。录屏软件能把屏幕显示内容录制成视频,可将软件操作过程、教学课件、网络电视电影等内容记录下来。其中 BB FlashBack Pro 是强大的专业级的视频录制工具,可以将录制结果保存为 Flash 动画或 AVI 等视频文件。以下简要介绍这些实用软件的使用方法。

7.1　3D 文字制作——Cool 3D 应用

7.1.1　Cool 3D 简介

　　Cool 3D 是 Ulead（友立）公司出品的专门制作三维文字动画的软件,它不仅可方便地生成具有各种特殊效果的三维动画文字,还可把生成的动画保存为 GIF 和 AVI 等文件格式,本节以 Ulead Cool 3D 3.5 中文版介绍其使用方法。

　　1. 工作界面

　　启动 Ulead Cool 3D 3.5 后,弹出提示对话框,提示选择所插入的对象,如图 7.4 所示。如单击【插入文字】按钮,可插入新的文字对象;单击【插入图形】按钮,可插入图形对象;单击【插入几何对象】按钮 ,可插入三维图形对象。如不需该提示信息,可选择【不要再显示此信息】复选框,单击【确定】按钮后启动 Cool 3D。

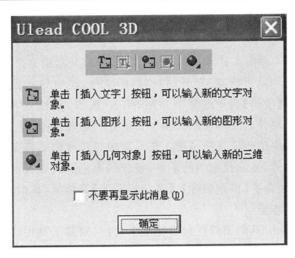

图 7.4 提示对话框

启动后将出现 Cool 3D 的工作界面,如图 7.5 所示,工作界面由标题栏、菜单栏、工具栏、工作区、百宝箱等组成。标题栏显示当前应用的名称;工作区默认为黑色背景窗口,所有 3D 文字动画都在该窗口中编辑、修改和显示;百宝箱位于工作区下面,其中预设了许多动画效果和表面材质,可用其编辑所选内容,方便有效。百宝箱是 Cool 3D 的最大特点之一,可把各种效果进行组合、修改和调整,既可使工作简化,又可使非专业人员也能制作出符合要求的动画。

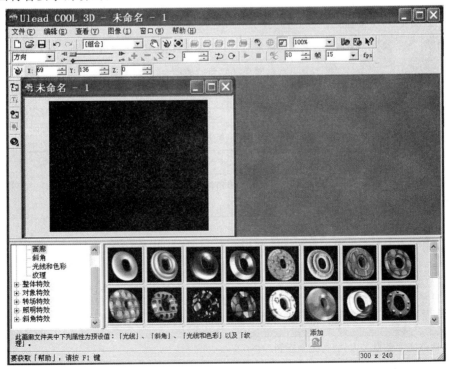

图 7.5 工作界面

2. 菜单栏和工具栏

（1）菜单栏。菜单栏由文件、编辑、查看、图像、窗口及帮助 6 个菜单构成。

通过【文件】菜单项既可建立、打开、存储打印文件，还可导入图形，创建图形动画文件，输出到多媒体等；【编辑】菜单含复制粘贴、插入、编辑、分割文字及图像选项，其中分割文本指将原为一个整体的文本分割成单个文字分别处理，更具灵活性。

通过【查看】菜单中的相应选项可在工作界面中显示或隐藏特定工具栏；通过【图像】菜单可设置文档的尺寸，显示及输出的质量，视频的彩色制式等；【窗口】菜单中除列出了所打开的文件名外，还含有【排列图标】、【适合到图像】菜单项，其中后者可根据所设置的图像尺寸自动调整工作窗口大小。

（2）工具栏。Cool 3D 的工具栏包含标准工具栏、对象工具栏、文字工具栏、百宝箱、属性工具栏、位置工具栏、动画工具栏及几何工具栏等，Cool 3D 创建动画的大部分工作可通过工具栏完成。特定工具栏可通过【查看】菜单的相应选项显示或隐藏，并且每一工具栏都可独立成为窗口形式移到任何位置。若要移动，只需将鼠标放在工具栏左端的凸出竖线拖动即可，表 7.1 列出了 Cool 3D 常用的工具栏。

表 7.1　Cool 3D 的工具栏

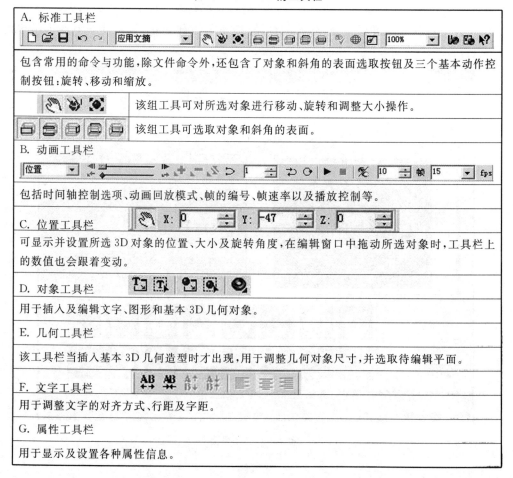

A. 标准工具栏
包含常用的命令与功能，除文件命令外，还包含了对象和斜角的表面选取按钮及三个基本动作控制按钮：旋转、移动和缩放。
该组工具可对所选对象进行移动、旋转和调整大小操作。
该组工具可选取对象和斜角的表面。
B. 动画工具栏
包括时间轴控制选项、动画回放模式、帧的编号、帧速率以及播放控制等。
C. 位置工具栏
可显示并设置所选 3D 对象的位置、大小及旋转角度，在编辑窗口中拖动所选对象时，工具栏上的数值也会跟着变动。
D. 对象工具栏
用于插入及编辑文字、图形和基本 3D 几何对象。
E. 几何工具栏
该工具栏当插入基本 3D 几何造型时才出现，用于调整几何对象尺寸，并选取待编辑平面。
F. 文字工具栏
用于调整文字的对齐方式、行距及字距。
G. 属性工具栏
用于显示及设置各种属性信息。

7.1.2　三维文字制作

1．创建文件

启动 Cool 3D 时创建一个新文件，也可通过菜单命令【文件】|【新建】创建。创建新文件后可先设置图像尺寸，选择菜单命令【图像】|【尺寸】，弹出尺寸对话框，如图 7.6 所示。

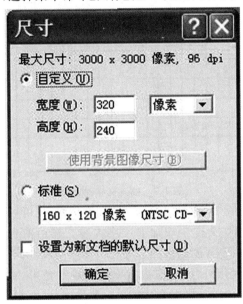

图 7.6　尺寸设置对话框

可根据需要设置相应参数，宽度和高度的尺寸可以是英寸、厘米或像素。也可在【标准】中选择系统预先设置好的尺寸。设置完成后可选择菜单命令【窗口】|【适合到图像】，使得窗口按所设定的尺寸调整大小。

设置完图像尺寸参数外还应设置显示质量和输出质量参数。可选择菜单命令【图像】|【显示质量】，按显示质量高低分为草稿、一般、较好、最佳及优化五种。质量越高的对系统要求也高，运行速度较慢，可根据需要选择，输出质量的设置同上。

2．文字的输入

可单击对象工具栏中【插入文字】按钮，弹出【Ulead COOL 3D Text】对话框，如图 7.7 所示。可在其下方列表框中选择所需字体、字号及格式，之后在上方光标闪动处输入文字。若单击对话框中的【其它】按钮可选择输入一些常用符号，单击【确定】后所输入的文字就会出现在编辑窗口。之后，如需修改文字可选择菜单命令【编辑】|【编辑文字】或对象工具栏中的【编辑文字】再次编辑。

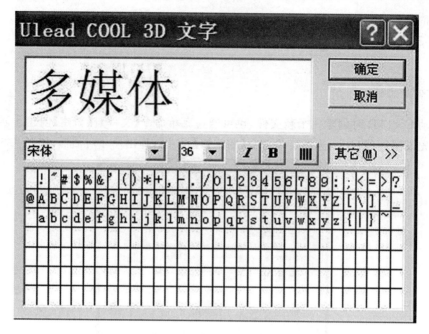

图 7.7　插入文字对话框

COOL 3D 3.5 中文版中,除可在工作区添加文字外,还可通过对象工具栏中的【插入图形】和【插入几何对象】在文件中添加非文字内容。其中前者可插入或导入 WMF 或 EMF 格式的图形文件,后者可创建多种三维几何形状对象,并将其应用于动画中。创建几何对象时,可单击【插入几何对象】按钮右下角的小三角形,在弹出菜单中选择插入对象类型,并可在下方的几何工具栏中调整插入对象的半径、宽度及高度等参数信息。

3. 文字的编辑

(1) 文字的移动、缩放与旋转。文字输入后在编辑窗口中默认位置出现,可通过标准工具条上的【移动】、【旋转】和【大小】按钮编辑。单击手形的【移动】按钮后,可按鼠标左键拖动文字到适当位置。单击【旋转】按钮后,可按鼠标左键拖动文字使其绕 X 或 Y 轴旋转,按鼠标右键拖动文字可使其绕 Z 轴旋转。

单击【大小】按钮可调整文字的大小和形状。按住鼠标左键上下拖动文字使其沿 X 轴缩放、左右拖动使其沿 Y 轴缩放,按住鼠标右键拖动文字使其沿 Z 轴方向缩放,即改变文字厚度。在【移动】、【旋转】和【改变文字大小】时会发现位置工具栏上的 X、Y 和 Z 值也会随相应操作变化。图 7.8(a)图显示初始状态,(b)图显示旋转后状态,(c)图显示缩放后状态。

(a)　初始状态

(b)　旋转后状态

(c)　缩放后状态

图 7.8　初始、旋转及缩放后状态

（2）改变文字间距及对齐。可通过文字工具栏调整文字的字间距、行间距和对齐方式，鼠标单击后可按默认值增大或缩小文字间距和行间距。

（3）组合和分割对象。可通过菜单命令【查看】|【对象管理器…】管理文档中所有对象。打开对象管理器，里面列出了文件中的所有对象，如图 7.9 所示。选择多个对象后可单击对象管理器中的【组合对象】按钮使其成为子组合，也可单击【取消组合对象】按钮将子组合的对象分割为单个对象，【删除对象】按钮将删除选中的子组合或对象。

通过将对象组合可将属性和特效应用于组合中，从而直接应用于多个对象，极大地提高了工作效率。

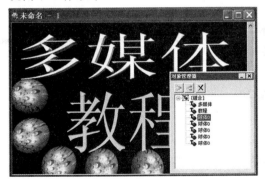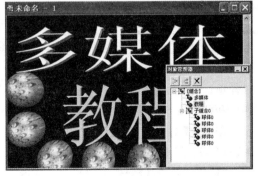

图 7.9　对象管理器

4. 效果库

Cool 3D 在百宝箱中为我们提供了大量现成效果,我们可以直接使用,而不用自己去创建,可将其应用于我们所创建的文字,使其更美观。

(1) 添加背景。所添加的背景既可以是百宝箱中的预设图案,也可调用外部图像。可选择百宝箱中【工作室】|【背景】,在弹出的预设背景中双击欲选方框,可看到文字已经被添加了相关背景,如图 7.10 所示。如百宝箱中没有合适图案,可单击属性工具栏中的【加载背景图像文件】按钮,在弹出的【打开】对话框中查找并选取所喜欢的 BMP 或 JPG 图像文件即可。

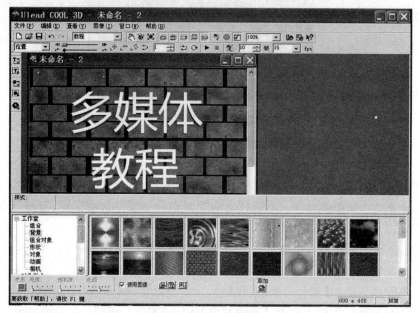

图 7.10 添加背景

(2) 添加对象样式。可在百宝箱中选【对象样式】,为文字添加光线、色彩、纹理、斜角等特效。

若选取【对象样式】|【光线与色彩】项,可根据需要选取所需色彩。可双击所选色彩框,也可按住左键将其拖到编辑窗口中,所编辑文字即具有所选的色彩和光线效果。设置后,还可通过下方的属性工具栏进行调整,在工具栏左端【调整】下拉选择框内有四个选择项:表面、反射、光线和外来光线;【颜色】方框中可选取合适色彩;还可拖动亮度、饱和度和色调三个滑块修改对象色彩和光线。

若选取【对象样式】|【纹理】项,可生成特定材质的纹理,如木材、金属及图案等。选取【对象样式】|【斜角】则可弹出许多立体的斜角方式,其添加过程同上。

【操作案例 7.1】制作火焰字。

操作思路:输入文字后,利用效果库设置火焰效果。

操作步骤:

(1) 选择【文件】|【新建】建立新文件。

（2）选择【图像】|【尺寸…】|【自定义】，设置图像宽度为 480 像素，高度为 240 像素。

（3）单击窗口左侧对象工具栏中【插入文字】工具，在弹出的对话框中输入"多媒体"，设置字体为隶书，字号为 25。

（4）选择百宝箱中【对象样式】|【纹理】，双击所选中的纹理效果。

（5）选择百宝箱中【工作室】|【背景】，为其选择背景图像。

（6）单击【旋转对象】工具，调整文字。

（7）选择百宝箱中【整体特效】|【火焰】，双击所选中的火焰效果，如不满意，可撤销重选，最终效果如图 7.11 所示。

（8）如对所制作效果满意，选择【文件】|【保存】命令即可。

图 7.11　火焰字

7.1.3　动画制作

1. 基本动画制作

Cool 3D 的百宝箱中提供了许多预设动画效果，只要选择它即可使文字具有相应动画效果。可选择百宝箱中【工作室】|【动画】以产生运动路径及具有翻转和尺寸变换的动画效果，双击所出现的范例或将其拖动到编辑窗口即制作完成，单击标准工具条上【播放】按钮就可以观看动画效果了。也可选择百宝箱中【工作室】|【对象特效】为所选对象添加爆炸、扭曲等特效效果。还可通过【工作室】|【对象】或【组合】为其添加 Cool 3D 预设好的对象或组合为自己的作品增加感染力。百宝箱中【工作室】|【相机】为我们提供了观看动画的视角，可模拟相机镜头拉伸或收缩产生的动画效果。

在选择预设动画效果时，屏幕最下方还提供了一个方便使用者修改效果的属性设置栏，可对动画效果进行相应设置。如选择【对象特效】|【Twist】时，属性工具栏自左至右分别为【F/X】、【类型】、【轴】、【倾斜角度】。其中【F/X】为效果开关，即被选定的效果是否应用于动画中，应用时处于按下状态，如不需应用，可单击该按钮使其处于弹起状态。【类型】中可选择扭曲类型，如【从左到右】等。调整完成后还可单击属性工具栏最右面的【增加】按钮，将当前效果添加到效果区中，供以后使用。

动画设置完成后,可将所制作的文字动画存为".c3d"或 GIF 文件,如存为后者,可选择【文件】|【创建动画文件】|【GIF 动画文件】,在弹出的对话框中选择存储路径并输入文件名,单击【保存】即可。

2. 动画工具栏

若要在 Cool 3D 中制作稍复杂些的动画需要用到动画工具栏,如图 7.12 所示,其具体功能描述如下。

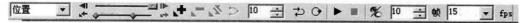

图 7.12　动画工具栏

(1) 特性功能表:列出了 3D 对象的所有基本特性,如位置、方向、旋转、材质、光线、色彩等。如选定这些特性,对应的时间轴和关键帧会标记出来。

(2) 时间轴:可单击左右箭头移到上一帧或下一帧,也可通过时间轴上滑块,用鼠标拖动来移到相应帧,所在的帧数也出现在帧显示框中,并可据此设定关键帧。

(3) 关键帧标记:这里标记了所有关键帧的位置,但所显示的只是某种属性的关键帧标记。每种属性的关键帧位置不一定相同,因此要调整关键帧时应先选择属性。

(4) 新增和删除关键帧:单击【添加关键帧】按钮可增加一个关键帧,可在所增加的关键帧中改变对象的属性或动作;单击【删除关键帧】按钮可删除一个关键帧,删除前需在关键帧标记中选择要删除的关键帧才可。若删除了所选关键帧,其所带的属性也一并删除。

(5) 播放、停止、反转、循环及乒乓模式:单击【播放】按钮开始播放动画;单击【停止】按钮停止播放动画;单击【反转】按钮将动画按时间顺序反过来播放,即由最后一帧开始到第一帧结束;单击【循环模式】可打开/关闭循环播放模式;单击【乒乓模式】可重复进行由前往后播放,再由后向前播放。

(6) 平滑动画路径:可使动画播放顺畅,使帧与帧之间的动作改变不显著。

(7) 显示/隐藏:可显示隐藏所选取的文字或对象。其目的是在编辑过程中方便编辑多个对象而隐藏某些对象或文字,也可为与时间轴配合而在动画的某一时间使对象或文字显示或消失。

(8) 帧总数和帧速率:帧总数用于设定整个动画的总帧数,可直接输入数字,也可单击旁边的增加和减少按钮改变数值;帧速率用于设定动画每秒的帧数。

3. 导出动画

导出动画指将制作好的动画输出使之成为一个动画文件保存在磁盘中。Cool 3D 可将动画保存为图像文件和动画文件。其中图像文件的格式有 BMP、GIF、JPEG 及 TGA等,并且不仅可将其保存为单幅静止图像格式文件,还可将其保存为图像文件序列。

如要把某动画保存为 BMP 文件序列,可选择菜单命令【文件】|【创建图像文件】|【BMP 文件】,弹出的对话框如图 7.13 所示,选择好要保存的目录和文件名,在对话框下面进行相关设置。【输出分辨率】用来选择图形的分辨率,一般使用默认值。若选择【保存为图形序列】将把动画的每一帧都保存下来,并自动进行编号,否则,只保存当前显示

帧。【帧类型】可选择【基于帧】还是【基于场顺序】,若选择后者会保存动画移动过程画面。

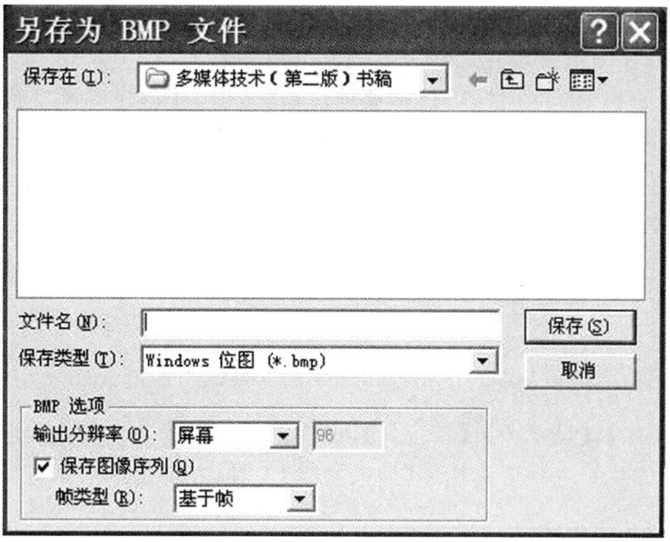

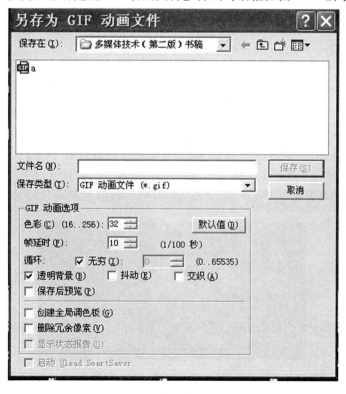

图 7.13 BMP 文件保存对话框

动画文件也可将其保存为 GIF 格式或 AVI 格式。如保存为 GIF 格式,可选择菜单命令【文件】|【创建动画文件】|【GIF 动画文件】,弹出对话框如图 7.14 所示。

图 7.14 GIF 文件保存对话框

在保存对话框中可根据情况选择参数。【颜色】指文件保存为多少种颜色的 GIF 文件,一般设为 258;【帧延时】指动画每帧间的时间间隔;【透明背景】可选择是否使用透明背景色;【抖动】可选择是否对其进行抖动处理;【交织】可选择下载时是否使用百叶窗方式,即可使浏览者在图形下载完之前就看到其大致内容。

如果要导出的为 AVI 文件,可选择菜单命令【文件】|【创建动画文件】|【视频文件】,在对话框中进行相应设置,设置方法同上。

除此之外,还可将动画导出为“.swf”格式的 Flash 文件和 RealText 3D 格式文件。

【操作案例 7.2】制作具有放大及旋转效果的动态文字。

操作思路:在第一个关键帧将文字设为缩小效果,在第二个关键帧将文字恢复放大后效果,在第三及第四个关键帧将文字设为旋转后效果。

操作步骤:

(1) 选择【文件】|【新建】建立新文件。

(2) 选择【图像】|【尺寸…】|【自定义】,设置图像宽度为 480 像素,高度为 240 像素。

(3) 单击窗口左侧对象工具栏中【插入文字】工具,在弹出的对话框中输入“多媒体”,设置字体为隶书,字号为 25。

(4) 选择百宝箱中【对象样式】|【纹理】,双击所选中的纹理效果。

(5) 在动画工具栏的【帧数目】中输入 20,将动画的长度设为 20 帧。

(6) 在动画工具栏的【当前帧】中输入 1,选择第一帧,通过标准工具栏的【大小】工具缩小文字。

(7) 在动画工具栏的【当前帧】中输入 10,单击【添加关键帧】使第 10 帧为关键帧,通过标准工具栏的【大小】工具放大文字。

(8) 在动画工具栏的【当前帧】中输入 15,单击【添加关键帧】使其为关键帧,通过标准工具栏的【旋转】工具将其绕 Y 轴旋转 180°。

(9) 在动画工具栏的【当前帧】中输入 20,通过标准工具栏的【旋转】工具将其绕 Y 轴旋转 360°。

(10) 播放动画,效果如图 7.15 所示,如对所制作效果满意,选择【文件】|【保存】命令将其保存为“.c3d”文件,也可将其保存为 GIF 或 FLASH 等文件。

图 7.15　动态文字

小贴士

　　在 Cool 3D 的百宝箱中有大量的动态效果,如动画、相机、整体特效、动态特效等,可将其应用于动画制作中,既美观又方便。

7.2　GIF 动画制作——Easy GIF Animator 应用

　　GIF(Graphics Interchange Format)原义指"图像互换格式",是 CompuServe 公司在 1987 年开发的图像文件格式,是一种连续色调的无损压缩格式,其压缩率一般在 50% 左右,目前几乎所有相关软件都支持它。

　　GIF 分为静态 GIF 和动画 GIF 两种,支持透明背景图像,适用于多种操作系统,"体型"很小,网页上很多小动画都是 GIF 格式的。GIF 动画通常由一组图像构成,每一张称为帧,可为其指定持续时间来创建动画效果,制作 GIF 动画较常用的软件是 Easy GIF Animator。

7.2.1　Easy GIF Animator 简介

　　Easy GIF Animator 软件是 Ulead(友立)公司在 1992 年发布的一款专业制作 GIF 动画的软件,它体积小巧但是功能强大。使用 Easy GIF Animator 能够方便快捷地建立 GIF 动画,它内建的 Plugin 有许多现成的特效可以立即套用,可将 AVI 文件转成动画 GIF 文件,而且还能将动画 GIF 图片最佳化,能将你放在网页上的 GIF 动画减肥,以使人更快速的浏览网页。

7.2.2　GIF 动画制作

　　启动软件后,程序会弹出一个启动向导来引导设计者制作 GIF 动画,如图 7.16 所示。用户可以选择动画向导中的【新建空白动画】、【创建动画标识】和【创建动画按钮】在向导的指导下建立一个新的 GIF 文件。

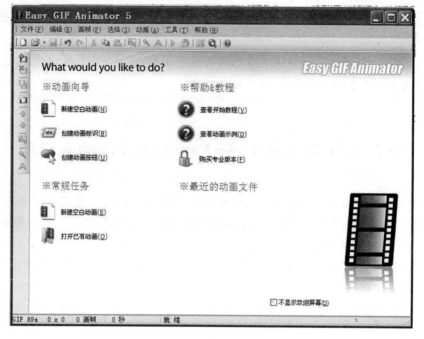

图 7.16　启动向导

也可以选择常规任务的【新建空白动画】或【打开已有动画】进入到主界面，主界面由菜单栏、工具栏、编辑和预览面板，缩略图、帧工具栏、动画和帧属性面板、状态栏组成，如图 7.17 所示。

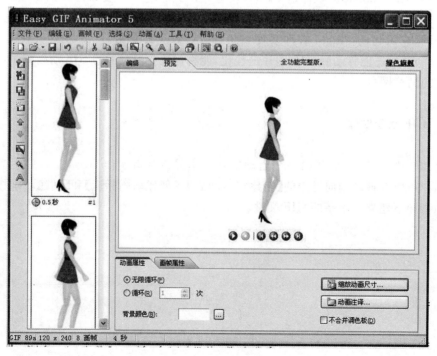

图 7.17　主界面

在设计动画过程中,当帧数较多时,这个动画文件可能比较大,不适合在网络上传播,所以 Easy GIF Animator 中提供了对动画进行优化的功能。其原埋是将帧的图像分割成若干块,在帧之间变换时,相同的块将在第二个帧中被删除,以达到减小文件大小的目的,相当于 MPEG 的压缩方式。

【操作案例 7.3】 制作图像序列组成的 GIF 动画。

操作思路:添加准备好的图片,设置帧延迟属性。

操作步骤:

(1) 选择【文件】|【新建】,如出现动画向导对话框,单击【取消】将其关闭。

(2) 添加图像,单击左侧帧工具栏上的【插入图像】工具,将所选的多幅图像组成的图像序列加入动画。

(3) 选择窗口下方的【动画属性】选项卡下的【缩放动画尺寸…】|【百分百】,将宽度和高度设为 50%,如图 7.18 所示。单击【背景颜色】设置为所需颜色。

(4) 在编辑状态下选择【画帧属性】选项卡,设置【延迟】为 30。

(5) 选择【预览】选项卡,即可看到所创建的 GIF 动画。

(6) 选择【文件】|【保存】命令即可。

图 7.18 缩放对象尺寸

【操作案例 7.4】 制作动画文字。

操作思路:在预先制作好的图片上添加文字,利用【效果】等选项卡为其设置特效。

操作步骤:

(1) 新建文件,选择【文件】|【新建动画】命令。

(2) 单击左侧帧工具栏上的【插入图像】工具,将所选的背景图像加入。

(3) 单击左侧帧工具栏上的【创建动画文字】工具,在【创建文字效果】对话框中输入文字"初升的太阳!",并设置字体、位置等信息。在【如何隐藏】选项选择【下降】效果,如图 7.19 左图所示,之后单击【确定】。

(4) 选择左侧帧缩略图的最后一帧,按上述所示添加文字"美丽的花朵",在【如何隐藏】选项选择【缩小】效果,单击【确定】。

(5) 单击右侧帧工具栏上的【创建图像效果】工具,为帧设置过渡效果,如图 7.19 右图所示。设置完成后,单击【确定】。

(6) 选择【预览】选项卡,即可看到所创建的文字。

(7) 选择【文件】|【保存】。

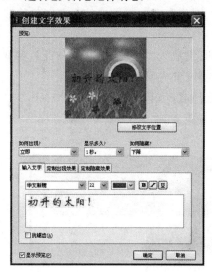

图 7.19　创建文字及过渡效果

7.3　数码照片处理软件——iSee 图片专家

iSee 图片专家是一款功能全面的数字图像浏览与处理软件,不仅具有专业的图片浏览功能,还可进行基本的图片处理,如:裁剪、旋转、缩放、格式转换、添加注释及水印等。除此之外,还可对图片进行批量处理,如批量转换格式、批量压缩、批量命名、批量加文字及水印、批量效果处理、批量制作大头贴等。该软件内置 iSee 看图精灵,它是国内最快,支持格式最多的图片浏览器。

iSee 图片专家有"浏览"和"编辑"两种模式。"浏览"模式下可浏览选取图片;"编辑"模式下可对图片进行处理。启动软件后,进入"浏览"模式,如图 7.20 左图所示。双击所要处理的图片即可进入"编辑"模式,如图 7.20 右图所示。

图 7.20　"浏览"及"编辑"模式

在"编辑"界面有许多工具，其中右侧的【编辑面板】可完成照片修复、人像美容、添加相框、影楼效果、风格特效等功能，单击其左上角符号可隐藏/显示面板。界面左侧有一键美化、补光、减光、文字、水印、相框、涂鸦、画笔、动画及批量等工具。

【操作案例 7.5】美化照片。

操作思路：旋转照片，将照片裁剪为所需大小，之后对照片美化。

操作步骤：

（1）打开照片文件 01.jpg。

（2）单击【右旋】工具右侧的黑色三角，在弹出菜单中选择【任意旋转】命令，打开【旋转图像】对话框中如图 7.21 所示。

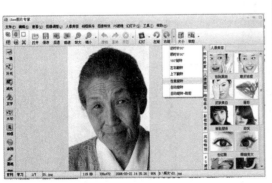

图 7.21　旋转图像

（3）单击【裁剪】工具打开【裁剪】窗口，选择【按比例裁剪】，用鼠标调整裁剪框的位置和大小，点击【确定】，如图 7.22 所示。也可单击【更多尺寸】，在弹出菜单中选择，如选择【1R/1 寸照片】等尺寸。

图 7.22 裁剪窗口

（4）选择窗口右侧编辑面板的【照片修复】选项卡，单击【自动色阶】，iSee 会计算照片的色阶分布，自动进行修正。之后，单击【数码减光】将过亮的照片调暗些。

（5）选择编辑面板的【人像美容】|【磨皮祛痘】美化人像，还可选择【唇彩】和【染发】进行设置进一步美化照片，如图 7.23 所示。

（6）选择【文件】|【另存为】命令即可。

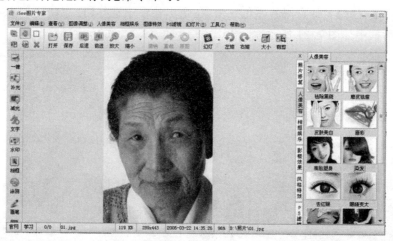

图 7.23 美化后照片

【操作案例 7.6】照片合成。

操作思路：将照片 1 去背景存为水印文件，打开照片 2，对其添加水印后加相框。

操作步骤：

（1）打开照片 boy.jpg。

（2）选择【图像调整】|【抠图/去背景】命令，打开【抠图/去背景】窗口，如图 7.24 所示。

图 7.24　抠图/去背景窗口

（3）选择【自由选取】工具建立选区，之后单击右侧【选区操作】中的【去背景】，弹出对话框如图 7.25 所示，按图选择参数后，单击【确定】返回。

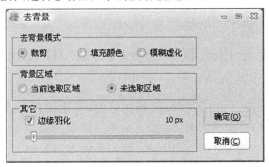

图 7.25　去背景对话框

（4）选择【保存返回】|【保存为水印图片】。

（5）打开照片 Waterfall.jpg，如图 7.26 左图所示，选择【图像调整】|【添加水印】命令，或单击窗口左侧的【水印】工具，选择刚才保存的水印图片，拖动调整图片大小，如图 7.26 右图所示，单击【确定】。

图 7.26　添加水印

　　（6）单击窗口左侧的【相框】工具,选择喜爱的相框后, 单击【确定】返回,结果如图7.27 所示。

图 7.27　合成后效果

　　（7）选择【文件】|【保存】命令即可。

7.4　3D 电子相册制作——Photo! 3D Album 的使用

　　3D 电子相册和平面电子相册不同,它是立体的,是把照片变成带有 3D 效果的电子相册视频。制作时,首先要准备素材,将希望加到相册中的照片准备好,可用 PhotoShop 等工具制作;之后,选择合适的 3D 场景模板,将照片加入场景中,就可以做出有身临其境感觉的相册。其中相册的模板制作需要相关专业知识,技术要求高且制作难度大,通常由专业人员完成。

　　制作 3D 电子相册的软件主要有 After Effcets、Photo! 3D Album 等。其中 After Effcets 是 Adobe 公司开发的一个影视后期特效合成及设计软件,可完成几乎所有的特效,其渲染功能非常丰富,更经常用于制作 3D 场景模板。Photo! 3D Album 既可制作出逼真的 3D 动画相册,使用也较简单,以下介绍其使用方法。

7.4.1　Photo! 3D Album 简介

1. 工作界面

　　启动 Photo! 3D Album 后,弹出提示窗口,提示用户创建新相册还是打开已有相册,如图 7.28 所示。如创建新相册,选择【Create new gallery】,否则选择【Modify existing gallery】,如不需该提示信息,可选择最下方的【Do not show again】复选框,下次启动不再显示此提示信息。单击【OK】按钮后出现【Choose gallery】窗口,如图 7.29 所示。在此窗口内选择你所需耍的 3D 场景模板,选择某个模板,其右侧显示其预览场景图片,选择后单击【OK】按钮启动 Photo! 3D Album。

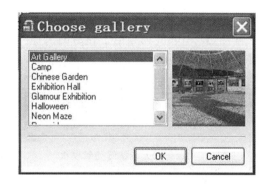

图 7.28　提示窗口　　　　　　　　　　　　图 7.29　选择场景模板

　　启动后将出现 Photo! 3D Album 的工作界面,如图 7.30 所示,工作界面由标题栏、菜单栏、工具栏、文件显示、照片预览、场景模板预览和所选照片等部分组成。文件显示在窗口左侧,可从中选取需加到电子相册中的照片,一般将这些照片编辑好后放在一个文件夹下;照片预览可显示当前选择的照片,可对其进行简单编辑;场景模板预览显示所选择的模板;导入的照片出现在所选照片区,可选择某张照片进行编辑。

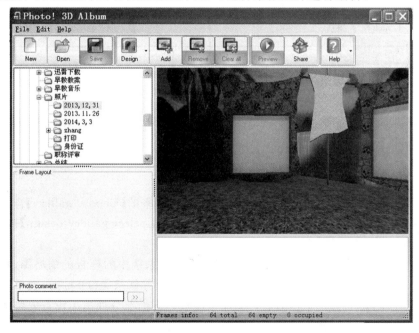

图 7.30　工作界面

2. 菜单栏和工具栏

Photo! 3D Album 的菜单栏较简单，只有【File】、【Edit】和【Help】三个菜单项，其中【File】菜单项可建立、打开、存储、预览和导出文件；【Edit】菜单项可导入、编辑和删除照片。

工具栏可分为四组：文件工具栏、设计工具栏、预览输出工具栏和帮助工具栏，Photo! 3D Album 创建电子相册的大部分工作可通过工具栏完成，下面介绍工具栏的使用，如表 7.2 所示。

表 7.2　Photo! 3D Album 的工具栏

New	Open	Save	Design	Add	Remove	Clear all	Preview	Share	Help

Design	选择或下载新的场景模板。
Add	将选定的文件夹或图片添加到场景中。
Remove	从场景中删除当前帧。
Clear all	清除所有场景中的帧。
Preview	全屏预览所生成的 3D 相册，如相册尚未保存，会提示您保存。
Share	导出电子相册。

7.4.2　制作 3D 电子相册

电子相册的创建步骤主要分为三步：第一，选择 3D 场景模板；第二，添加并编辑照片；第三，存储电子相册。

1. 选择 3D 场景模板

在启动时，如选择【Create new gallery】，可在接下来的【Choose gallery】窗口中选择 3D 场景模板。如启动后想更换模板，可选择工具栏的【Select gallery design】按钮，可弹出【Select template】对话框。

对话框由两部分组成。上半部分列出了已安装在系统中的模板的缩略图，可单击进行选择，当鼠标在缩略图上停留时，在该缩略图的右上方显示 和 按钮，如单击前者可显示模板的相关说明信息，单击后者可删除该模板。下半部分列出了没有安装的场景模板，可单击选择所喜欢的模板进行下载安装，或单击【Install all】按钮安装全部模板。

2. 添加并编辑照片

添加照片方式有两种：按文件夹添加和逐文件添加。其中前者可在工作界面左侧文件显示部分的树形结构中选取要添加的文件夹,单击【Add images】按钮即可。后者在树形结构中选择一个文件夹,在其下方的文件列表中选择要添加的图片文件,之后单击【Add images】按钮或直接将该文件拖动到场景下方的已选择图片部分即可。也可按住Shift 或 Ctrl 键添加连续或随机的多个文件。

　　添加到场景后,如要编辑图片,可在场景下方已添加图片的缩略图中选择要编辑的图片,就会在其左侧的【Frame Layout】中显示,可对其进行旋转、剪切等操作,如图 7.31所示。

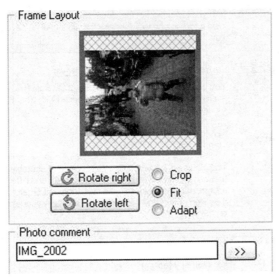

图 7.31　编辑图片

　　旋转分为向右旋转和向左旋转两种,可根据需要选择。使图片适应帧的大小可有三种选择:【Crop】、【Fit】和【Adopt】。【Crop】将会剪切图片使之适应场景中帧的大小;【Fit】使图像适合帧的左右边界,但图像的比例及帧的比例不会改变;【Adopt】将调整帧的大小使之适应图像的尺寸。

　　在制作电子相册时,也可删除不需要的照片,删除方式有两种:删除当前选择帧和删除所有帧。其中前者只删除一张照片,可选择照片后单击工具栏上【Remove】按钮或选择【Eit】菜单中的【Clear active frame】。后者将删除场景中的所有帧,即你所添加的所有照片。注意:你所删除的帧无法通过撤销删除的方式恢复,只能重新添加,所以要慎重。

　　另外在添加照片时,要注意添加的照片数要适应场景中的帧数,如照片数少了,场景中的有些帧是空白,照片多了,多的照片无法在场景中显示。可在场景中拖动鼠标,随场景的变化查看相应的帧。

　　3. 存储电子相册

　　如想保存该 3D 电子相册,可单击工具栏上【Save】按钮,也可单击【File】菜单下的【Save】或【Save as】菜单项来保存为“.pagl”格式。

　　如想共享该电子相册,可单击工具栏上的【Share】或【File】菜单下的【Export】菜单项,可弹出【Share】窗口,如图 7.32 所示。

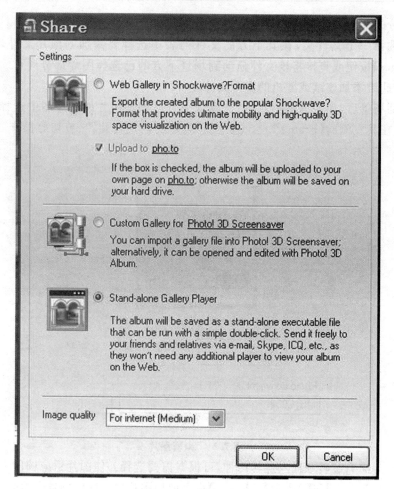

图 7.32 Share 窗口

如果选择【Web Gallery in Shockwave Format】可得到一个可以上传到网络上的文件包,电子相册上传到网络后才可看到,如果你想在本地机看,可运行文件夹中的 preview. exe 文件。如选择【Custom gallery for Photo! 3D Screensaver】可将其看做屏幕保护文件,查看时需要相应的屏保程序。如选择【Stand-alone gallery】可将文件导出为.exe 的可执行文件,这也是最常使用的格式。

7.5 录屏软件——BB Flash 的使用

录屏软件能把屏幕显示内容录制成视频,可将软件操作过程、教学课件、网络电视电影等内容记录下来。录屏软件有很多,较常用的有 BB FlashBack Pro、HyperCam、Techsmith Camtasia Studio 及 Camstudio 等。

其中 BB FlashBack Pro 是强大的专业级的视频录制工具,可以将录制结果保存为 Flash 动画或 AVI 等视频文件。其使用也较简单,只需三步骤:录制、编辑及发布。其特点主要有：①所录制画面清晰顺畅，可方便地将文字、音频、图片添加到视频中；②视频上传方便；③可生成多种视频格式，如 Flash、QuickTime（H264）、WMV、AVI、EXE、PowerPoint 等，也可将其生成为".exe"文件，并且生成视频的质量及大小可自由设置；④支持网络摄像头录制，还可把一段视频插入作为其子视频；⑤专业版有较强大的编辑功能。这里以汉化版的 BB FlashBack Pro 4 版本介绍其使用方法。

【操作案例 7.7】将纸牌游戏过程录制下来。

操作思路：BB FlashBack Pro 有两个独立的应用：记录器和播放器，即 Recorde 和 Player。记录器可记录屏幕操作、声音及摄像头的视频记录，这里选择记录器。

操作步骤：

（1）单击【程序】|【游戏】|【纸牌】，打开纸牌游戏窗口。

（2）单击 BB FlashBack Pro 4 Recorder，启动后，弹出提示窗口，提示用户是录制新录像还是打开一个已有的录像文件，如图 7.33 所示。

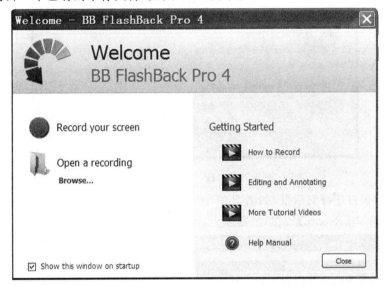

图 7.33　提示窗口

（3）选择【Record your screen】后，提示选择屏幕录制区域及声音来源，如图 7.34 所示。其中【Record】中有三个选项：【Full screen】、【Region】及【Window】，即【全屏】、【区域】和【窗口】，在这里我们选择【Window】，选中【Record Sound】复选框记录声音，在下面的设备选项中选择【Default Sound Device】，来源有三个选项：【Microphone】、【PC Speakers】及【线路输入】，这里选择【PC Speakers】。选择后，单击红色的录制按钮。

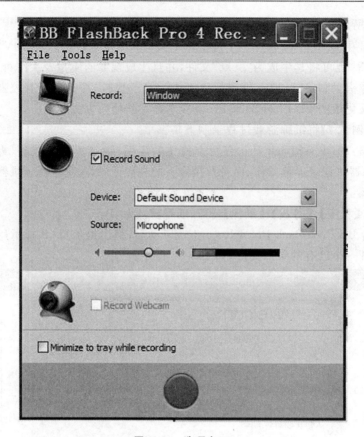

图 7.34 选项窗口

（4）弹出窗口选择对话框，如图 7.35 所示。单击所选择窗口后，所选窗口由红色线框框住，之后单击【Record】按钮，如需停止，可单击【停止】按钮。

图 7.35 窗口选择对话框

（5）录制结束后，提示用户是否存储，可存为 Flashback movie file(＊.fbr)，存储后会弹出【Recording complete】对话框，可选择播放或导出，如图 7.36 所示，根据需要选择即可。

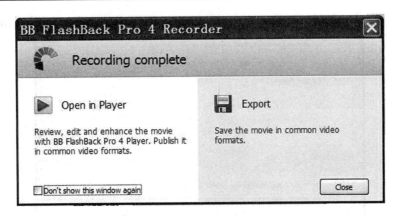

图 7.36 录制完成对话框

【操作案例 7.8】编辑刚录制的纸牌游戏,为其添加文本说明等效果。

操作思路:FlashBack Pro Player 播放器可播放及编辑视频,为视频添加注释及效果,导出生成多种视频格式,这里选择播放器。

操作步骤:

(1) 启动 BB FlashBack Pro 4 Player 后,其界面如图 7.37 所示,可单击菜单命令【File】|【Open】打开所录制的文件。

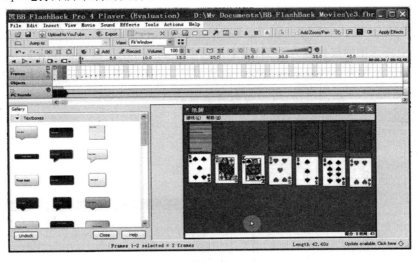

图 7.37 BB FlashBack Pro 4 Playe 工作界面

(2) 工作界面由菜单栏、工具栏、时间线、帧和对象栏、声音栏和编辑主窗口组成。在帧和对象栏中,拖动选择前两帧,单击右键,选【Delete frame】删除两帧。单击工具栏上【Add Text】工具在当前帧上添加文本,如图 7.38 所示。也可在窗口左侧的【Gallery】中将选中的文本框拖入并编辑,输入文本并设置好后点击【OK】,可看到对象栏出现了相关对象信息,可拖动其右边以增加或减少对象所在的帧数。

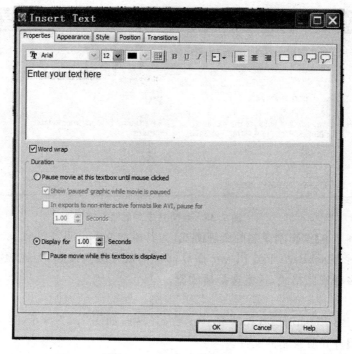

图 7.38　插入文本对话框

（3）单击工具栏上【Add Button】工具添加按钮，如图 7.39 左图所示。也可在【Gallery】中将选中的按钮拖入并编辑，单击选中【Pause movie at this button until mouse clicked】，即暂停视频直到单击该按钮。设置好后点击【OK】，可看到对象栏出现了相关对象信息，如图 7.39 右图所示，可单击右键编辑。

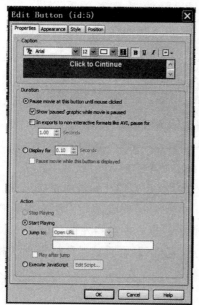

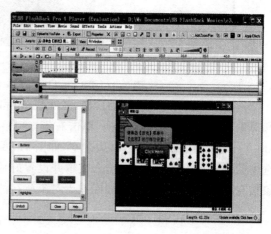

图 7.39　添加按钮

（4）添加缩放效果，选择播放文本框的起始帧，单击工具栏上【Add Zoom/Pan】，在弹出窗口中选择【Custom Area】，如图 7.40 左图所示，在编辑窗口中调整绿色方框大小以定制显示区域；选择播放文本框的终止帧，再次单击【Add Zoom/Pan】工具，在弹出窗口中选择【Whole movie】，如图 7.40 右图所示，之后单击工具栏上【Apply Effects】应用该效果。从头播放即可看到文本框放大显示后又恢复原样。

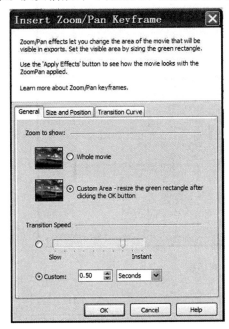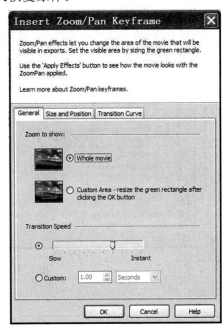

图 7.40　添加缩放效果

（5）编辑完成后，如想与其他的 PC 或 MAC 用户共享，可导出或上传到视频网站。BB FlashBack 可上传视频到优酷等网站，可单击工具栏上【Upload to YouTube】，根据提示操作即可。也可将文件导出为 Flash、Quick Time、WMV、EXE、AVI 等格式。可单击菜单命令【File】|【Export】，弹出如图 7.41 所示对话框，进行相应设置即可。

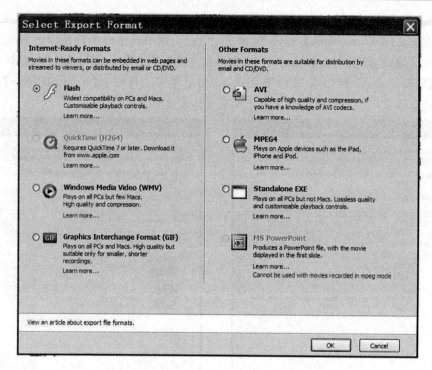

图 7.41　导出对话框

小　　结

　　本章介绍了几个多媒体实用软件。Cool 3D 是 Ulead 公司出品的专门制作三维文字动画效果的软件,可方便地生成具有各种特殊效果的 3D 动画文字。GIF 动画"体型"小,适用于多种场合,使用 Easy GIF Animator 能够简单快速地建立 GIF 动画。

　　iSee 图片专家是一款功能全面的数字图像浏览与处理软件,具有专业的图片浏览功能及基本的图片处理功能,并可对图片进行批量处理,如批量转换格式、批量压缩、批量效果处理等。3D 电子相册和平面电子相册不同,它是立体的,Photo! 3D Album 是较常用的 3D 电子相册制作工具。不仅可制作出逼真的 3D 动画相册,使用也较简单。

　　录屏软件 BB FlashBack Pro 能把屏幕显示内容录制成视频,可将软件操作过程、教学课件、网络电视电影等内容记录下来,并可将录制结果保存为 Flash 动画或 AVI 等视频文件。

习　　题

1. 简答题

（1）Cool 3D 的特点是什么？如何制作动态三维文字？

（2）GIF 动画的特点是什么？

2. 操作题

（1）设计制作旋转的地球，运行后，屏幕显示旋转的地球及围绕地球的三维动态文字："北京欢迎您!"

（2）利用 Easy GIF Animator 制作动态头像。

（3）利用 iSee 制作动态淘宝店店标。

提示：淘宝店的店标建议为 100×100 像素，大小限制在 80KB 以内，可利用 iSee 主界面右侧相框娱乐工具栏的非主流闪图等工具制作。

（4）利用 Photo! 3D Album 制作个人 3D 电子相册。

（5）将 Word 中制作表格的过程录制下来，要求在操作关键处有文字说明。

提示：录制结束后，可利用 FlashBack Pro Player 播放器为其添加文字说明。

参 考 文 献

[1] 钟玉琢. MPEG-2 运动图像压缩编码国际标准及 MPEG 的新进展[M]. 北京：清华大学出版社，2002.

[2] 洪炳镕. 虚拟现实及其应用[M]. 北京：国防工业出版社 ，2005.

[3] 张正兰. 多媒体技术及其应用[M]. 北京：北京大学出版社，2006.

[4] 周承芳，李华艳. 多媒体技术与应用教程与实训[M]. 北京：北京大学出版社，2006.

[5] 刘杰成. 多媒体技术与应用[M]. 北京：清华大学出版社，2006.

[6] 钟玉琢. 多媒体计算机技术基础及应用（第 3 版）[M]. 北京：高等教育出版社，2009 .

[7] 苏萍. 多媒体技术基础与应用[M]. 北京：北京交通大学出版社，2010.

[8] 龚沛曾，李湘梅. 多媒体技术及应用（第 2 版）[M]. 北京：高等教育出版社，2012.

[9] 韩立华. 多媒体技术应用基础[M]. 北京：清华大学出版社，2012.

[10] 高广春. 多媒体信息处理技术[M]. 杭州：浙江大学出版社，2013.

[11] 王志强. 多媒体应用基础[M]. 北京：高等教育出版社，2013.

[12] 杰诚文化. Photoshop CS6 完全自学教程. 北京：机械工业出版社，2012.

[13] eye4u 视觉设计工作室. Photoshop CS5 宝典. 北京：中国青年出版社，2010.

[14] 罗松柏. Photoshop CS4 平面设计实例精讲. 北京：人民邮电出版社，2009.

[15] 张凡. Flash CS5 中文版应用教程. 北京：中国铁道出版社，2011.

[16] 崔丹丹，等. Flash CS5 动画制作实用教程. 北京：清华大学出版社，2012.

[17] 刘国涛，雷徐冰. Premiere Pro CS6 从入门到精通. 北京：电子工业出版社，2013.

[18] 宋晓均，张春梅. Premiere 影视制作从入门到精通. 北京：清华大学出版社，2014.

[19] 彭超，马小龙. Premiere Pro CS6 完全学习手册. 北京：人民邮电出版社，2014.

打造学术精品　服务教育事业
河南大学出版社
读者信息反馈表

尊敬的读者：

感谢您购买、阅读和使用河南大学出版社的＿＿＿＿＿＿＿＿＿＿＿一书，我们希望通过这张小小的反馈表来获得您更多的建议和意见，以改进我们的工作，加强我们双方的沟通和联系。我们期待着能为您和更多的读者提供更多的好书。

请您填妥下表后，寄回或发 E－mail 给我们，对您的支持我们不胜感激！

1. 您是从何种途径得知本书的：
    □书店　□网上　□报刊　□图书馆　□朋友推荐

2. 您为什么决定购买本书：
    □工作需要　□学习参考　□对本书感兴趣　□随便翻翻

3. 您对本书内容的评价是：
    □很好　□好　□一般　□差　□很差

4. 您在阅读本书的过程中有没有发现明显的专业及编校错误，如果有，它们是：

　＿＿＿
　＿＿＿
　＿＿＿

5. 您对哪一类的图书信息比较感兴趣：＿＿＿＿＿＿＿＿＿＿＿＿＿＿＿＿＿＿＿＿＿＿＿

　＿＿＿

6. 如果方便，请提供您的个人信息，以便于我们和您联系（您的个人资料我们将严格保密）：

　您供职的单位：＿＿＿＿＿＿＿＿＿＿＿＿＿＿＿＿＿＿＿＿＿＿＿＿＿＿＿＿＿＿

　您教授的课程（老师填写）：＿＿＿＿＿＿＿＿＿＿＿＿＿＿＿＿＿＿＿＿＿＿＿＿

　您的通信地址：＿＿＿＿＿＿＿＿＿＿＿＿＿＿＿＿＿＿＿＿＿＿＿＿＿＿＿＿＿＿

　您的电子邮箱：＿＿＿＿＿＿＿＿＿＿＿＿＿＿＿＿＿＿＿＿＿＿＿＿＿＿＿＿＿＿

请联系我们：

电话：0371－86059712　0371－86059713　0371－86059715

传真：0371－86059713

E－mail：hdgdjyfs@163.com

通讯地址：河南省郑州市郑东新区 CBD 商务外环路商务西七街中华大厦 2304 室

河南大学出版社高等教育出版分社